U0158898

李男强 ◎ 著

《茶经》精读

人民出版社

写在前面

　　《茶经》是被尊为"茶圣"的唐代陆羽所作，全书三卷，共十章：一之源、二之具、三之造、四之器、五之煮、六之饮、七之事、八之出、九之略、十之图。《茶经》作为世界上第一部茶叶专著，涉及茶叶的种植、采摘、炒制、加工、鉴别、储藏、烹煮、品茗、产区等环节，几乎囊括茶叶从生产、加工到消费各个环节的技术，以及由此而来的品饮艺术。可以说，《茶经》是百科全书式的专业之作，是"术"与"道"兼具的智慧结晶。值得一提的是，正是和陆羽有缁素忘年之交的禅僧皎然，在其诗中提出了"茶道"一词，这是今存文献出现"茶道"一词最早的记录。陆羽《茶经》，可谓茶的生产制作之道、烹煮品茗之道的珠联璧合。

　　学者对《茶经》的注解和研究，已成果颇丰。本书试图独辟蹊径，不再重复前人对于《茶经》各卷各章的文字注解和释义，而是以"精读"的方式，对《茶经》中蕴含的丰富人文内涵，作出尽量详尽的梳理。

　　一、对于《茶经》中涉及的专业知识，分门别类，分篇解读，把散见于各章对同一问题的阐述，集其精要，撷其要义，在一篇中集中梳理。如陆羽对采茶、制茶、鉴茶、煮茶、饮茶等技术和艺术的描述，本书分篇给予一一详解。

　　二、《茶经》中陆羽点出了从神农以来至唐中叶期间和茶相关的人物、轶事、典章记载等，限于篇幅，陆羽往往只是点到为止，一带而过。故本书沿着陆羽提供的线索，做了进一步的史实钩沉、文献挖掘和深度解读，给《茶经》所呈现的中国茶史茶事概貌加入了生动和丰富的细节，成为有血有肉、蕴含人物命运的有温度的历史。

　　三、本书注重对陆羽思想的发掘，茶是下里巴人和阳春白雪的结合体，

《茶经》中道、术兼得的写作风格，对"精行俭德"的强调，正好体现了陆羽对茶作为饮品和其所蕴含的精神境界的双重关注和思考。故本书对茶品与人品、茶道与人道的理解，着力体认陆羽《茶经》中透出的人文关怀和天人合一的哲思背景。

四、对于陆羽个人的生活经历、情感故事、交游圈层等鲜活的内容，本书尽量以茶为媒，来观照陆羽与皎然、李冶、颜真卿、张志和等人之间的关系，以期呈现《茶经》的作者与茶那份剪不断的缘分，以及他对于茶文化的传布、中国茶道的兴起，所作出的贡献。

本书未涉及对茶产区的解读，因为《茶经》中对于茶产区已有很详尽的说明，笔者的学识背景，未能有更新的见解，故免去了依葫芦画瓢徒添篇幅的劳动。

本书的创新点也许在于，第一次尝试对《茶经》所涉及的人文史实，做了细致入微的钩沉发掘与立体式呈现；对于《茶经》与陆羽交游中涉及的重要范畴，如《茶经》提出的"精行俭德"、皎然茶诗中的"茶道"等，做了比较细致的梳理和诠释。

本书尽量做到专业性呈现和大众化表达的结合，在引用古代文献时均作出通俗的解释。而赋予本书可读性的前提是，作者的所有文字，都基于史实文献，体现出对史实的尊重和写作者的谨慎态度，故不做夸张的渲染和无端的想象。

正如本书各篇标题尽量亲近读者，笔者希望本书有意味的同时，尽量让读者读起来有滋有味，拥有一次关乎茶、关乎人文、关乎精神境界的阅读体验。

本书涉及《茶经》文字注译部分，参阅了吴觉农主编的《茶经述评》（中国农业出版社2005年版）、沈冬梅编著的《茶经》注译本（中华书局2010年版），以及徐一明的《茶经译注》（上海古籍出版社2009年版）。本书中采用部分，恕不一一注明出处。附录中的《茶经》原文及标点，采自中华书局版沈冬梅编著《茶经》注译本。谨此致谢。

本书的写作，机缘于本人创办普洱茶品牌"和气祥"。感谢著名哲学家、哲学史家、中国人民大学孔子研究院院长、一级教授张立文先生亲自为学生创办"和气祥"而题名,感谢在创业过程中一起砥砺前行的同仁、家人,感谢亲朋好友、广大客户的支持和鼓励。感谢在云南普洱茶行业中耕耘了三十余年的兄长张伟兰先生,伟兰兄是普洱茶界资深制茶大匠,在临沧茶区的老一辈茶人中几乎无人不知。多年来,兄长随时以自己的专家经验为我提供技术指导,对我把握普洱茶初制和精加工的奥妙多有教益。感谢冰岛、老班章、昔归、勐库大雪山、邦东等茶区茶寨里的合作茶农,少数民族同胞们的淳朴无华和辛勤劳作,为我写作本书提供了强大的精神力量。

感谢人民出版社哲学编辑室主任方国根先生栽培后进的努力,感谢责任编辑老师为本书付出的辛劳和心血!

笔者才疏学浅,书中错漏之处一定很多,还请读者和方家多多指正。

李勇强于思无邪斋
2020 年 12 月 22 日

目　录

南方有嘉木

陆羽《茶经》卷上《一之源》,首句即云:"茶者,南方之嘉木也。"此为陆羽对茶之断语。嘉木,树之美者是也。屈原《楚辞》之《橘颂》,颂橘为"后皇嘉树",盖陆羽亦仿之而赞茶。

嘉,许慎《说文解字》:"嘉:美也。"段玉裁注:"见《释诂》。又曰:嘉,善也。"既美且善,可见陆羽称茶树乃嘉木,一则以其得天地之精华而成就的自然之美,二则赋予其人文意涵,至于其可咀嚼处,品茗者自可用心体会其意味深长之人生百味。

唐人陆羽以嘉木命茶,宋人苏轼自然沿袭而以嘉叶呼之,且以拟人之法为茶叶君作传,题为《叶嘉传》,该传中称叶嘉"风味恬淡,清白可爱,颇负其名"。[1] 苏轼的这一评语,已然是从人文的视角来回味茶性与人性的交集点了。叶嘉正由此禀赋而获得了皇帝的垂青,以下是皇帝的品茗感觉:

> 少选间,上鼓舌欣然,曰:"始吾见嘉未甚好也,久味其言,令人爱之,朕之精魄,不觉洒然而醒。《书》曰:'启乃心,沃朕心。'嘉之谓也。"于是封嘉钜合侯,位尚书,曰:"尚书,朕喉舌之任也。"[2]

苏轼视茶为喉舌之臣,颇异今人以新闻媒介为喉舌,苏轼恐更得生命之品位。

陆羽与苏轼以茶为嘉木、嘉叶,自然道出了茶之高大上之处。

---

[1]　(宋)苏轼:《苏轼文集》卷十三《叶嘉传》,中华书局1986年版,第429页。
[2]　(宋)苏轼:《苏轼文集》卷十三《叶嘉传》,中华书局1986年版,第430页。

植物学上的茶属山茶科,或乔木,或半乔木,或灌木,故高者高,矮者矮,参差不一。

陆羽继而说起茶树的高矮:"一尺、二尺乃至数十尺;其巴山峡川有两人合抱者,伐而掇之。"陆羽所在的唐时,大尺合今尺约三十公分,故他所知道的茶树,矮则数十公分,高则数米乃至一二十米。巴山,即大巴山。峡,即三峡、宜昌一带。可见,重庆东部至宜昌西部,唐朝时已为产茶区,且有高大的乔木,两人方能合抱,需要将枝条砍下来才能采摘茶叶。

笔者近年在云南省双江县勐库大雪山探访野生古茶树,倒是真真体会到"南方之嘉木"所带来的震撼了。在仅容一车通过的土马路上小心前行,盘旋多时,将云海抛在山腰,终于进到一片原始森林。

在松软如毯的落叶小径上,穿越数百上千年的古树所织就的丛林迷宫,在淙淙溪流声中,听闻鸟鸣之回响,惊见石斛等山之珍稀,在阳光越过树叶罅隙而抵达的林莽中,终于见到了一个偌大的野生古茶树群落。这一面积上万亩的古茶树群落分布在海拔 2200 米至 2750 米的山腰上,数千年来藏在深闺人未识,直到 1997 年一场罕见的大旱,才让附近的村民能进到山中一探究竟,从而发现了迄今世界上海拔最高、分布面积最广、种群密度最大的野生古茶树群落。

我们带着朝圣的心情,去拜望那 1 号古茶王。这棵古茶王树,树干相拥而上,至今枝繁叶茂,生机勃勃,入冬后依旧绿意盎然,让人对生命的力量油然而生敬意。专家学者推测,1 号树的树龄超过 2700 岁,是世界上目前发现的最年长的原始野生古茶树。

1 号树地处勐库大雪山海拔 2683 米处,"野生型。乔木型。树枝直立,分枝中,树高 25.8 米,树幅 12.6m×10.5m,离地 80cm 处干径 98.7cm,最低分枝高 0.8m。嫩枝无毛。鳞片紫红色,芽叶绿紫色、无毛。特大叶,叶长宽13.7cm×6.3cm,叶椭圆形,叶色深绿有光泽,叶身平,叶面平,叶尖渐尖,叶脉 9—10 对,叶齿锐、稀、中,叶缘近 1/2 无齿,叶柄和叶背主脉无毛,叶质较硬脆。萼片 5 片、无毛、绿色。花冠直径 4.0cm—4.5cm,最大花冠直径 5.0cm—5.8cm,花瓣 11 枚、白色,花瓣长度 2.5cm×1.9cm,花瓣质厚,子房多毛、5(6)室,花柱长 0.7cm—1.0cm、粗 1.1cm、先端 5(6)中裂,雌蕊低于雄蕊。2014 年干样含水浸出物 43.4%、茶多酚 17.7%、儿茶素总量 9.1%（其中 EGCG1.63%）、氨基酸 4.6%、咖啡碱 2.71%、茶氨酸 2.412%。本树特点是子房有 6 室；儿茶素总量和 EGCG 含量特低"①。

同样树龄超千年的古茶树，散落在附近密林中，每一棵都不可小觑。如：野生古茶树 14 号，树高 17 米，胸径 63cm，冠幅 10 米。野生古茶树 37 号，树高 17 米，胸径 44cm，冠幅 9 米。这些古茶树，或一干直入云霄，或并枝相抱生长，或旁枝斜出再上冲新枝，随山随势，各得其宜，也各得其美妙。而那些生发于枝头的大叶，在阳光下透明地闪亮着，是何等自信地焕乎生命之不息。

2017 年 10 月 28 日，在"第十三届中国茶业经济年会暨'天下茶尊·红茶之都'云南临沧红茶文化节"期间，笔者驱车来到滇红之乡凤庆县，在蜿蜒曲折的山路上盘旋而上，峡谷中磅礴奔涌的澜沧江，慢慢在视野中变长变小，宛如一深蓝的缎带缠绕着群山层峦。

海拔在升高，白云在靠近。小湾镇锦秀村香竹箐自然村，到了这里时，感觉到明显心跳在加速，因为，一直期待的拜谒，正在变成现实。

在海拔 2245 米处，锦秀茶祖，茶中之王，在山坡上沉稳而立，安静而淡然，透着一股王者气象，迎着风，顶着云，荫护着村子，俯瞰着澜沧江。

驻足在茶王树下，看它历经数千年岁月沧桑，饱览人世间风云变幻，依旧沉静超拔，依旧枝繁叶茂，依旧发叶吐芽，亲证着天地间生生不息的力量。"天地之大德曰生"，茶王树，就洋溢着天地生生之德，至今泽惠着这里的山水和百姓。这棵目前世界上发现的最粗大的古茶树，这棵地球上最古老的栽培型大茶树，根部周长 5.8 米，树高 10.6 米，树干直径 1.84 米，被誉为"锦绣茶祖"。

1982 年，北京市农展馆馆长王广志先生以同位素方法，推断其树龄超过 3200 年，广州中山大学植物学博士叶创新亦对其进行研究，结论一致。2004 年初，中国农业科学院茶叶研究所林智博士及日本农学博士大森正司对其测定，亦认为其年龄在 3200 年至 3500 年之间。2005 年，美国茶叶学

---

① 虞富莲编著：《中国古茶树》，云南科技出版社 2016 年版，第 140 页。

会会长奥斯丁对其考察认为,锦绣茶祖因为是栽培型的,对人类茶文化的历史将具有无与伦比的意义。

锦秀茶祖,作为栽培型的古茶之王,身上镌刻着人与自然互动融合、中华民族天人合一的大智慧。

勐库大雪山原始野生古茶树群落和锦秀茶祖,是茶树起源于中国、中国人最早利用茶树活生生的有力证据。

茶起源于中国,本来毫无疑义。但1824年英国人R.Bruce在印度阿萨姆发现野生古茶树后,茶树原产地的争议声便不绝于耳。杨宗懋、杨亚军主编的《中国茶经》中,虞富莲撰写的词条"茶树的原产地"归纳了如下四种茶树起源说:

一是原产中国说。此为学界主流观点,不必赘述。

二是原产印度说。以R.Bruce在印度发现野生茶树为依据,1877年英国S.Baidon在《阿萨姆之茶叶》,1903年英国植物学家J.H.Blake在《茶商指南》,1912年英国的E.A.Brown在《茶》以及1911年版的《日本大词典》中,均认为茶树原产印度。

三是原产东南亚说。此说以《茶叶全书》作者乌克斯(W.H.Ukers)为代表。乌克斯说:"自然茶园主要分布在东南亚的季风区域。至今尚可发现野生或原始的茶树,在暹罗(现泰国的古称)北部的老挝、东缅甸、云南、上交趾支那(交趾支那位于越南南部,柬埔寨之东方)及英领印度的森林中都可以看到。因此茶可以被看作是东南亚(包括中国和印度在内)的原有植物。"①

四是二元说。"持这一观点的是以印度尼西亚的C.Stuart为代表,认为大叶茶原产于西藏高原的东南部,包括中国的四川、云南和越南、缅甸、泰国、印度等地;小叶茶即现今广为栽培的小乔木型和灌木型茶树原产于中国东部和东南部。"②

不论学界对茶树起源众说纷纭,但不可否认的是,勐库大雪山面积如此

① [美]威廉·乌克斯:《茶叶全书》,东方出版社2011年版,第9页。
② 陈宗懋、杨亚军主编:《中国茶经》,上海文化出版社2011年版,第7页。

之大、千年野茶树如此之多,当今世界任何地区无出其右者,这些历经上千年风雨洗礼依旧茂盛蓬勃的野生古茶树,雄辩有力地证明了澜沧江大拐弯内的临沧茶区,是世界茶树最重要的地理起源中心。

笔者多次朝拜勐库大雪山,面对这片原始森林中高大挺拔的上千年野生古茶树时,不由自主地想到森本司朗如下这段话:"陆羽关于茶之'源'的论述,十分精确。例如,当讲到茶树的树高的时候指出,树高从一、二尺到数十尺。我原以为,说茶树高达几十尺可能是夸大之词,但在见到了云南南部有高达十七米的茶树的报告之后,我所惊叹的却是陆羽叙述的准确。陆羽足迹未及云南,可能在湖北四川交界地带的山野里看见过几十尺高的茶树。"①如果森本司朗来到勐库大雪山,可想而知将会多么惊叹了!

1978年秋,当代茶圣吴觉农在昆明举行的中国茶叶学会成立大会上作了《我国西南地区是世界茶树原产地》的发言,驳斥了茶树原产地争议的诸种学说。吴觉农说:"全世界一致公认:茶树最初为中国人发现,茶叶最先为中国人饮用,茶树最早为中国人栽培,茶种植物原产于中国。"通过论证,吴觉农得出如下结论:

1.从我国悠久的茶叶史料和广泛的茶树野生植被来看,可以初步证明:茶树原产于中国西南地区。

2.近一百三十多年来国际上有关茶树原产地的各种争议,他们所持的论点都是不能成立的。

3.从茶树的种外亲缘,证明茶树原产于中国西南地区。

4.从茶树种内变异的外因立论,只有通过"茶树原产于中国西南地区"这一假设,才能得到充分的解释。②

吴觉农后来在《略谈茶树原产地问题》一文中提出:"关于茶树原产地的研究,当前主要的任务,是对我国野生茶树资源、特别是对那些原始森林

① [日]森本司朗:《茶史漫话》,农业出版社1983年版,第14页。
② 参见吴觉农、吕允福、张承春:《我国西南地区是世界茶树的原产地》,《茶叶》1979年第1期。

中的野生茶树资源要进行调查。"①吴觉农写这篇论文的时候,勐库大雪山原始野生古茶树群落还未被发现。南方有嘉木,在茶树发源地勐库大雪山腹地,自然会出闻名遐迩的大雪山茶,还有,不远处便是孕育茶中翘楚的冰岛村、昔归村,这些被云海与阳光笼罩着、由澜沧江所环绕的林泉山野和古老村寨,至今向世界奉献着源于大自然的不绝馈赠。

古人对茶树的赞美,屡见于诗文中。

唐代少室山道士"三高士"(郑遨、李道殷、罗隐之)之一的郑遨有《茶诗》云:

嫩芽香且灵,吾谓草中英。

夜白和烟捣,寒炉对雪烹。

惟忧碧粉散,常见绿花生。

最是堪珍重,能令睡思清。②

元稹《一字至七字诗·茶》以独特的宝塔形格式,留下了别具一格的知名茶诗:

茶

香叶,嫩芽。

慕诗客,爱僧家。

碾雕白玉,罗织红纱。

铫煎黄蕊色,碗转曲尘花。

夜后邀陪明月,晨前命对朝霞。

洗尽古今人不倦,将知醉后岂堪夸。③

唐代僧人栖蟾在《寄问政山聂威仪》一诗中说:"岚光薰鹤诏,茶味敌人参。苦向壶中去,他年许我寻。"④

---

① 吴觉农:《略谈茶树原产地问题》,《茶叶》1981年第4期。

② (唐)郑遨:《茶诗》,(清)彭定求等编:《全唐诗》卷八百五十五,中华书局1960年版,第9670页。

③ (唐)元稹:《一字至七字诗·茶》,(清)彭定求等编:《全唐诗》卷四百二十三,中华书局1960年版,第4652页。

④ (唐)栖蟾:《寄问政山聂威仪》,(清)彭定求等编:《全唐诗》卷八百四十八,中华书局1960年版,第9609页。

唐元和年间湖州刺史裴汶所著《茶述》说:"茶起于东晋,盛于今朝。其性精清,其味浩洁。其用涤烦,其功致和。参百品而不混,越众饮而独高。"①裴汶把茶视为饮品中的至尊。唐代禅宗剑南净众保唐派宗师无住《茶偈》说:"幽谷生灵草,堪为入道媒。樵人采其叶,美味入流杯。静虚澄虚识,明心照会台。不劳人气力,直耸法门开。"②无住以茶为灵草,是修道成佛的媒介。

---

① (唐)裴汶:《茶述》,方健汇编校证:《中国茶书全集校证》,中州古籍出版社 2015 年版,第 196 页。

② (唐)无住:《茶偈》,《全唐诗补编》中,转引自钱时霖、姚国坤、高菊儿编:《历代茶诗集成》(唐代卷),上海文化出版社 2000 年版,第 6 页。

话说"茶"字

陆羽说"茶"字,《茶经》卷上《一之源》云:"其字,或从草,或从木,或草木并。(原注:从草,当作'茶',其字出《开元文字音义》。从木,当作'搽',其字出《本草》。草木并,作'荼',其字出《尔雅》。)"

《开元文字音义》今佚,乃唐玄宗开元二十三年(735)编成,可知属草部的"茶"字当时已入官修字书。属木部的"搽"字出自《本草》,即唐高宗时苏敬、李勣等人修撰的《新修本草》,即《唐本草》,亦佚。并属草木两部的"荼"字出自中国最早的字书、儒家十三经之一的《尔雅》。

《正字通》引《魏了翁集》曰:"茶之始,其字为荼。"看来,"茶"字最初当为"荼"。不过,在《诗经》中,"荼"之意多非茶,乃《尔雅》所训"苦菜"是也。如《诗·邶风·谷风》:"谁谓荼苦,其甘如荠。"《诗·大雅·绵》:"周原膴膴,堇荼如饴。"《诗·豳风·七月》:"采荼薪樗,食我农夫。"

《诗经》中的"荼"字,另有一意,如《诗·郑风·出其东门》:"有女如荼",郑玄《毛诗笺》注为"茅秀",诗中的女子,则貌美如花了。

许慎《说文解字》释"茶"字:"苦荼也。从艸余声。"隋代陆法言《广韵》:"搽春藏叶,可以为饮。"

"茶"的异体字,计:荼、搽、樜等,笔者揣度,依此循序"进化",而约定俗成为"茶"字,到唐时陆羽写作《茶经》时,已入此前编撰的《开元文字音义》,随着《茶经》的风靡一时,易荼为茶,遂成定局。

陆羽说:"其名,一曰茶,二曰槚,三曰蔎,四曰茗,五曰荈。(原注:周公云:'槚,苦荼。'杨执戟云:'蜀西南人谓茶曰蔎。'郭弘农云:'早取为荼,晚取为茗,或曰荈耳。'"杨执戟,即西汉文学家扬雄。郭弘农,即晋代注释《尔

《雅》的文字学家郭璞。

茶之五名,今常用者,仅存茶、茗矣。《尔雅》有言周公所作,故注以《尔雅》对"槚"的释义,说成是周公所言。蔎,本为香草名,可见茶之以香闻名。三国陆玑《毛诗草木鸟兽鱼虫疏》云:"蜀人作茶,吴人作茗,皆合煮其叶以为香。"按陆玑意,以茗命茶,当为江南人风雅所致。

司马相如抚琴而挑动卓文君情思,以至双双私奔,卓文君当垆卖酒之际,少不得煮茗相悦,司马相如的《凡将篇》仅三十八字,"荈诧"就占其二字,可见琴、酒与茶,为二人浪漫爱情与世俗生活不可或缺的三件套。

到了三国,则多见"茶荈"二字连用。如《三国志·吴书·韦曜传》:"曜素饮酒不过二升,初见礼异时,常为裁减,或密赐茶荈以当酒。"[①]吴国末帝孙皓酒食终日,入席者以七升为限,这种场合下韦曜的酒量自然有点不堪,孙皓倒是待他不薄,竟许以茶代酒,算是开了酒桌上舞弊的先河。

西晋文学家、曾任国子祭酒的杜育撰《荈赋》,在他眼里,茶为天地灵气所钟,堪称萃取天地之精华:"灵山惟岳,奇产所钟。瞻彼卷阿,实曰夕阳。厥生荈草,弥谷被岗。承丰壤之滋润,受甘露之霄降。"杜育眼里的茶汤,"焕如积雪,晔若春敷"。而其功效,则"调神和内,倦解慵除"。《荈赋》一出,自然以荈名茶,当风行一时,只是今天式微而已。

笔者以为,茶之五名中,今日不甚流传的"槚""蔎""荈"三名,或土气有余,或曲高和寡,加之佶屈聱牙,故日渐不传。"茶",通俗,亲切;"茗",风雅,有味。一俗一雅,相得益彰。故此二名,生命力最为强盛。

---

① (晋)陈寿撰,(宋)裴松之注:《三国志》卷六十五《吴书·韦曜传》,中华书局 1959 年版,第 1462 页。

茶性不迁与婚姻不移

陆羽在《茶经·一之源》中说到,茶树种植时,有一特征颇须强调:"凡艺而不实,植而罕茂。法如种瓜,三岁可采。"

也就是说,以移栽的方法种的茶树,是很难长得枝繁叶茂的。而像种瓜那样靠直接播下种子长出来的茶树,三年后即可采摘鲜叶。

陆羽对于如何种茶语焉不详,但可参看距他稍晚的晚唐时人韩鄂在《四时纂要》中所叙种茶之法:"二月中于树下或北阴之地开坎,圆三尺,深一尺,熟劚著粪和土,每坑种六七十颗子,盖土厚一寸强,任生草,不得耘。相去二尺种一方,旱即以米泔浇。此物畏日,桑下、竹阴地种之皆可。二年外,方可耘治……"①

陆羽注意到了茶树难以移植成活、只能从种子发芽长成的现象,这一特点即"茶性不迁"。屈原在《橘颂》中说橘"受命不迁,生南国兮"。茶树同样作为南方之嘉木,也如橘子般有"受命不迁"的天性。

正是这一天赋之性,使得茶性不迁和婚姻不移有了若合符契的呼应,故而婚姻礼仪中的"三茶六礼"得以流行。三茶,即订婚时的"下茶",结婚时的"定茶",同房时的"合茶"。"六礼",即《礼记·昏义》中所说的纳采、问名、纳吉、纳徵、请期、亲迎。

据《仪礼》,"六礼"的完成过程中,除纳徵不用雁外,其余五礼都以雁为贽,而纳徵不用雁,是因为有财礼在。何以雁在古代婚姻中是如此重要的礼物呢?《白虎通义·嫁娶篇》是这样解释的:"贽用雁者,取其随时南北,不

---

① (唐)陆羽:《茶经·一之源》,赵冬梅注,中华书局 2010 年版,第 13 页。

失其节,明不夺女子之时也。又取飞成行、止成列也,明嫁娶之礼,长幼有序,不相逾越也。"雁之迁徙,合阴阳交接之义;雁之不失时,合女子之不失节;雁行之成行成列,合嫁娶之有序。雁除了礼物的实用价值外,附带了对女子在婚姻中忠贞不二的精神诉求,故而在缔结婚姻的五大环节中担当了大任。

而茶在婚姻仪式的几大主要环节中也异军突起,当与雁有着异曲同工之处。宋人《品茶录》云:"种茶必下子,若移植则不复生子,故俗聘妇,必以茶为礼,义故有取。"明朝郎瑛《七修内稿》中说:"种茶下籽,不可移植。移植则不复生也。故女子受聘谓之吃茶。又聘以茶为礼者,见其从一之义。"可见,茶登上婚礼的殿堂,是其不迁之性和女子从一而终相暗合的结果。

中国传统文化,自周朝即重视婚礼,《礼记·昏义》说:"昏礼者,将合二姓之好,上以事宗庙,而下以继后世也,故君子重之。"①该篇甚至说:"昏礼者,礼之本也。"②可见婚礼在儒家礼仪中地位之重要。"一女不吃两家茶",茶树与维系爱、亲情乃至延续生命的婚姻如此难解难分,吃茶,便有了别样的意味。

在茶中极品冰岛普洱茶产区,即云南双江县勐库镇冰岛村的南迫寨,笔者亲历了一场拉祜族的婚礼。在好茶之源,拉祜族青年从求婚到结婚,自然都少不了茶。去心仪的女子家求婚,酒礼之外,茶叶、茶罐和茶具是必备之物。女子的家长从茶品即可看出男子的家境和人品。媒人还会亲手在火塘上煨一壶茶,敬给女方父母、舅父和叔伯,女方长辈喝了茶,才算喜事的开端。

大喜之日,远近乡邻身着盛装前来贺喜。夜幕降临,篝火燃起,敬茶,喝酒,吃肉,人们在屋子里手拉手,围成圈,吹起芦笙,跳起舞来,整个通宵,欢乐不断。而新娘子,则淹没在人群中,一起享受着歌舞之乐,如果你半道而来,十有八九分不清新娘子究竟是谁。

---

① (汉)郑玄注,(唐)孔颖达疏:《礼记正义》卷第六十一《昏义》,北京大学出版社 1999 年版,第 1618 页。

② (汉)郑玄注,(唐)孔颖达疏:《礼记正义》卷第六十一《昏义》,北京大学出版社 1999 年版,第 1620 页。

上者生烂石

天地之大德曰生,资生万物的,乃在一方水土。而普洱茶汲天地之精华,自然有赖于一片神奇的土地。而在云之南,在山之巅,云雾缭绕、宛若仙境的山寨边,正好孕育了树龄数百年上千年的古茶,普洱茶好喝的秘密,首先和土地之美不无关系。

陆羽《茶经》对茶树生长的土壤环境下了如此的断语:"其地,上者生烂石,中者生砾壤,下者生黄土。"[①]上等茶生长在山石之间所沉积的土壤中,中等茶生在沙壤土中,下等茶生在黄土中。

大自然的长年风蚀,剥蚀而出的碎石和冲刷而来的土层,加上草木落叶堆积而成的腐殖质,形成了土层深厚、透气性强、排水性好、地力肥沃的土壤,为茶树提供了最为得天独厚的生长条件。唐朝宰相、比陆羽小 50 岁的杨嗣复,在《谢寄新茶》一诗中亦说:"石上生芽二月中,蒙山顾渚莫争雄。"[②]生长于烂石之中的茶树所发茶芽,即便是赫赫有名的蒙顶山茶、顾渚茶,也难以匹敌。

砂壤中也有经过风化的碎石和沙砾,排水性和透气性亦佳,但含腐殖质稍欠,故肥力中等。

而黄色土壤含铁氧化物多,酸性强,腐殖质和矿物质含量少,黏性亦导致透气性不足,自然肥力低。

---

① (唐)陆羽:《茶经·一之源》,中华书局 2010 年版,第 11 页。

② (唐)杨嗣复:《谢寄新茶》,(清)彭定求等编:《全唐诗》卷四百六十四,中华书局 1960 年版,第 5278 页。

陆羽又说:"野者上,园者次。"①在他看来,山野中自然生长的古茶树为上等,人工园林中的茶树次之。

茶作为天地和气所生的灵物,颇合阴阳之道。陆羽说:"阳崖阴林,紫者上,绿者次;笋者上,芽者次;叶卷上,叶舒次。"②上等之茶生长在向阳的山崖上,阳光照射,阳气具足。而同时又有林木遮阴,使得阴阳和谐,二气调和。至于如何以叶色、笋、芽的形状与色泽分辨茶品高下,陆羽认为鲜叶紫色者为上,绿色者次之。茶的芽头肥硕长大,嫩如竹笋,品质绝佳;芽头短而瘦小,品质为低。新吐芽叶反卷者为上品,舒展者次之。

什么样的茶不宜采撷?陆羽说:"阴山坡谷者,不堪采掇,性凝滞,结瘕疾。"③背阴的山坡和山谷里生长的茶树,不可以采摘,其性质凝滞,喝了会得腹中郁结肿块之病。阴坡和谷地,缺少阳光照射,阳气不足,阴气有余,阴阳不谐,自然茶品低劣。

冰岛茶和昔归茶为何成为识茶人士尊崇的茶中极品?陆羽的一句"上者生烂石"便是奥秘之一。在昔归村,人们能看到,澜沧江经年奔流冲刷,岸边的山崖上,古茶树就生长在风吹日蚀的大石之间。而整个冰岛寨,和它周边的古茶园,每天早上便接受阳光的沐浴。这些生长在海拔上千米"阳崖阴林"的高山古茶树,正好与陆羽对上等茶的描述如合符契。

每天早上,昔归村几乎都在雾气弥漫中醒来,古茶树获得在云海雾海的滋养后,随着云雾渐渐被阳光驱散,又得到阳光的俯照,阴阳滋育下,天地之精华便附着于新笋嫩芽之中,天生的好茶便由此而来。

"高山云雾出好茶",就是即此而言之吧?

冰岛和昔归茶的高品位,还与其贵族血统、品种高贵有关。双江县境内的勐库邦马大雪山海拔 3200 多米,著名的勐库万亩野生古茶树群落就位于此山海拔高度 2200 米—2750 米的地方,是迄今世界上已发现的海拔最高、分布面积最广、种群密度最大的野生古茶树群落。大雪山中的 1 号树,树龄

① (唐)陆羽:《茶经·一之源》,中华书局 2010 年版,第 11 页。
② (唐)陆羽:《茶经·一之源》,中华书局 2010 年版,第 11 页。
③ (唐)陆羽:《茶经·一之源》,中华书局 2010 年版,第 12 页。

达 2700 余岁,至今枝繁叶茂。大雪山是勐库大叶种茶的发祥地,从此采摘的茶苗和茶籽,最初在公弄、冰岛进行人工培育驯化,所以冰岛古茶园是勐库大叶种的原种园。明成化二十一年(1485),双江勐勐土司派人种植成功150 株,这一年可以视为冰岛古茶元年。1980 年调查时,冰岛尚存第一批种植的 30 株。2002 年 3 月的调查发现,存有根颈干径 0.30—0.60 米的古茶树 1000 余株。冰岛古茶园的种子在勐库繁殖,形成了勐库大叶茶群体品种。勐库大叶种 1984 年全国茶树良种审定委员会审定为国家良种。清乾隆二十六年(1761),双江傣族第十一代土司罕木庄发的女儿嫁给顺宁土司,送茶籽数百斤,在顺宁繁殖变异后,形成了凤庆长叶茶群体品种。勐库大叶茶传入临沧邦东后,最终形成了邦东黑大叶群体品种。所以,冰岛茶是大雪山原始野生古茶树群落的嫡传后代,邦东地区的昔归茶则是再传嫡孙。血统的纯正,赋予了冰岛和昔归茶的高贵气质和卓尔不群的品位。

紫者上，果真如此？

陆羽说:"阳崖阴林,紫者上,绿者次;笋者上,芽者次;叶卷上,叶舒次。"[1]紫笋茶,被陆羽判为茶之上等。之所以陆羽作出这一判断,笔者认为,第一,紫笋茶确实优越;第二,陆羽以紫茶为上品,与他足迹所至和生活半径有关。在日常品饮最多的茶中,紫笋茶作为自己生活圈中最优质的茶,陆羽对紫笋茶产生了情感上的偏好。

《新唐书·地理志》记载,常州晋陵郡、湖州吴兴郡的"土贡"中有紫笋茶,这就意味着顾渚山紫笋茶和阳羡紫笋茶,均为贡茶。陆羽向刺史李栖筠建言向皇帝进贡紫笋茶,李栖筠采纳了他的建议,后来,顾渚山贡茶院建立。在这一过程中,陆羽把自己喜欢的紫笋茶推成皇家茶厂的加工对象。

为何紫者上? 陈椽《茶经论稿序》对此解释说:"茶树种在树林阴影的向阳悬崖上,日照多,茶中的化学成分儿茶多酚类物质也多,相对地叶绿素就少;阴崖上生长的茶叶却相反。阳崖上多生紫芽叶,又因光线强,芽收缩紧张如笋;阴崖上生长的芽叶则相反。所以古时茶叶质量多以紫笋为上。"[2]

陆羽的茶学得之于诗僧皎然甚多,皎然在《顾渚行寄裴方舟》一诗中,就写到紫笋茶:"女宫露涩青芽老,尧市人稀紫笋多。紫笋青芽谁得识? 日暮采之长太息!"[3]白居易诗中也写紫茶:"茶香飘紫笋,脍缕落红鳞。"[4]元

---

① (唐)陆羽:《茶经·一之源》,中华书局 2010 年版,第 11 页。

② (唐)陆羽:《茶经·一之源》注释所引,中华书局 2010 年版,第 13 页。

③ (唐)皎然:《顾渚行寄裴方舟》,(清)彭定求等编:《全唐诗》卷八百二十一,中华书局 1960年版,第 9266 页。

④ (唐)白居易:《题周皓大夫新亭子二十二韵》,(清)彭定求等编:《全唐诗》卷四百三十八,中华书局 1960 年版,第 4864 页。

積与白居易交好,常相唱和,并称"元白"。元積诗中也描写过采摘紫茶的场面:

> 想到江陵无一事,酒杯书卷缀新文。
>
> 紫芽嫩茗和枝采,朱橘香苞数瓣分。
>
> 暇日上山狂逐鹿,凌晨过寺饱看云。
>
> 算缗草诏终须解,不敢将心远羡君。①

唐宪宗李纯元和五年(810),元積被贬为江陵府士曹参军,从长安至江陵途中,给白居易和李建(字杓直)寄诗。诗中说,想来自己到江陵后清闲无事,只好漫卷诗书,饮酒作文。上山采茶,把紫芽茶的嫩芽和茶梗一起采下,红色的橘子和芬芳的花苞,打开了都是一瓣一瓣的。空闲的日子里,兴许会上山追逐麋鹿;凌晨的时候,可能会漫步禅寺,看云卷云舒。李建此时掌盐铁税收,忙着收算缗之税;白居易要给皇帝起草诏书,我也就不敢向慕两位的唱和了。

晚唐诗人郑谷《寄献湖州从叔员外》诗中,也提及紫笋茶:

> 顾渚山边郡,溪将罨画通。
>
> 远看城郭里,全在水云中。
>
> 西阁归何晚,东吴兴未穷。
>
> 茶香紫笋露,洲回白蘋风。
>
> 歌缓眉低翠,杯明蜡翦红。
>
> 政成寻往事,辍棹问渔翁。②

诗人的想象中,从叔员外生活的湖州城,一条罨画溪通向顾渚山。从山上远眺湖州城,城郭时隐时现于云水相接处。从叔自西阁归来何其晚也,只因东吴佳境游兴难穷啊。凌露而采的顾渚山紫笋茶香飘十里,湖州雪溪的白蘋洲上清风徐徐。歌妓低眉俯首,珠环玉翠,举杯品茶之际,一烛蜡光映红了娇艳的容颜。从叔治理政事之余,恐怕会寻访湖州的人文故事,停船之

---

① (唐)元積:《贬江陵途中寄乐天、杓直,杓直以员外郎判盐铁,乐天以拾遗在翰林》,(清)彭定求等编:《全唐诗》卷四百一十二,中华书局1960年版,第4571页。
② (唐)郑谷:《寄献湖州从叔员外》,(清)彭定求等编:《全唐诗》卷六百七十四,中华书局1960年版,第7711页。

时，会向溪上的渔翁打听一二吧。

紫笋茶成为唐朝贡茶，其品质之高自然不言而喻。被誉为唐代"大历十才子之冠"的钱起，在《与赵莒茶宴》一诗中云：

竹下忘言对紫茶，全胜羽客醉流霞。

尘心洗尽兴难尽，一树蝉声片影斜。①

诗人在竹林里与赵莒一起对坐品饮紫茶，其滋味之佳，远胜道家的仙酒。品茗之际，尘心荡涤而净，俗念顿消，茶兴更浓。林中蝉鸣，夕阳西斜，杯中的茶香，依旧袅袅不绝。

此情此景，紫笋茶带给诗友的，不仅是茶香，更是一缕心香，升华了生命的境界。

韩愈弟子张籍比陆羽小三十余岁，在其《和韦开州盛山十二首·茶岭》一诗中写道：

紫芽连白蕊，初向岭头生。

自看家人摘，寻常触露行。②

韦开州，即韦处厚（773—828），字德载，官至宰相。韦处厚于元和十一年至十三年间任开州刺史。开州治所在盛山县，今重庆开县。韦处厚的《盛山十二首·茶岭》原诗为："顾渚吴商绝，蒙山蜀信稀。千丛因此始，含露紫英肥。"张籍和诗描写了茶山上乘露采摘紫笋茶的情形，让人恍如身临其境。开州的茶岭上生长着连片的茶树，茶叶的嫩芽上，冒出白色的茶毫。亲自看到家人采摘茶芽的场面，经常是乘着露水在清晨上山的。

不惟湖州顾渚山出紫茶，在陆羽足迹所不及的滇西南，笔者也在多处发现了紫茶。

北回归线上，澜沧江大拐弯与金沙江相拥相抱的一片崇山峻岭中，是普洱茶的发祥地和核心产区，大部分位于云南临沧市境内，在大雪山、冰岛、邦东等茶区，都能偶尔发现紫茶的身影。

① （唐）钱起：《与赵莒茶宴》，（清）彭定求等编：《全唐诗》卷二百三十九，中华书局1960年版，第2688页。
② （唐）张籍：《和韦开州盛山十二首·茶岭》，（清）彭定求等编：《全唐诗》卷三百八十六，中华书局1960年版，第4347页。

　　孕育了普洱名山昔归茶的邦东茶区,正好毗邻澜沧江,茶园滋润于澜沧江蒸腾而起的壮美云海,加之云开雾散后阳光撒落无遮无拦,阴阳两相宜的和谐自然里,造就了一片天然好茶的生长地。

　　大自然的馈赠如此慷慨:邦东茶区里,多为山石错落分布的陡坡地,在澜沧江的水汽冲蚀下,风吹日晒,岩层剥落,风化的砂石土壤,富含天然矿物质,加上排水良好,腐殖质多,更符合陆羽"上者生烂石"①的好茶生长环境要求。

　　在这片山水相得的茶区里,偶尔能发现几株先民种植的紫茶古树。在邦东,在昔归,茶山里都发现了珍稀的紫茶古树。

　　在邦东茶区发现的紫茶树,恰好符合陆羽所描述的两个特点:一则紫色,芽叶绿中带紫,梗则紫色鲜明;二则芽叶肥壮,鲜嫩如笋,让人怜爱。

　　陆羽局限于自己的活动范围,故《茶经》中并未记载远在西南迢遥之地的滇茶。如果陆羽能见到并尝到澜沧江畔的岩上紫笋茶,一定会刷新对紫茶的认识。普洱紫茶内含物丰富,对软化血管、降脂、降压有效的黄酮类化合物含量更高,汤色黄亮中带有兰草之幽绿,叶底紫中带绿,品之滋味超凡绝俗,兰香沁人心脾,令人叫绝。

---

① (唐)陆羽:《茶经·一之源》,中华书局2010年版,第11页。

茶有何德？

前文叙及,陆羽是从自然之道与人文之理来考察茶之方方面面。故论茶性茶德,《茶经·一之源》云:"茶之为用,味至寒,为饮,最宜精行俭德之人。"

中医讲食物与药物之五性,即寒、凉、温、热、平。性寒之物,又分微寒、寒、极寒等程度性描述,而陆羽认为茶作为饮品,其味"至寒",乃寒性程度极高的饮食。

物性通人性,故陆羽认为茶"最宜精行俭德之人",即砥砺精神、清静无为、生活简朴、为人谦逊者,与茶性最为相配。精行,有学者理解为精进修行。俭德,出自《周易·否·象》:"天地不交,否,君子以俭德辟难,不可荣以禄。"孔颖达疏:"'君子以俭德辟难'者,言君子于此否塞之时,以节俭为德,辟其危难。"[①]程颐曰:"天地不相交通,故为否。否塞之时,君子道消,当观否塞之象,而以俭损其德,避免祸难,不可荣居禄位。否者,小人得志之时,君子居显荣之地,祸患必及其身,故宜晦处穷约也。"[②]朱熹云:"收敛其德,不形于外,以避小人之难,不得以禄位荣之。"[③]显然,茶之德,融入了儒家所提倡的居安思危、免难祸避、戒盈戒满的思想,以及如何在失意之时,以居穷处约来彰显淡泊豁达的生命态度。

陆羽将茶性与社会所需推崇的君子人格相提并论,相互呼应,将茶品与人品相激荡,赋予了茶高洁、俭朴、率真与自然的精神内涵,使得茶的魅力从

① (魏)王弼注,(唐)孔颖达疏:《周易正义》卷第二,北京大学出版社1999年版,第70页。
② (宋)程颢、程颐:《二程集·周易程氏传卷第一》,中华书局1981年版,第760页。
③ (宋)朱熹:《周易本义》,中华书局2009年版,第77页。

自然之妙品升格为人文之雅品,显然提升了茶之二味:食味与品味。

因茶性寒,故能对性热相关的一切生理不适,能给予调和,而使人处于通体舒泰的状态。故《茶经·一之源》接着说茶之功效:"若热渴、凝闷、脑疼、目涩、四肢烦、百节不舒,聊四五啜,与醍醐、甘露抗衡也。"如果干热口渴、胸闷、头疼、眼睛干涩、四肢疲劳、关节不畅,喝上四五口茶,便能明显好转,与饮品中的醍醐、甘露功效相当。醍醐即精炼的奶酪,佛家以之譬喻佛性,如《大般涅槃经·圣行品》:"譬如从牛出乳,从乳出酪,从酪出生酥,从生酥出熟酥,从熟酥出醍醐,醍醐最上……佛亦如是。"①而甘露,由天地阴阳二气之精者凝结而成,自古乃人们心目中的至圣饮品。北宋李昉《太平御览》卷十二引《白虎通》曰:"甘露者,美露也,降则物无不盛。"该卷又引《瑞应图》曰:"甘露者,美露也,神灵之精,仁瑞之泽。其凝如脂,其甘如饴,一名膏露,一名天酒。"②醍醐为奶酪之至纯至正至美之味,甘露为天降之至醇之饮,陆羽将茶饮与之相提并论,可见对茶之推崇备至。

但陆羽之智慧,绝非对茶的非理性膜拜,而是有着理性的态度。故《茶经·一之源》提醒:"采不时,造不精,杂以卉莽,饮之成疾。"如果采摘不合时节,造茶不够精细,还有野草夹杂其中,这样的茶喝了反而会得病。

对于茶的两面性,陆羽以人参作比。在陆羽那个时代,上党地区(今山西长治一带)的人参为上品,百济、新罗两国的人参为中品,高丽国的人参为下品。至于泽州(今山西晋城)、易州(今河北易县)、幽州(今北京)、檀州(今密云)所产的人参,则没有任何药用价值。如果服用了与人参外形很相似的荠苨,还能让人的疾病无法痊愈。陆羽之意,茶与人参同理,上等茶与劣等茶的功效相去甚远,而茶对不同体质的人,也有不同的效果,故饮茶还需与个人体质相调和。

道理显而易见:茶性寒,体质寒者饮之过量,会有雪上加霜之虞。而体质热者饮之,自然如醍醐,如甘露,乃人间至味。

可见,以功效观之,茶之性,又与君子的中和之德相表里。《太平经》

---

① (北凉)昙无谶译:《大般涅槃经》卷第十四《圣行品第七之四》,《大正新修大藏经》第12册,第374页上。

② (宋)李昉等撰:《太平御览》卷十二,中华书局1960年版,第62页下。

说:"元气有三名,太阳、太阴、中和①。"阳气、阴气、阴阳和合之和气,此三气,分别生成天、地、人三才。刘劭《人物志·九征篇》:"凡人之质量,中和最贵矣。"②和气生人,人禀和气而生,故人在天地万物中最灵。以中和之道植茶、制茶、饮茶,并以中和之德为人,茶之中和之道与君子的中和之德便相得益彰,正如朱熹在《朱子语类·中庸》中所言:"若致得一身中和,便充塞一身;致得一家中和,便充塞一家;若致得天下中和,便充塞天下。"③

若如此,茶之性,人之性;茶之美,人之德;茶德与人格便相通无二,茶友在品茗之际,便油然而生豁然开朗的生命境界。

① 王明编:《太平经合校》,中华书局 1980 年版,第 19 页。
② 王晓毅:《知人者智:人物志解读》,中华书局 2008 年版,第 65 页。
③ (宋)黎靖德编:《朱子语类》卷第六十二,中华书局 1986 年版,第 1519 页。

采茶的奥秘

茶,隐含着春天的秘密。

采茶,多在春天。

正如陆羽在《茶经·一之源》中所指出的那样:"采不时,造不精。"采茶,须把握好时节。《茶经·三之造》云:"凡采茶,在二月,三月,四月之间。"在唐时,当以春茶为主。当然,在今天的云南,亦采夏茶和秋茶,秋茶还名之曰谷花茶。

春主木,木主生。自然,春茶味最醇。采茶的时节为农历二月至四月,当随地域而稍有别。唐代诗僧齐己《谢中上人寄茶》诗云:

> 春山谷雨前,并手摘芳烟。
>
> 绿嫩难盈笼,清和易晚天。
>
> 且招邻院客,试煮落花泉。
>
> 地远劳相寄,无来又隔年。①

齐己得到好友寄来的新茶,想象着春茶采摘时的情形。诗中说采茶在谷雨前,已经是清明之后了。"绿嫩难盈笼"写得甚真实,采茶其实很不易,采满一筐,耗时又耗力。特别是云南大叶种乔木茶,茶树高至与两三层楼齐,爬到树上,一天采的鲜叶量很少,茶农的艰辛可想而知。

采茶时间点的把握,是大有讲究的。先是要看天气,陆羽《茶经·三之造》说:"其日,有雨不采,晴有云不采。"下雨天不采茶,晴有多云也不采,阴

---

① (唐)齐己:《谢中上人寄茶》,(清)彭定求等编:《全唐诗》卷八百四十,中华书局1960年版,第9487页。

天自然也就不能采,下雪天更是无茶可采,只有在万里无云的大晴天采茶了。

至于一天中最佳的采摘时间,陆羽的答案是"凌露采焉"。这使我忆起儿时光景,母亲大清早将我唤醒,母子俩提着小竹篮,在清晨的微光中,踏着露水来到茶山,嫩气逼人的茶芽上正好凝着一颗晶莹剔透的露珠,煞是可爱。弯着身,将带露之茶采下来,放入篮中,霎时篮中亦生机鲜然。在茶树垄中徐行,裤管已被露水打湿大半。记得那时是赤脚上山,脚背上也是湿漉漉的。

宋代赵汝砺《北苑别录》中的"采茶"条中说:"采茶之法,须是侵晨,不可见日。侵晨则露未晞,茶芽肥润。见日则为阳气所薄,使芽之膏腴内耗,至受水而不鲜明。"①

春天,茶树抽芽,绽叶,满目葱茏,而什么样的茶品质最佳? 面对正在生长中的芽笋,如何把握采摘的最佳时机?《茶经·三之造》说:"茶之笋者,生烂石沃土,长四五寸,若薇、蕨始抽,凌露采焉。"茶树,上者生烂石。在富含大自然风蚀所析出矿物质的肥沃土壤中,看到那丰腴如春笋紧裹的芽叶,长到四五寸许,如薇、如蕨之芽新吐,鲜嫩透绿,便可在露水中将其采撷。

皮日休、陆龟蒙咏茶笋诗,堪称经典。皮日休《茶中杂咏·茶笋》诗云:

褒然三五寸,生必依岩洞。

寒恐结红铅,暖疑销紫汞。

圆如玉轴光,脆似琼英冻。

每为遇之疏,南山挂幽梦。②

茶笋,已抽头而未展开的嫩芽。茶芽渐渐长出三五寸,抽笋的茶芽长在岩洞旁的烂石之间。寒霜落在紫红色的茶笋上,暖和时霜消雾化成紫汞色的水汽而去。圆圆的茶笋如玉制的卷轴,莹莹闪光,脆嫩如玉。过些时日无缘和紫笋相遇时,会梦见茶山里那即将绽开芽叶的茶笋。

① 转引自(唐)张籍撰、徐礼节、余恕成校注:《张籍集系年校注》卷五《和韦开州盛山十二首·茶岭》注释,中华书局 2011 年版,第 620 页。
② (唐)皮日休:《茶中杂咏·茶笋》,(清)彭定求等编:《全唐诗》卷六百六十一,中华书局 1960 年版,第 7054 页。

陆龟蒙和诗《奉和袭美茶具十咏·茶笋》云：

　　所孕和气深，时抽玉茗短。

　　轻烟渐结华，嫩蕊初成管。

　　寻来青霭曙，欲去红云暖。

　　秀色自难逢，倾筐不曾满。①

茶笋乃阴阳和合的和气所生，在枝头抽出短短的嫩笋。天地氤氲之间，渐渐结成芽苞，那嫩嫩的茶蕊包卷如管。茶山里成片的茶笋在曙光里泛着雾霭般的绿光，笼罩在红云般的暖调里。茶笋虽美，采摘起来却不容易，大半天过去了还没采满一筐。

　　唐诗中对乘露采茶多有描绘。陆龟蒙《奉酬袭美先辈吴中苦雨一百韵》诗中有："酒帜风外皱，茶枪露中撷。（茶芽未展者曰枪，已展者曰旗）"②

　　陆羽的好友皎然诗中说："家园不远乘露摘，归时露彩犹滴沥。"③采完茶，露水还没被阳光蒸发。皎然《对陆迅饮天目山茶因寄元居士晟》诗中亦说："日成东井叶，露采北山芽。"④

　　陆羽辞世后任过宰相的武元衡，祖父武载德是武则天的堂兄弟，做过湖州刺史。武元衡《津梁寺采新茶与幕中诸公遍赏芳香尤异因题四韵兼呈陆郎中》诗云：

　　灵州碧岩下，莫英初散芳。

　　涂涂犹宿露，采采不盈筐。

　　阴窦藏烟湿，单衣染焙香。

　　幸将调鼎味，一为奏明光。⑤

---

① （唐）陆龟蒙：《奉和袭美茶具十咏·茶笋》，（清）彭定求等编：《全唐诗》卷六百二十，中华书局 1960 年版，第 7144 页。

② （唐）陆龟蒙：《奉酬袭美先辈吴中苦雨一百韵》，（清）彭定求等编：《全唐诗》卷六百十七，中华书局 1960 年版，第 7111 页。

③ （唐）皎然：《顾渚行寄裴方舟》，（清）彭定求等编：《全唐诗》卷八百二十一，中华书局 1960 年版，第 9266 页。

④ （唐）皎然：《对陆迅饮天目山茶因寄元居士晟》，（清）彭定求等编：《全唐诗》卷八百十八，中华书局 1960 年版，第 9225 页。

⑤ （唐）武元衡：《津梁寺采新茶与幕中诸公遍赏芳香尤异因题四韵兼呈陆郎中》，（清）彭定求等编：《全唐诗》卷三百十六，中华书局 1960 年版，第 3551 页。

武元衡诗中,采茶也是戴露而采的。

而当春新发的茶枝,抽条而出,让人眼花缭乱。在这些枝条上新吐的芽茶,采摘时也很须讲究。陆羽《茶经·三之造》说:"茶之芽者,发于丛薄之上,有三枝、四枝、五枝者,选其中枝颖拔者采焉。"丛薄,丛生之草木。同时抽生三枝、四枝、五枝的新梢中,可选择其中长势挺拔者,采其芽叶。

如今,有光采芽者,有采一芽一叶者,有采一芽两叶者,有采一芽三叶者,至于四叶以上,就偏老了。

唐朝人如何制茶？

儿时随母亲清晨踏着露水去采茶，腕里拢一长方体竹筛子。而在云南，则屡见女子背一大竹篓上山采茶，堪为茶区一景。

陆羽《茶经·二之具》描述了诸种制茶工具，其一为茶籯："籯：一曰篮，一曰笼，一曰筥。以竹织之，受五升，或一斗、二斗、三斗者，茶人负以采茶也。"（原注：籯，音盈，《汉书》所谓"黄金满籯，不如一经。"颜师古云："籯，竹器也，容四升耳。"）

看来不论采茶的器物叫篮子、笼子，还是叫籯、筥，抑或今天的篓子、筐子，大多是竹器。就大小而言，陆羽所见的已然规格不一，小者五升，合今三升，大者一至三斗，合今六到十八升。可见小者玲珑可爱，大者已硕硕然矣！颜师古说："籯，竹器也，容四升耳。"颜师古所识之籯，比陆羽所见更为小巧。《汉书·韦贤传》有言："遗子黄金满籯，不如一经。"①这是"书中自有黄金屋"的另一种表达。

说到唐朝茶事，不能不提到两位诗人，那就是合称"皮陆"的皮日休和陆龟蒙。

皮日休，字袭美，一字逸少，襄阳人，隐居鹿门山，性嗜酒，癖诗，号"醉吟先生"，以文章自负。咸通八年进士及第，历任苏州从事、著作郎、太常博士等职。为毗陵副使期间，陷黄巢叛军中，巢惜其才，授以翰林学士，后杀之。

皮日休在苏州时与陆龟蒙相识，结为金兰，经常吟诗唱和。陆龟蒙，字

---

① （汉）班固撰，（唐）颜师古注：《汉书》卷七十三《韦贤传》，中华书局 1962 年版，第 3107 页。

鲁望,"少高放,通《六经》大义,尤明《春秋》。举进士,一不中,往从湖州刺史张抟游,抟历湖、苏二州,辟以自佐"①。说明陆龟蒙对湖州茶区非常熟悉。陆龟蒙之好茶,本传有载:

> 嗜茶,置园顾渚山下,岁取租茶,自判品第。张又新为《水说》七种,其二慧山泉,三虎丘井,六松江。人助其好者,虽百里为致之。初,病酒,再期乃已,其后客至,挈壶置杯不复饮。不喜与流俗交,虽造门不肯见。不乘马,升舟设蓬席,赍束书、茶灶、笔床、钓具往来。时谓江湖散人,或号天随子、甫里先生,自比涪翁、渔父、江上丈人。②

皮日休作诗《茶中杂咏并序》,分咏茶坞、茶人、茶笋、茶籝、茶舍、茶灶、茶焙、茶鼎、茶瓯、煮茶,陆龟蒙同题和诗十首,此为茶史上一段佳话。

皮日休在《序》中说到作《茶中杂咏》的缘由:"自周已降,及于国朝茶事,竞陵子陆季疵言之详矣。然季疵以前,称茗饮者必浑以烹之,与夫瀹蔬而啜者无异也。季疵之始为经三卷,由是分其源,制其具,教其造,设其器,命其煮,俾饮之者除痟而去疠,虽疾医之不若也。其为利也,于人岂小哉?余始得季疵书,以为备矣。后又获其《顾渚山记》二篇,其中多茶事。后又太原温从云、武威段碣之各补茶事十数节,并存于方册。茶之事,由周至于今,竟无纤遗矣。昔晋杜育有《荈赋》,季疵有《茶歌》。余缺然于怀者,谓有其具而不形于诗,亦季疵之馀恨也。遂为十咏,寄天随子。"③

皮日休《茶中杂咏》有一首诗咏"茶籝":

> 篚筼晓携去,蓦个山桑坞。
> 开时送紫茗,负处沾清露。
> 歇把傍云泉,归将挂烟树。
> 满此是生涯,黄金何足数。④

---

① (宋)欧阳修、宋祁撰:《新唐书》卷一百九十六《隐逸·陆龟蒙传》,中华书局1975年版,第5612页。
② (宋)欧阳修、宋祁撰:《新唐书》卷一百九十六《隐逸·陆龟蒙传》,中华书局1975年版,第5613页。
③ (唐)皮日休、陆龟蒙等撰,王锡九校注:《松陵集校注》卷四,中华书局2018年版,第871页。
④ (唐)皮日休:《茶中杂咏·茶籝》,(清)彭定求等编:《全唐诗》卷六百一十一,中华书局1960年版,第7054页。

筤,初生之竹,泛指竹。筹,笼子。筤筹,即竹笼。采茶人清早挎着竹笼前行,转眼间便到了种满茶树的茶坞:山桑坞。满眼是长势良好的紫笋茶,背在身后的竹笼沾满了露水。乘露而采,正是采茶的最佳时机。采茶累了,在山泉边歇息片刻。归去之际,已是云烟缭绕的傍晚时分。把茶叶装满茶籝,就是这一天的活计,装满黄金也算不了什么。看来,对于采茶人来说,最重要的是把茶籝里采足满满的茶叶。

陆龟蒙追随湖州刺史张抟为僚佐,和陆羽隐居之地有缘,且在顾渚山有私家茶园,故写茶事真实而传神。陆龟蒙和皮日休《茶籝》诗如下:

> 金刀劈翠筠,织似波文斜。
>
> 制作自野老,携持伴山娃。
>
> 昨日斗烟粒,今朝贮绿华。
>
> 争歌调笑曲,日暮方还家。[1]

以金错刀劈开绿竹,编织成的竹笼有着形如水波的斜斜纹路。采茶的竹笼是山村老人制作的,而携带着它去采茶的却是山里的姑娘。昨日里抽芽中的茶叶还形似笼罩在云雾中的松针,今天就已经发为可采入竹笼中的绿华茶。姑娘们一边采茶一边唱着乡村小曲,到了黄昏时分才背着茶笼回家去。

背着竹筐去采茶,满籝而归,在唐朝既已蔚然成风。陆羽视采茶人为"茶人",在他心目中,采茶者、制茶者、品茗者,一视同仁,均为茶人。但愿今天的人们,不要忘了"茶人"一词的本意。茶人的辛苦劳作和精益求精值得尊敬,陆龟蒙《奉和袭美茶具十咏·茶人》诗云:

> 天赋识灵草,自然钟野姿。
>
> 闲来北山下,似与东风期。
>
> 雨后探芳去,云间幽路危。
>
> 唯应报春鸟,得共斯人知。[2]

种茶之人,天生具备了解茶树知识的能力,当然会钟爱茶树的山野姿容。没

---

[1] (唐)陆龟蒙:《奉和袭美茶具十咏·茶籝》,(清)彭定求等编:《全唐诗》卷六百二十,中华书局1960年版,第7144页。

[2] (唐)陆龟蒙:《奉和袭美茶具十咏·茶人》,(清)彭定求等编:《全唐诗》卷六百二十,中华书局1960年版,第7144页。

事时也会来到茶山里转转,仿佛与茶山上吹拂的东风有约会似的。春雨过后,也会来观赏茶树,哪管孤云出岫的山岭上,那隐僻陡峭的山间小道暗藏危险。顾渚山上有一种鸟,正月二月里会鸣叫道:"春起也!"三四月里会鸣叫道:"春去也!"采茶人呼为报春鸟、唤春鸟,它们当是茶人的知己吧。

采茶之后,随之而来的环节便是蒸青。蒸青,须以灶生火,釜置灶上,釜中注水,上又有甑,甑中蒸汽升腾,将事先放入的鲜叶杀青。《茶经·二之具》对这三种制茶工具的要求是:"灶:无用突者。釜:用唇口者。甑:或木或瓦,匪腰而泥。"也就是说,蒸青之灶,不要烟囱,这样火力可集中于釜底。烧水的釜,则以锅口外翻、有唇边者为佳。甑即蒸笼,有木质的,有陶制的,不要腰部鼓出的那种。甑与釜的连接处,抹上泥,以免蒸汽外泄。

蒸锅中又是怎样的情形呢?陆羽说:"篮以箅之,篾以系之。"甑里放上竹篮隔水,系上篾条,以方便隔水篮进出。蒸青的过程如下:"始其蒸也,入乎箅;既其熟也,出乎箅。釜涸,注于甑中。(原注:甑,不带而泥之。)"开始蒸青时,将茶叶放入竹篮,篮子在甑里为釜中的蒸汽所环绕,鲜叶即被蒸汽杀青。杀青完成,将篮子从甑中取出即可。当釜中的水快烧干时,可以将冷水从甑中注入,以免烧干锅。

随后的动作也是不可大意的:"又以榖木枝三亚者制之,散所蒸芽笋并叶,畏流其膏。"有三条枝丫的榖树枝,可以做成爪状的工具,将蒸青时板结的嫩芽尖笋打散,以免茶中精华流失。

皮日休《茶中杂咏·茶灶》诗云:

南山茶事动,灶起岩根傍。

水煮石发气,薪然杉脂香。

青琼蒸后凝,绿髓炊来光。

如何重辛苦,一一输膏粱。[1]

茶山里,采茶季节到了,茶人在岩壁下就地起灶燃薪,石藻的气息和燃烧的杉木油脂香气不时飘来。将采摘下来的新茶进行蒸青,蒸好的茶叶凝

---

[1] (唐)皮日休:《茶中杂咏·茶灶》,(清)彭定求等编《全唐诗》卷六百十一,中华书局1960年版,第7054页。

结成膏,捣烂的茶叶泛着油润的绿光。皮日休感慨,不论茶人怎么辛苦劳累,制好的茶最终将送往富贵人家享用。

陆龟蒙和诗《奉和袭美茶具十咏·茶灶(《经》云茶灶无突)》:

> 无突抱轻岚,有烟映初旭。
>
> 盈锅玉泉沸,满甑云芽熟。
>
> 奇香袭春桂,嫩色凌秋菊。
>
> 炀者若吾徒,年年看不足。[1]

茶灶掩映于茶山中淡绿色的薄雾中,灶中的轻烟在旭日的映照下袅袅升起。灶上的蒸锅里泉水沸腾,甑中满满的茶芽蒸熟了。茶香四溢,盖过了旁边的桂花香;茶膏鲜嫩,茶汤的淡黄色泽,和秋菊不相上下。眼前的景象,对于我等喜欢炙烤茶饼煎茶品茗的人来说,每年都百看不厌啊!

白居易多写茶诗,茶灶亦入其诗。《新亭病后独坐招李侍郎公垂》诗中说:"趁暖泥茶灶,防寒夹竹篱。"[2]杜荀鹤诗云:"垂钓石台依竹坞,待宾茶灶就岩泥。"[3]

蒸青之后,接踵而来的环节是舂茶。

舂茶的工具,《茶经·二之具》说:"杵臼:一名碓,惟恒用者为佳。"笔者儿时在乡下见过石碓,一粗壮结实的长木头,后端柱眼,由横木固定于石构件;前端系一木柱,下有一石臼。双脚踩下后端之木,前端的木柱便在脚松之际猛然下冲,将石臼中的谷米脱粒或粉碎。陆羽认为,当以经常使用的碓来冲压杀青后的茶叶,也许这样的碓能将茶舂碎得更为均匀。看来,唐代所制之茶,是压成茶膏后再做成茶饼的。

制茶饼有一道颇费力气的程序,就是将蒸青后的茶叶捣碎以便做成茶饼。

《茶经·五之煮》描述说:"其始,若茶之至嫩者,蒸罢热捣,叶烂而芽笋

---

① (唐)陆龟蒙:《奉和袭美茶具十咏·茶灶》,(清)彭定求等编:《全唐诗》卷六百二十,中华书局1960年版,第7145页。

② (唐)白居易:《新亭病后独坐招李侍郎公垂》,(清)彭定求等编:《全唐诗》卷四百五十六,中华书局1960年版,第5165页。

③ (唐)杜荀鹤:《山居寄同志》,(清)彭定求等编:《全唐诗》卷六百九十二,中华书局1960年版,第7954页。

存焉。假以力者,持千钧杵亦不之烂,如漆科珠,壮士接之,不能驻其指。及就,则似无穰骨也。"在制茶的时候,那些极为鲜嫩的茶叶,蒸之以杀青,蒸好后趁热捣碎。但叶片被捣烂了,芽头却依然完整。用蛮力使劲捣,即便拿着千钧重的杵,也无法将芽头捣烂。这就好比是油漆得圆溜光滑的珠子,力大如牛的壮士,反而很难将它拿稳。此处所说的"芽笋",吴觉农在《茶经述评》中判断:"不应是嫩芽,而应是带梗的嫩梢,因为梗子是不易捣烂的。"①捣好的茶饼,如同没有茎秆的黍秆。

唐诗中多有描写捣茶的诗句。陆龟蒙诗云:"左右捣凝膏,朝昏布烟缕。"②陆羽的好友皇甫冉,《寻戴处士》一诗云:

> 车马长安道,谁知大隐心?
>
> 蛮僧留古镜,蜀客寄新琴。
>
> 晒药竹斋暖,捣茶松院深。
>
> 思君一相访,残雪似山阴。③

这首诗中写捣茶,颇有以动写静的意境。于鹄《赠李太守》诗中亦有类似的效果:"捣茶书院静,讲易药堂春。"④郑巢《送象上人还山中》:

> 竹锡与袈裟,灵山笑暗霞。
>
> 泉痕生净藓,烧力落寒花。
>
> 高户闲听雪,空窗静捣茶。
>
> 终期宿华顶,须会说三巴。⑤

接下来的程序便是压茶。压茶须用模具,《茶经·二之具》说:"规:一曰模,一曰棬。以铁制之,或圆、或方、或花。"今天的茶饼,有圆形之饼状,有方形之砖状,亦有压出各种花样的,在陆羽所处的唐代,已然如此了。

① 吴觉农主编:《茶经述评》,中国农业出版社2005年版,第145页。
② (唐)陆龟蒙:《奉和袭美茶具十咏·茶焙》,(清)彭定求等编:《全唐诗》卷六百二十,中华书局1960年版,第7145页。
③ (唐)皇甫冉:《寻戴处士》,(清)彭定求等编:《全唐诗》卷二百五十,中华书局1960年版,第2833页。
④ (唐)于鹄:《赠李太守》,(清)彭定求等编:《全唐诗》卷三百十,中华书局1960年版,第3502页。
⑤ (唐)郑巢:《送象上人还山中》,(清)彭定求等编:《全唐诗》卷五百四,中华书局1960年版,第5737页。

压茶是在另一种器具"承"上进行的,《茶经·二之具》说:"承:一曰台,一曰砧。以石为之。不然,以槐、桑木半埋地中,遣无所摇动。"用石头做成承台、砧板,或者将厚实的槐树和桑木半埋进地里,都是为了能有一个牢靠的所在,以便于压茶成型。

在承台与模具之间,还不可或缺一样器物,即"襜:一曰衣。以油绢或雨衫单服败者为之"。在承台上铺上涂过油的绢布、穿旧的雨衣或单衣,在模具中压好一饼茶,就能很方便地取出,再压另一饼。这就是陆羽所说的:"以襜置承上,又以规置襜上,以造茶也。茶成,举而易之。"

压好的茶饼放在哪儿呢?《茶经·二之具》说:"芘莉,一曰籯子,一曰篣筤,以二小竹,长三尺,躯二尺五寸,柄五寸。以篾织方眼,如圃人笭,阔二尺,以列茶也。"晾放茶饼的工具芘莉、籯子、篣筤三个名字都很生僻,两端是竹柄,中间用篾织成方眼状的竹匾。中间是眼,显然是为了便于茶饼的通风透气。

穿饼,为进一步的环节。先得将茶饼穿个眼,工具则为:"棨:一曰锥刀。柄以坚木为之。用穿茶也。"钻孔用锥刀,锥刀的手柄用质地坚实的木头做成。钻好孔,需要将茶饼串起来,这种工具即为:"扑,一曰鞭。以竹为之。穿茶以解茶也。"扑或鞭,也是用竹子做的,其实也就是竹条吧,用竹条将穿好眼的茶饼扎好,成串,即可搬运到烤炉,进入烘焙环节了。

焙乃一土烤箱。陆羽《茶经·二之具》描写当时的烘烤炉:"凿地深二尺,阔二尺五寸,长一丈。上作短墙,高二尺,泥之。"焙于土中挖成,规格为深二尺,宽二尺五寸,长一丈,当时的尺寸比今天要小。上面砌二尺高的矮墙,以泥抹好。烘烤炉就此做成了。此时,另一种竹器登场了:"贯:削竹为之,长二尺五寸。以贯茶焙之。"贯着,串也,用竹子削成长条,将茶饼穿入其中,即可加温烘烤。烘烤时,串好的茶饼放在一个双层的木架子上:"棚:一曰栈。以木构于焙上,编木两层,高一尺,以焙茶也。茶之半干,升下棚;全干,升上棚。"木架子下面是微火,双层支架各高一尺。半干的茶饼串搁在底层,全干的茶饼串搁在上层。看来,焙茶时需要观察温度和湿度的变化,以便烘烤适度。

唐诗中写茶焙的诗甚多。白居易《即事》一诗中有"室香罗药气,笼暖

焙茶烟。"①白居易《题施山人野居》："春泥秧稻暖,夜火焙茶香。"②张继
《山家》（一作顾况诗,题为《过山农家》）诗云："莫嗔焙茶烟暗,却喜晒谷
天晴。"③

皮日休《茶中杂咏·茶焙》诗云:

凿彼碧岩下,恰应深二尺。

泥易带云根,烧难碍石脉。

初能燥金饼,渐见干琼液。

九里共杉林,相望在山侧。④

在青苔覆盖的碧岩旁凿出深二尺的焙坑,四周用泥土涂抹石块筑成矮墙,小
火烘烤,不用担心石头的纹理被烤坏。烘烤中的茶饼渐渐变得金黄,饼上析
出琼浆玉液般的水珠。山侧的两座茶焙,遥遥相望,溢出的茶香将在整座茶
山里交织升腾。

陆龟蒙和诗《奉和袭美茶具十咏·茶焙》云:

左右捣凝膏,朝昏布烟缕。

方圆随样拍,次第依层取。

山谣纵高下,火候还文武。

见说焙前人,时时炙花脯。（紫花,焙人以花为脯。）⑤

茶人不停地将蒸好的茶叶捣成膏状,从早到晚茶山里弥漫着焙茶的缕缕柴
烟。按照模具的形状,把茶膏拍成或方或圆的茶砖和茶饼,根据茶饼烘烤的
程度而放在焙棚的上层或下层。茶人的山歌曲调或高亢激越,或低回舒缓,
正如茶焙里的柴火,或文或武,茶人把茶饼烘烤成紫花状的干饼。

① （唐）白居易:《即事》,（清）彭定求等编:《全唐诗》卷四百五十六,中华书局 1960 年版,第
   5082 页。
② （唐）白居易:《题施山人野居》,（清）彭定求等编:《全唐诗》卷四百三十六,中华书局 1960
   年版,第 4841 页。
③ （唐）张继:《山家》,（清）彭定求等编:《全唐诗》卷二百四十二,中华书局 1960 年版,第
   2725 页。
④ （唐）皮日休:《茶中杂咏·茶焙》,（清）彭定求等编:《全唐诗》卷六百十一,中华书局 1960
   年版,第 7054 页。
⑤ （唐）陆龟蒙:《奉和袭美茶具十咏·茶焙》,（清）彭定求等编:《全唐诗》卷六百二十,中华
   书局 1960 年版,第 7145 页。

茶饼烤好，便进入自然发酵的漫长过程了。此时的茶，随着马帮的车辙，可进贡给皇家大族，抑或进入寻常百姓家。将一饼饼制成的茶打包成串，需要另一种常见的包装物：穿。顾名思义，穿，就是将茶穿成一体的索子，可随地取材，或以竹，或以树皮，或结草成绳。陆羽说，淮南人用竹，三峡人用韧性强的榖树皮。久而久之，约定俗成，穿又变成了计量单位了。《茶经·二之具》："江东以一斤为上穿，半斤为中穿，四、五两为小穿。峡中以一百二十斤为上穿，八十斤为中穿，四五十斤为小穿。"看来，江东人要婉约得多，远不如三峡地区的人来得粗犷。

江南多梅雨，茶饼易受潮。人们便发明一抽湿器，名字叫"育"。《茶经·二之具》描写这种自制抽湿器的形状如下："以木制之，以竹编之，以纸糊之。中有隔，上有覆，下有床，傍有门，掩一扇。中置一器，贮煻煨火，令煴煴然。江南梅雨时，焚之以火。（原注：育者，以其藏养为名。）"以木为框架，以竹编织组件，以纸做裱糊。中间有槅档，上面有盖子，下边有底板，旁边掩一扇门。里面放一盛着热灰的储火器，火为微火，颜师古说："煴，聚火无焰者也。"有火而无火苗，这种微热之火，正好可以除湿，而不伤及茶饼品质。

吴觉农主编的《茶经述评》归纳说："《二之具》所说的共有十九种饼茶采制工具，按采制工序分类如下：

采茶工具：篮。

蒸茶工具：灶、釜、甑、箅、榖木枝。

捣茶工具：杵、臼。

拍茶工具：规、承、襜、芘莉。

焙茶工具：棨、扑、焙、贯、棚。

穿茶工具：穿。

封茶工具：育。"[1]

在《茶经·三之造》中，陆羽一句话总结制茶工艺流程："晴，采之，蒸之，捣之，焙之，穿之，封之，茶之干矣。"这就是制茶的七大工序，陆羽谓之：

---

[1]　吴觉农主编：《茶经述评》，中国农业出版社2005年版，第63页。

"自采至于封,七经目。"

这样,唐朝时人们采茶、制茶、贮茶的工艺和器具,陆羽就为我们娓娓而道尽了。其工艺,简而不繁;其器具,朴实无华。然其大气朴拙,尤见唐时气象之大者。

制茶的过程,入唐诗亦多有佳者。如李咸用《谢僧寄茶》诗:

> 空门少年初志坚,摘芳为药除睡眠。匡山茗树朝阳偏,暖萌如爪拏飞鸢。枝枝膏露凝滴圆,参差失向兜罗绵。倾筐短甑蒸新鲜,白纻眼细匀于研。砖排古砌春苔干,殷勤寄我清明前。金槽无声飞碧烟,赤兽呵冰急铁喧。林风夕和真珠泉,半匙青粉搅潺湲。绿云轻绾湘娥鬟,尝来纵使重支枕,胡蝶寂寥空掩关。①

---

① （唐)李咸用:《谢僧寄茶》,（清)彭定求等编:《全唐诗》卷六百四十四八百四十,中华书局1960年版,第7386页。

陆羽如何鉴别茶叶等级？

陆羽说"茶有千万状"，茶叶采摘时既已参差不齐，制成茶饼后更是千差万别。在《茶经·三之造》中，对茶叶的等级陆羽也无法精确描述，只能"卤莽而言"，粗粗分别而已，他是如此辨识的：

第一等："如胡人靴者，蹙缩然。"胡人靴子，当长筒为主，茶叶如胡人靴一样有皱缩之纹，这些芽笋紧裹、条索清晰者，当为上等茶。

第二等："犎牛臆者，廉襜然。"犎牛即野牛，其胸折痕起伏不平，如帷幕的边缘曲折有致。状如此类的茶叶，也属上乘。

第三等："浮云出山者，轮囷然。"浮云出岫，卷曲回环，如轮子之盘旋不已。形状如此的茶品，当含新芽多，为上品。

第四等："轻飙拂水者，涵澹然。"轻飚者，轻风也。涵澹，水为风所荡波浪起伏之貌。茶饼表面如清风拂水，微波荡漾，涟漪不断，亦为好茶。

第五等："有如陶家之子，罗膏土以水澄沁之。"儿时见陶人制瓦，先将黏土筛之，去除杂草石粒；又以清水冲洗沉淀，使得泥料纯净无疵，这样做出来的陶器才圆润光鲜。而如此般细腻鲜明的茶饼，也属不错。

第六等："又如新治地者，遇暴雨流潦之所经。"土地刚刚平整如新，又为暴雨后的流水冲刷，留下平滑而清晰的纹路。状如此类的茶，也算差强人意。

以上六等茶，陆羽认为"此皆茶之精腴"，为茶中的上等精品。

第七等："有如竹箨者，枝干坚实，艰于蒸捣，故其形籭簁然。"竹箨，即竹笋皮。籭簁，即竹筛。茶叶条索如果像笋皮，自然又老又硬，蒸之难烂，捣之不碎，做出来的茶饼如竹筛般坑坑洼洼。

第八等："有如霜荷者，茎叶凋沮，易其状貌，故厥状委悴然。"霜打过的荷叶，茎凋零，叶残败，形态枯萎，不堪入目。如霜荷般萎靡的茶叶，制成的茶饼自然憔悴枯槁。在陆羽看来，第七等和第八等，"此皆茶之瘠老者也"。当然，老茶也有老茶的益处，好老茶者也大有人在。

"自胡靴至于霜荷，八等。"以上即为陆羽给茶分出的八个等级。陆羽是个文人，其分等依据为形状、嫩度、硬度、色泽等，还有无可言说的感觉。分等殊为难事，陆羽只能以文学色彩的语言，以打比方的办法来分级，没能以量化的标准精确描述。

在云南，向普洱茶资深茶人请教时，无知如我，自然要问及茶的鉴别方法。我问："看条索吗？"答曰："看不出。"我又问："闻香味？"答曰："闻不出。"我迷糊了，方家告诉我："唯有喝，才能品其高下。"看来，这不是对方的谦辞。

正因为分等之难，故陆羽说："或以光黑平正言嘉者，斯鉴之下也；以皱黄坳垤言佳者，鉴之次也；若皆言佳及皆言不佳者，鉴之上也。"原来陆羽也不主张光看颜色、状貌就能鉴别茶之品级的。把黑亮、平整之茶视为好茶，这是下等的鉴别方法；以色状皱黄、凹凸不平的茶为好茶，这是次等的鉴别方法。只有将茶的佳处与劣处都清晰表达，才算是鉴别高手。"何者？出膏者光，含膏者皱；宿制者则黑，日成者则黄；蒸压则平正，纵之则坳垤。此茶与草木叶一也。"陆羽的鉴别依据是，压出了茶膏的茶饼色泽自然油光发亮，内含茶膏的茶饼，则表面皱缩；隔夜制造的茶饼颜色发黑，当天压制的茶饼颜色发黄；蒸压得紧，则茶饼平整，压得不紧，则茶饼凹凸不平。这就是茶叶与其他草木叶子同理之处。

在唐朝，鉴别茶品已有一套成熟的方法，故陆羽说："茶之否臧，存于口诀。"但陆羽在《茶经》中并未载录这些口诀，也许陆羽觉得，这些口诀也是不大靠谱吧。

煮茶:水与火,如何选?

煮茶,水、火必备。水为阴,火为阳;水处北,火居南。阴阳和合,上下交融,得其中和,遂成饮中极品。

陆羽《茶经》中介绍的唐朝人煎茶法,煎煮的是茶末,不像今天的人将茶饼撬下一小块入水烹煮即可。

既然煮茶末,就得先将茶饼碾成末,碾末前的工序,自然是烘烤茶饼,即陆羽所说的炙茶。《茶经·五之煮》说:"凡炙茶,慎勿于风烬间炙,熛焰如钻,使凉炎不均。特以逼火,屡其翻正,候炮出培墣,状虾蟆背,然后去火五寸。卷而舒,则本其始又炙之。若火干者,以气熟止;日干者,以柔止。"

炙茶的注意事项中,陆羽特强调不要在过风的余火中烤,因为在风中飘忽不定的火焰有如钻头,忽东忽西,使得茶饼受热不均。正确的炙茶方法是,夹着茶饼靠近火,这意味着烤茶需要温度高,因温度高,故须不时翻转,以便受热均匀。等到茶饼表面烤出像蛤蟆背上的小疙瘩时,然后在离火五寸许继续炙烤。等到卷曲突起的茶饼表面再舒展开来,再按前面所说的程序再烤一次。茶饼的制造工艺,有的是火烘干的,此类茶饼要烤到蒸汽冒出时为止;而阳光下晒干的茶饼,则烤到柔软时即可。

白居易《北亭招客》诗中写到炙茶:"小盏吹醅尝冷酒,深炉敲火炙新茶。"①

那么,经过炙烤工序后,茶饼又是怎样的情形呢?陆羽《茶经·五

---

① (唐)白居易:《北亭招客》,(清)彭定求等编:《全唐诗》卷四百三十九,中华书局1960年版,第4881页。

之煮》说:"炙之,则其节若倪倪,如婴儿之臂耳。"炙成的茶饼,有如婴儿的手臂,柔弱而绵软。

此时,马上要做的动作便是:"既而承热用纸囊贮之,精华之气无所散越,候寒末之。"趁热将茶饼用纸袋装好,以免茶的精气散逸。等茶饼放凉,便进入新的工序:研末,将茶饼碾成粉末状。对于茶末的品质,原注说:"末之上者,其屑如细米;末之下者,其屑如菱角。"但陆羽对于如何碾茶,语焉不详。宋代蔡襄《茶录》说:"碾茶先以净纸密裹,捶碎,然后熟碾,其大要,旋碾则色白,或经宿则色已昏矣。"

唐诗中写碾茶的意境,李德裕诗:"开时微月上,碾处乱泉声。"①白居易诗:"病闻和药气,渴听碾茶声。"②碾茶成末后,李群玉诗形容为:"碾成黄金粉,轻嫩如松花。"③

碾茶的场景入诗,读来很有意趣。司空图《暮春对柳二首》之二:

洞中犹说看桃花,轻絮狂飞自俗家。

正是阶前开远信,小娥旋拂碾新茶。④

炙茶之火,什么样的柴薪最好呢?《茶经·五之煮》说:"其火,用炭,次用劲薪。其炭,曾经燔炙,为膻腻所及,及膏木、败器,不用之。"最适合炙茶的,是炭火。其次是所谓"劲薪",即原注说的桑木、槐木、桐木、栎木之类。而不适合炙茶的柴薪则有三种:一是曾经烤过肉,沾染了腥膻味的木炭;二是"膏木",也就是原注所说的柏木、松木和桧木,这些木头含油脂高;三是所谓的"败器",即朽坏的木器。

陆羽说:"古人有劳薪之味,信哉!"劳薪,即膏木、败器,烧出来的食物有异味。"劳薪之味",语出《世说新语·术解》:"旬勖尝在晋武帝坐上食笋

① (唐)李德裕:《故人寄茶》,(清)彭定求等编:《全唐诗》卷四百七十五,中华书局1960年版,第5394页。
② (唐)白居易:《酬梦得秋夕不寐见寄(次用本韵)》,(清)彭定求等编:《全唐诗》卷四百四十九,中华书局1960年版,第5070页。
③ (唐)李群玉:《龙山人惠石廪方及团茶》,(清)彭定求等编:《全唐诗》卷五百六十八,中华书局1960年版,第6579页。
④ (唐)司空图:《暮春对柳二首》之二,(清)彭定求等编:《全唐诗》卷六百三十三,中华书局1960年版,第7269页。

进饭,谓在坐人曰:'此是劳薪炊也。'坐者未之信,密遣问之,实用故车脚。"①用破车上的木头当柴火烧出来的饭,便有所谓的"劳薪之味"。

看来,陆羽所处的唐代,炙茶之火所用之材,还是很讲究的。陆羽要求的煮茶之火,乃是后人总结的"活火",如苏东坡《试院煎茶》诗有"贵从活火发新泉"之句,《汲江煎茶》诗中也有"活水还须活火烹"之句。

同理,煮茶之水也有高下之分。陆羽说:"其水,用山水上,江水中,井水下。"

陆羽认为山水好于江水,江水好于井水。在环境污染日益严重的今天,恐怕还要视是否遭污染而定了。

山水中有泉水、溪流、瀑布,又该作何选择呢?《茶经·五之煮》说:"其山水,拣乳泉、石池慢流者上;其瀑涌湍漱,勿食之,久食令人有颈疾。又多别流于山谷者,澄浸不泄,自火天至霜郊以前,或潜龙蓄毒于其间,饮者可决之,以流其恶,使新泉涓涓然,酌之。"

山水之中,最好的是钟乳石滴下的泉水和石池中缓缓流淌之水。吴觉农《茶经述评》解释说:"由于'漫流'的水流稳定,既保证泉水在石池里有足够的停留时间,又不会破坏水中悬浮状的颗粒以垂直沉淀速度下沉,因而池水得到了澄清。所以,'漫流者上'是符合科学道理的。"②陆羽又说,水花飞溅、激流汹涌、翻腾回环的山水,最好不要饮用,经常饮用会让人颈部生病。笔者近日登罗浮山,见山溪瀑水碎花四溅、清凉可人,便开怀畅饮,下山后果然腹中病生,可惜未及早阅读陆羽的提醒。

而由山中多支溪流汇聚而成的一泓深潭,看似清澈见底,但不流动的一潭死水,在夏秋之节可能会有虫蛇在其中游动,其吐出的毒气也就积蓄不泄。如果要使用这里的水,最好掘一口子,让被污染的水流走,让新鲜的泉水涓涓而入,才可以放心饮用。

对于江水和井水如何选择,陆羽的建议很简单:"其江水,取去人远者。

---

① (南朝宋)刘义庆著,(南朝梁)刘孝标注,余嘉锡笺疏:《世说新语》卷下之上《术解》,中华书局1983年版,第828页。
② 吴觉农主编:《茶经述评》,中国农业出版社2005年版,第151页。

井,取汲多者。"离人远,污染少;汲者多,才放心。欧阳修《大明水记》解释陆羽如此择水的原因:"羽之论水,恶渟浸而喜泉源,故井去汲多者。江虽长流,然众水杂聚,故次山水。惟此说近物理云。"[1]

《茶经》中论及水之高下,可知陆羽对煮茗之水颇多正见。

张又新《煎茶水记》中记载了刘伯刍和陆羽对当时各地水质的品评排行榜。刘伯刍将宜茶之水分为如下七等:

> 扬子江南零水第一;
>
> 无锡惠山寺石泉水第二;
>
> 苏州虎丘寺石水第三;
>
> 丹阳县观音寺水第四;
>
> 扬州大明寺水第五;
>
> 吴松江水第六;
>
> 淮水最下第七。[2]

陆羽则有二十等之说:

> 庐山康王谷水帘水第一;
>
> 无锡县惠山寺石泉水第二;
>
> 蕲州兰溪石下水第三;
>
> 峡州扇子山下有石突而洩水,独清冷,状如龟形,俗云虾蟆口水,第四;
>
> 苏州虎丘寺石泉水第五;
>
> 庐山招贤寺下方桥潭水第六;
>
> 扬子江南零水第七;
>
> 洪州西山瀑布水第八;
>
> 唐州桐柏县淮水源第九,淮水亦佳;
>
> 庐州龙池山顶水第十;
>
> 丹阳县观音寺水第十一;

① (宋)欧阳修著,洪本健校笺:《欧阳修诗文集校笺》外集卷十三《大明水记》,上海古籍出版社2009年版,第1693页。

② (唐)张又新:《煎茶水记》,方健汇编校证:《中国茶书全集校证》,中州古籍出版社2015年版,第200页。

扬州大明寺水第十二；

汉江金州上游中零水第十三，水苦；

归州玉虚洞下香溪水第十四；

商州武关西洛水第十五，未尝，泥。

吴松江水第十六；

天台山西南峰千丈瀑布水第十七；

郴州圆泉水第十八；

桐庐严陵滩水第十九；

雪水第二十。用雪不可，太冷。①

张又新提出自己的一个观点："夫茶烹于所产处，无不佳也。盖水土之宜，离其处，水功其半，然善烹洁器全其功也。"②在茶叶的原产地品茗，滋味最佳，因为与其水土相宜。离开原产地，烹茶的水和茶器就格外重要了。笔者对此深有同感，在冰岛老寨所品的冰岛茶，是最好喝的。陆羽以庐山康王谷水帘水为第一，张又新有诗《谢庐山僧寄谷帘水》流传至今：

消渴茂陵客，甘凉卢阜泉。

泻从千仞石，寄逐九江船。

竹柜新茶出，铜铛活火煎。

育花浮晚菊，沸沫响秋蝉。

啜忆吴僧共，倾宜越碗园。

气清宁怕睡，骨健欲成仙。

吏役寻无暇，诗情得有缘。

深疑尝沆瀣，犹欠听潺湲。

迢递康王谷，尘埃陆羽篇。

何当结茅屋，长在水帘前。③

---

① 参见（唐）张又新：《煎茶水记》，方健汇编校证：《中国茶书全集校证》，中州古籍出版社2015年版，第202页。

② （唐）张又新：《煎茶水记》，方健汇编校证：《中国茶书全集校证》，中州古籍出版社2015年版，第202页。

③ （唐）张又新：《谢庐山僧寄谷帘水》，《全唐诗补编》上，转引自钱时霖、姚国坤、高菊儿编：《历代茶诗集成》（唐代卷），上海文化出版社2000年版，第80页。

陆羽以山水为上,其中的漫流泉水最受陆羽青睐。皎然英雄所见略同,其《对陆迅饮天目山茶因寄元居士晟》诗中说:"文火香偏胜,寒泉味转嘉。"①

刘伯刍和陆羽都把无锡惠山泉水排名第二,和陆羽生活的年代有交集的无锡人李绅,官至宰相,对于家乡的名泉,曾作诗《别石泉》并序:

在惠山寺松竹之下,甘爽,乃人间灵液,清澄鉴肌骨,含漱开神虑。茶得此水,皆尽芳味。

素沙见底空无色,青石潜流暗有声。

微渡竹风涵淅沥,细浮松月透轻明。

桂凝秋露添灵液,茗折香芽泛玉英。

应是梵宫连洞府,浴池今化醒泉清。②

还有一位宰相留下了和惠山泉的故事:

李德裕在中书,常饮常州惠山井泉,自毗陵至京,致递铺。有僧人诣谒,德裕好奇,凡有游其门,虽布素,皆引接。僧谒德裕,曰:"相公在位,昆虫遂性,万汇得所。水递事亦日月之薄蚀,微僧窃有感也。敢以上谒,欲沮此可乎?"德裕领颐之曰:"大凡为人,未有无嗜欲者。至于烧汞,亦是所短。况三惑博弈弈奕之事,弟子悉无所染。而和尚有不许弟子饮水,无乃虐乎?为上人停之,即三惑驰骋,怠慢必生焉。"僧人曰:"贫道所谒相公者,为足下通常州水脉,京都一眼井,与惠山寺泉脉相通。"德裕大笑:"真荒唐也。"僧曰:"相公但取此井水。"曰:"井在何坊曲?"曰:"在昊天观常住库后是也。"德裕以惠山一罂,昊天一罂,杂以八罂一类,都十罂,暗记出处,遣僧辨析。僧因啜尝,取惠山寺与昊天,余八乃同味。德裕大奇之,当时停其水递,人不告劳,浮议弭焉。③

① (唐)皎然:《对陆迅饮天目山茶因寄元居士晟》,(清)彭定求等编:《全唐诗》卷八百十八,中华书局 1960 年版,第 9225 页。

② (唐)李绅:《别石泉》,(清)彭定求等编:《全唐诗》卷四百八十二,中华书局 1960 年版,第 5485 页。

③ (宋)李昉等编:《太平广记》卷第三百九十九《井·李德裕》,中华书局 1961 年版,第 3208 页。

李德裕因好惠山泉水,竟然安排把惠山泉水从常州辗转数千里递送到远在关中的长安。一位僧人登门拜访,想阻止李德裕这一劳民伤财的举动。李德裕自然老大不愿意,理由是人人都会追求享受,各有其爱好,而自己并无其他不良嗜好,弄点名泉水煮茶喝,不值得大惊小怪。僧人提出了自己的解决方案:长安昊天观有一口井,和惠山泉相通。李德裕不禁失笑:这也太荒唐了。李德裕取昊天观和惠山泉的水,装在小口大腹的瓦罐里,暗暗做好记号,再和其他八罐水混在一起,让僧人辨别。僧人竟然尝出了水性相同的昊天观和惠山泉水。李德裕这下不禁啧啧称奇,不再从惠山泉递水至京,朝廷对递水一事的非议也就慢慢平息了。

对于李德裕快递惠山泉水一事,皮日休《题惠山泉二首》中的第一首有所讽指:

> 丞相长思煮泉时,郡侯催发只忧迟。
>
> 吴关去国三千里,莫笑杨妃爱荔枝。①

丞相想要惠山泉煮茶时,无锡的郡守便忙着催人上路,只怕送水人在路上耽搁了时间。吴地与长安相距三千里之遥,丞相如此递水进京,就不要讥笑杨贵妃爱食荔枝而让一骑红尘奔突于千里之外了。

痴迷于以惠山泉水煮茶的还有陆龟蒙,"嗜茶,置园顾渚山下,岁取租茶,自判品第。张又新为《水说》七种,其二慧山泉,三虎丘井,六松江。人助其好者,虽百里为致之"②。

陆羽虽以山水为上,但对于湍急的瀑布水,则不主张用来煮茶,这和张又新《煎茶水记》载陆羽以庐山康王谷水帘水为第一相左。唐代的文人,以瀑布水煮茶者大有人在。晚唐、五代前蜀画家、诗僧贯休,就喜欢瀑布水:"饼忆莼羹美,茶思岳瀑煎。"③贯休对瀑布水情有独钟是一以贯之的,即便瀑布在冬天变成了冰,也不忘折来煮茶。他在《题兰江言上人院二首》之

---

① (唐)皮日休:《题惠山泉》,《全唐诗补编》上,第434页。

② (宋)欧阳修、宋祁撰:《新唐书》卷一百九十六《隐逸·陆龟蒙传》,中华书局1975年版,第5613页。

③ (唐)贯休:《和韦相公见示闲卧》,(清)彭定求等编:《全唐诗》卷八百三十一,中华书局1960年版,第9373页。

二云:

> 只是危吟坐翠层,门前岐路自崩腾。
>
> 青云名士时相访,茶煮西峰瀑布冰。①

陆羽以江水为中,其诗可为佐证。《唐国史补》卷中载,智积去世后,陆羽哭之甚哀,乃作诗《六不羡》,其中写道:"不羡白玉盏,不羡黄金罍。亦不羡朝入省,亦不羡暮入台。千羡万羡西江水,曾向竟陵城下来。"②陆羽不爱金银财宝,不慕荣华富贵,所钟情的,只是最宜煮茶的那一泓江水。

陆羽识水的故事,当以唐张又新所著《煎茶水记》所载最为知名:

> 代宗朝,李季卿刺湖州。至维扬,逢陆处士鸿渐。李素熟陆名,有倾盖之欢。因之赴郡,至扬子驿。将食,李曰:"陆君善于别茶,盖天下闻名矣。况扬子南零水又殊绝,今日二妙,千载一遇,何旷之乎!"命军士谨信者,挈瓶操舟,深诣南零,陆利器以俟之。俄水至,陆以杓扬其水曰:"江则江矣,非南零者,似临岸之水。"使曰:"某櫂舟深入,见者累百,敢虚给乎?"陆不言,既而倾诸盆,至半,陆遽止之。又以杓扬之曰:"自此南零者矣!"使蹶然大骇,驰下曰:"某自南零赍至岸,舟荡覆半,惧其尠,挹岸水增之,处士之鉴神鉴也,其敢隐焉!"李与宾从数十人,皆大骇愕。③

湖州刺史李季卿请陆羽烹茶,负责取水的军士,依照陆羽的吩咐,去扬子江上取南零水。取回来后,陆羽却辨出是临岸的江水,而非南零水。陆羽将水倒掉一半,说余下的水才是南零水。军士大惊失色,只好承认自己说谎了。原来,军士到江心取了南零水,因船晃得太厉害,水洒了一半,只好在岸边加水补足。没想到竟然被陆羽识破,这等神奇之事,让在座宾客惊愕不已。

据《太平广记》记载,李德裕也有类似的故事:

> 赞皇公李德裕,博达士。居廊庙日,有亲知奉使于京口,李曰:"还

① (唐)贯休:《题兰江言上人院二首》,(清)彭定求等编:《全唐诗》卷八百三十六,中华书局1960年版,第9421页。

② (唐)李肇撰,聂清风校注:《唐国史补校注》卷中,中华书局2021年版,第134页。

③ (唐)张又新:《煎茶水记》,方健汇编校证:《中国茶书全集校证》,中州古籍出版社2015年版,第200页。

日,金山下扬子江中零水,与取一壶来。"其人举棹日,醉而忘之。泛舟止石城下,方忆。乃汲一瓶于江中,归京献之。李公饮后,叹讶非常。曰:"江表水味,有异于顷岁矣。此水颇似建业石城下水。"其人谢过不隐也。[①]

陆羽以识水而让李季卿折服,但两人之间,还有不愉快的故事。

《封氏闻见记》卷六《饮茶》载:

> 楚人陆鸿渐为《茶论》,说茶之功效并煎茶炙茶之法,造茶具二十四事以"都统笼"贮之。远远倾慕,好事者家藏一副。有常伯熊者,又因鸿渐之论广润色之,于是茶道大行,王公朝士无不饮者。御史大夫李季卿宣慰江南,至临淮县馆,或言伯熊善茶者,李公请为之。伯熊著黄被衫,乌纱帽,手执茶器,口通茶名,区分指点,左右刮目。茶熟,李公为歠两杯而止。既到江外,又言鸿渐能茶者,李公复请为之。鸿渐身衣野服,随茶具而入,既坐,教摊如伯熊故事。李公心鄙之。茶毕,命奴子取钱三十文酬煎茶博士。鸿渐游江介,通狎胜流,及此羞愧,复著《毁茶论》。[②]

在这个故事中,李季卿对深得陆羽茶道之妙的常伯熊尊重有加,而对陆羽却很失礼,还让下人给陆羽三十文钱的酬赏,本性率真的陆羽受此之辱,愤而作《毁茶论》。其实,对于身居高位的李季卿来说,常伯熊身穿黄被衫,头戴乌纱帽,作派本就不一般,又善于茶道表演,介绍起来也头头是道,清清楚楚,虽然是山寨版的陆羽茶道,但他的茶艺表演是成功的。而陆羽穿得很随便,又口吃,整个茶艺过程缺少仪式感,更何况这一套已经被常伯熊照章演出过了,李季卿再看一遍自然了无新意,反倒陆羽看起来更显得山寨,故难免轻薄了陆羽。

陆羽把雪水排在最末位,明确主张不可用于煮茶,理由是太冷。不过,偏有人以此为乐,可能是雪水煮茶颇有诗意吧。在湖州做过县令的喻凫,就曾煮雪烹茶。《唐才子传》中载:"凫,毗陵人,开成五年,李从实榜进士,仕为乌程县令,有诗名。"喻凫《送潘咸》诗中云:"煮雪问茶味,当风看雁行。"[③]

---

① (宋)李昉等编:《太平广记》卷第三百九十九《水·零水》,中华书局1961年版,第3201页。
② (唐)封演撰,赵贞信校注:《封氏闻见记校注》卷六《饮茶》,中华书局2005年版,第52页。
③ (唐)喻凫:《送潘咸》,(清)彭定求等编:《全唐诗》卷五百四十三,中华书局1960年版,第6269页。

白居易也喜欢边品雪水煮的茶边吟诗作赋:"吟咏霜毛句,闲尝雪水茶。"[1]白居易还以雪水煎茶作为愉悦生活的一部分,其《晚起》诗云:

> 烂熳朝眠后,频伸晚起时。
>
> 暖炉生火早,寒镜裹头迟。
>
> 融雪煎香茗,调酥煮乳糜。
>
> 慵馋还自哂,快活亦谁知。
>
> 酒性温无毒,琴声淡不悲。
>
> 荣公三乐外,仍弄小男儿。[2]

诗中自叙,早上睡懒觉,很是香甜,起床时还频频伸懒腰。先把暖炉的火生好,再面对寒镜裹好头巾。用融化的雪水煎煮香茗,以米粟煮粥,调和奶油,做成奶粥。有时候不免笑自己有点懒,又有点馋,但这种生活的快乐谁能体会到呢?酒性温润而无毒,琴声淡然而不悲,除了享受荣公三乐,还多了逗弄小男孩之乐。荣公乐,出自《列子·天瑞》,孔子游泰山时,在郕邑之野见到了鼓琴而歌的荣启期,便问他何以为乐,荣启期答:"吾乐甚多:天生万物,唯人为贵,而吾得为人,是一乐也。男女之别,男尊女卑,故以男为贵,吾既得为男矣,是二乐也。人生有不见日月、不免襁褓者,吾既已行年九十矣,是三乐也。"

除了融雪煮茶,亦有好以冰水煮茶者。《岁时广记》"煮建茗"条载:"《开元遗事》:'逸人王休,居太白山下,日与僧道异人往还。每至冬日,取冰,敲其精莹者,煮建茗,以共宾客饮之。'"[3]

明代许次纾在《茶疏》中说"无水不可与论茶也",明人张大复《梅花草堂笔谈》云:"茶性必发于水,八分之茶,遇十分之水,茶亦八分矣;八分之水,遇十分之茶,茶只八分矣。"可见水之重要。

---

[1] (唐)白居易:《吟元郎中白须诗兼饮雪水茶因题壁上》,(清)彭定求等编:《全唐诗》卷四百四十二,中华书局1960年版,第4931页。

[2] (唐)白居易:《晚起》,(清)彭定求等编:《全唐诗》卷四百五十一,中华书局1960年版,第5097页。

[3] (宋)陈元靓:《岁时广记》卷四《冬》,中华书局2020年版,第113页。

陆羽始创的煎茶法奥妙何在?

择好水,便进入煮水的环节。

以火煮水,阴阳激荡,如何才得中和之正,以烹得好茶? 陆羽《茶经·五之煮》如此斟酌火候:"其沸,如鱼目,微有声,为一沸;缘边如涌泉连珠,为二沸;腾波鼓浪,为三沸。已上,水老,不可食也。"

火激之下,水有三沸,第一沸陆羽称为"鱼目",水面冒出的小水泡有如鱼眼,其声微响。第二沸时,锅边的水泡则如连珠般涌动,即所谓"连珠"。随后,沸水如波浪般翻滚奔腾,这就是第三沸了,名之曰"鼓浪"。以三沸之法观察水之变化,即明代张源《茶录》所说的"形辨"。煮至三沸,再煮下去,水便老矣,不可饮用了。

鱼目,鱼眼,蟹目,均用以譬喻水沸后所鼓水泡的形貌。白居易《谢李六郎中寄新蜀茶》:

> 故情周匝向交亲,新茗分张及病身。
>
> 红纸一封书后信,绿芽十片火前春。
>
> 汤添勺水煎鱼眼,末下刀圭搅麴尘。
>
> 不寄他人先寄我,应缘我是别茶人。①

李六郎中,指忠州刺史李宣。诗中说,李宣把新制的蜀茶,分享给身边的故交亲友,病中的自己也是受益者之一。李宣寄来的茶是寒食前采摘的春茶,《苕溪渔隐丛话》前集卷四六:"《学林新编》云:'茶之佳品,造在社前。其

---

① (唐)白居易:《谢李六郎中寄新蜀茶》,(清)彭定求等编:《全唐诗》卷四百三十九,中华书局 1960 年版,第 4893 页。

次在火前,谓寒食前也。其下则雨前,谓谷雨前也。"①以勺向炉上的茶鼎中加水,鼎中之水开始沸腾,状如鱼眼,此时,便是下茶末的最佳时机。用汤匙搅动细如麦曲的茶末,汤花随即泛起。白居易心想,之所以自己能率先得到李宣刺史寄来的新茶,恐怕是缘于自己是懂得茶叶鉴别的知茶之人啊。

白居易诗中,水沸如鱼眼时,就到了下茶末的时候了。

皮日休《茶中杂咏·煮茶》:

> 香泉一合乳,煎作连珠沸。
>
> 时看蟹目溅,乍见鱼鳞起。
>
> 声疑松带雨,饽恐生烟翠。
>
> 尚把沥中山,必无千日醉。②

以一盆取自钟乳泉的香泉来煎茶,水沸时,波如连珠。沸水翻滚,形如蟹目,放入茶末后,则见其在沸水中翻腾如片片鱼鳞。煮茶之声,如雨点拍打松林;沫饽泛起,淡绿的水雾漫升而上,如缕缕翠烟。假使以茶滤酒,即便是传说中的产酒之地中山,也不再让饮酒者"千日醉"了。

皮日休所写水沸时涌连珠,起蟹目、鱼鳞,和陆羽所写几乎一致。陆龟蒙唱和之诗《奉和袭美茶具十咏·煮茶》云:

> 闲来松间坐,看煮松上雪。
>
> 时于浪花里,并下蓝英末。
>
> 倾馀精爽健,忽似氛埃灭。
>
> 不合别观书,但宜窥玉札。③

雅兴来时,坐于松林间,赏看以松上所覆之雪煮茶的情状。茶鼎里,水沸了,如浪花翻卷,此时,把蓝花般的茶末下到水中。饮茶之后,顷刻间神清气爽,忽然间胸中如尘土般的污浊气烟消云散。此时此刻,不适合再看别的书了,

---

① 转引自(唐)白居易著,谢思炜校注:《白居易诗集校注》卷第十六《律诗·谢李六郎中寄新蜀茶》注,中华书局2017年版,第1326页。

② (唐)皮日休:《茶中杂咏·煮茶》,(清)彭定求等编:《全唐诗》卷六百十一,中华书局1960年版,第7055页。

③ (唐)陆龟蒙:《奉和袭美茶具十咏·煮茶》,(清)彭定求等编:《全唐诗》卷六百二十,中华书局1960年版,第7145页。

只宜在道教的典籍里,体会煮茶饮茶的境界。

陆龟蒙此诗中,下茶末的时候,水沸已如浪花,按照陆羽的标准,为三沸。

接下来的步骤是调盐。

《茶经·五之煮》说:"初沸,则水合量,调之以盐味。"在初沸之时,根据水量而斟酌,适量加点盐来调味。

茶末何时入水方好?当然是三沸结束前。

陆羽主张第二沸时下茶末,《茶经·五之煮》:"第二沸,出水一瓢,以竹环激汤心,则量末当中心而下。有顷,势若奔涛溅沫,以所出水止之,而育其华也。"在第二沸时,先舀出一瓢水,这一瓢水将有何用场?其中自有奥秘。然后,用竹箕在沸水的中心绕着圈儿搅动,用茶则量取适量的茶末,就着沸水中心部位,倾茶而下。稍候片刻,滚开的茶水便奔涌开来,迸溅出水沫。这时,稍前舀出的那一瓢水便派上了用场:将这瓢水倒进去,止住水的沸腾之势。这就是所谓的"育华",这一环节是为了保留住茶汤中生成的汤花。

所谓汤之"华",就是陆羽所谓沫饽与汤花,原注云:"《字书》并《本草》:'沫、饽,均茗沫也。'"

《茶经·五之煮》说:"沫饽,汤之华也。华之薄者曰沫,厚者曰饽。"陆羽此时再次迸发其文学才华:"其沫者,若绿钱浮于水湄,又如菊英堕于樽俎之中。饽者,以滓煮之,及沸,则重华累沫,皤皤然若积雪耳。《荈赋》所谓'焕如积雪,烨若春敷',有之。"陆羽之意,沫,有如绿苔藓,漂浮在水面;又如菊花,洒落于樽俎中。所谓饽,就是煮茶沸腾时所激荡起的层层水沫,白如积雪,浮于水面。杜育《荈赋》所描绘的,正是这一闪亮如白雪、灿烂如春花的景象。

至于汤花,《茶经·五之煮》说:"轻细者曰花,如枣花漂漂然于环池之上;又如回潭曲渚青萍之始生;又如晴天爽朗有浮云鳞然。"在陆羽的妙笔之下,汤花又轻又细,或者如枣花在圆形的水池上飘落,或者如回环的潭水、曲折的洲岸边那刚刚生出的浮萍。

唐代茶诗中有不少描写沫饽或汤华的精彩诗句。皎然茶诗中有云:

"投铛涌作沫,著碗聚生花。"①陆龟蒙诗中说:"蒲团为拂浮埃散,茶器空怀碧饽香。"②孟郊诗云:"雪檐晴滴滴,茗碗华举举。"③

法珍《山居四首之一》,写汤华甚美:

烟暖乔林啼鸟远,日高方丈落花深。

积香橱内新茶熟,轻泛松花满碗金。④

白居易《萧员外寄新蜀茶》一诗云:

蜀茶寄到但惊新,渭水煎来始觉珍。

满瓯似乳堪持玩,况是春深酒渴人。⑤

似乳,即对茶瓯中汤华的摹状。看来,白居易作为常常酒后口渴的爱茶人,煎煮友人所馈新茶时,最赏心悦目、爱不释手的还是那满瓯汤华,忍不住赏玩不已。

唐朝宰相权德舆和李德裕的诗中,都描写过煎茶时的汤华。权德舆《奉和许阁老霁后慈恩寺杏园看花同用花字口号》诗:

杏林微雨霁,灼灼满瑶华。

左掖期先至,中园景未斜。

含毫歌白雪,藉草醉流霞。

独限金闺籍,支颐啜茗花。⑥

杏园观花后再悠闲地品味着茗花的滋味,实在妙不可言。

李德裕《故人寄茶》:

剑外九华英,缄题下玉京。

① (唐)皎然:《对陆迅饮天目山茶,因寄元居士晟》,(清)彭定求等编:《全唐诗》卷八百十八,中华书局 1960 年版,第 9225 页。
② (唐)陆龟蒙:《和访寂上人不遇》,(清)彭定求等编:《全唐诗》卷六百二十六,中华书局 1960 年版,第 7190 页。
③ (唐)孟郊:《宿空侄院寄澹公》,(清)彭定求等编:《全唐诗》卷三百七十八,中华书局 1960 年版,第 4239 页。
④ (唐)法珍:《山居四首之一》,《全唐诗补编》下,转引自钱时霖、姚国坤、高菊儿编:《历代茶诗集成》(唐代卷),上海文化出版社 2000 年版,第 112 页。
⑤ (唐)白居易:《萧员外寄新蜀茶》,(清)彭定求等编:《全唐诗》卷四百三十七,中华书局 1960 年版,第 4852 页。
⑥ (唐)权德舆:《奉和许阁老霁后慈恩寺杏园看花同用花字口号》,(清)彭定求等编:《全唐诗》卷三百二十六,中华书局 1960 年版,第 3655 页。

开时微月上,碾处乱泉声。

半夜邀僧至,孤吟对竹烹。

碧流霞脚碎,香泛乳花轻。

六腑睡神去,数朝诗思清。

其馀不敢费,留伴读书行。①

李德裕收到友人寄来的蜀茶,邀请一位僧人在月色中,竹影下一起煎茶吟诗,汤华泛起,香气四溢,一时间精神焕发,诗兴蓬勃。

汤华育成,便可进入让人心动的酌茶环节了。

《茶经·五之煮》:"凡酌,至诸碗,令沫饽均。"既然汤华如此精贵,分茶时自然要让每个碗里都分得一些,均而分之,人人可以分享。

当然,并非所有的汤沫都是好东西。《茶经·五之煮》中,陆羽提醒:"第一煮沸水,而弃其沫,之上有水膜,如黑云母,饮之则其味不正。"刚煮开的水,会浮着一层状如黑云母的水膜,这种水沫是要舀出倒掉的。因为这种水喝起来味道不正。

进入"酌茶"过程时,从锅里舀出的第一瓢水,味至美,且绵长,陆羽名之曰"隽永",可谓极富诗意。《茶经·五之煮》:"或留熟盂以贮之,以备育华救沸之用。"隽永之水,有人把它倒入专门存储热水的熟盂中,用以止沸腾、育汤华。

随后的第一碗、第二碗和第三碗茶水,比"隽永"要略差些。第四碗或第五碗之后,除非实在太渴非喝不可,就不要喝它了。即陆羽《茶经·五之煮》所说:"诸第一与第二、第三碗次之,第四、第五碗外,非渴甚莫之饮。"

关于每次的煮茶量,《茶经·五之煮》谓:"凡煮水一升,酌分五碗。"一升水,分五碗,这当是较合适的煮茶量。原注细说云:"碗数少至三,多至五;若人多至十,加两炉。"陆羽可谓心细之人,不忘叮嘱煮茶时最多煮五碗的量,人数若多过至十人,那就别嫌麻烦,煮两炉吧。看来,陆羽很讲究茶的浓度与正味,这与《五之煮》中"茶性俭,不宜广,广则其味黯澹"的说法,是

---

① (唐)李德裕:《故人寄茶》,(清)彭定求等编:《全唐诗》卷四百七十五,中华书局1960年版,第5394页。

一脉相承的。

吴觉农《茶经述评》评论道："《茶经》中所述的酌茶方式，归根结底，要求达到一个'匀'字，要把沫饽、茶汤均匀地分盛五碗。沫饽总称为'华'。沫、饽、花三者究以何者为上，《茶经》没有说明，从顺序看，以沫为最好；从描述的内容看，则以饽为最好。"①

在《六之饮》中，陆羽再次强调了酌茶时对碗数的把握："夫珍鲜馥烈者，其碗数三。次之者，碗数五。若座客数至五，行三碗；至七，行五碗；若六人以下，不约碗数，但阙一人而已，其隽永补所阙人。"一茶则的茶末，煮出鲜美香浓的好茶，以三碗为宜。次一点的，五碗而已。茶客五人，可分饮三碗；茶客七人，可分饮五碗。至于六人以下，就不论碗数，以少一人来计碗数，将《五之煮》中提到的那碗名为"隽永"的茶来补齐即可。

吴觉农在《茶经述评》中评论说："他自己对茶味则要求'珍鲜馥烈'（意即香味鲜爽浓强），要求'隽永'（意即滋味深长），同时还要求一'则'茶末最好只煮成三碗，至多也不能超过五碗，这都表明他饮茶的目的主要是在于'品'茶。因此，在理解'荡昏寐'的作用时，就不能单纯理解它在生理和药理方面所起的作用，也应理解它在精神生活上所起的作用。也就是说，《茶经》的作者侧重的是把饮茶看作是精神生活的享受，这个观点是十分明显的。"②

喝茶之法，《茶经·五之煮》谓："乘热连饮之，以重浊凝其下，精英浮其上。如冷，则精英随气而竭，饮啜不消亦然矣。"陆羽认为喝茶要趁热，因为茶中重浊的渣滓凝聚于茶汤之下，茶中精华则漂浮在上，如果冷了再喝，茶之精华已随热气散发而消失殆尽，自然享受不到茶之至味了。

陆羽在《茶经·一之源》中说到，茶"最宜精行俭德之人"，在《五之煮》中继而言之："茶性俭，不宜广，广则其味黯澹。且如一满碗，啜半而味寡，况其广乎！"茶性俭约，水不宜多，多则淡乎寡味。正如一满碗的好茶，喝到一半便觉得滋味淡了，更何况水太多呢！

---

① 吴觉农主编：《茶经述评》，中国农业出版社 2005 年版，第 162 页。
② 吴觉农主编：《茶经述评》，中国农业出版社 2005 年版，第 167 页。

陆羽眼中的好茶,汤色浅黄,香味至美。《五之煮》:"其味甘,槚也;不甘而苦,荈也;啜苦咽甘,茶也。"滋味甜的乃是"槚";不甜而带苦味的,则是"荈";刚喝入口时味苦,转而回甘者,则为"茶"。吴觉农《茶经述评》说:"槚、荈、茶都是茶,甘而不苦的茶是没有的,这是无须解释的常识。"①

唐人赵璘《因话录》说陆羽"性嗜茶,始创煎茶法"②。陆羽在《五之煮》中介绍的即为煎茶法的全套工序:炙茶、碾末、炭火、择水、加盐、入末、育汤华、酌茶、饮茶。

唐诗中不乏对煎茶过程的描写,可以与陆羽《茶经》互证。如刘言史《与孟郊洛北野泉上煎茶》,记录了和孟郊一起在洛阳郊外山泉边煎茶时的独特体验:

> 粉细越笋芽,野煎寒溪滨。
>
> 恐乖灵草性,触事皆手亲。
>
> 敲石取鲜火,撇泉避腥鳞。
>
> 荧荧爨风铛,拾得坠巢薪。
>
> 洁色既爽别,浮氲亦殷勤。
>
> 以兹委曲静,求得正味真。
>
> 宛如摘山时,自歠指下春。
>
> 湘瓷泛轻花,涤尽昏渴神。
>
> 此游惬醒趣,可以话高人。③

唐代湖南诗人李群玉《龙山人惠石廪方及团茶》一诗,描写了烹制南岳衡山时的情形:

> 客有衡岳隐,遗余石廪茶。
>
> 自云凌烟露,采掇春山芽。
>
> 珪璧相压叠,积芳莫能加。

---

① 吴觉农主编:《茶经述评》,中国农业出版社 2005 年版,第 163 页。
② (唐)赵璘撰,黎泽湖校笺:《因话录校笺》卷三《商部下》,合肥工业大学出版社 2013 年版,第 53 页。
③ (唐)刘言史:《与孟郊洛北野泉上煎茶》,(清)彭定求等编:《全唐诗》卷四百六十八,中华书局 1960 年版,第 5321 页。

碾成黄金粉,轻嫩如松花。

红炉爇霜枝,越儿斟井华。

滩声起鱼眼,满鼎漂清霞。

凝澄坐晓灯,病眼如蒙纱。

一瓯拂昏寐,襟鬲开烦拏。

顾渚与方山,谁人留品差?

持瓯默吟味,摇膝空咨嗟。①

刘禹锡的《西山兰若试茶歌》,描写了山僧采茶炒茶煮茶的全过程:

山僧后檐茶数丛,春来映竹抽新茸。

宛然为客振衣起,自傍芳丛摘鹰觜。

斯须炒成满室香,便酌砌下金沙水。

骤雨松声入鼎来,白云满碗花徘徊。

悠扬喷鼻宿醒散,清峭彻骨烦襟开。

阳崖阴岭各殊气,未若竹下莓苔地。

炎帝虽尝未解煎,桐君有箓那知味。

新芽连拳半未舒,自摘至煎俄顷馀。

木兰沾露香微似,瑶草临波色不如。

僧言灵味宜幽寂,采采翘英为嘉客。

不辞缄封寄郡斋,砖井铜炉损标格。

何况蒙山顾渚春,白泥赤印走风尘。

欲知花乳清泠味,须是眠云跂石人。②

刘禹锡此诗作于唐文宗李昂大和年间。西山,指苏州西山。兰若,指佛寺。诗中之意,山僧在寺院后种植了几丛茶树,春日里正在竹林旁抽芽,茶芽上的茸毛在竹叶的映衬下闪闪发光。山僧见客人前来,微笑着振衣而起,来到茶园里亲自摘下茶芽,不一会儿,山僧已把茶叶炒制得满室生香了,随

---

① (唐)李群玉:《龙山人惠石廪方及团茶》,(清)彭定求等编:《全唐诗》卷五百六十八,中华书局1960年版,第6579页。

② (唐)刘禹锡:《西山兰若试茶歌》,(清)彭定求等编:《全唐诗》卷三百五十六,中华书局1960年版,第4000页。

即用泉水烹煎新茶。茶鼎里，水沸腾起来，声如骤雨声，又如松风穿林声。
而酌茶之际，茶碗里上的水汽，状如白云，茶碗中的汤花，起灭浮动。啜茶入
口，韵味悠扬，茶香扑鼻，隔宿犹存的酒意即刻烟消云散，神清气爽，浑身通
泰，胸中烦闷瞬间被茶点化。茶树生长在向阳的南坡还是背阴的北岭，会带
来不一样的香气滋味，但都不如竹林遮荫、长满青苔的地块。炎帝神农尝百
草，还只是以茶解毒，还没尝试过煎茶的滋味。桐君所作《桐君录》，也未能
深知饮茶的韵味。新芽拳曲，到完全舒展开来，需要待以时日。而山僧从采
摘到煎茶，则只花了片刻的工夫。木兰花被露水打湿，其香和茶香有点相
似；仙草临波摇曳，风姿绰约，但其色则远逊于茶芽。山僧说，茶为山中灵
味，生长于幽寂之地，采来香醇的茶叶，正好招待有品位的贵客。且把茶叶
装袋封好，寄往郡守的住处。用普通的井水和煮茶的铜炉，可能煮不出最好
的味道。蒙山、顾渚山的贡茶，要在茶包上加以白色封泥，盖上红色官印，再
踏上长途运输的驿道。也许，只有与白云同眠，枕石而卧的高人隐士，才能
真正体会到茶中汤花的清爽滋味。

　　值得注意的是，当时人们寄赠好茶，以"白泥赤印"封缄，可见唐人的美
学品味。

　　唐代诗人崔珏在《美人尝茶行》一诗中描写了美人睡醒后饮茶的场面，
读来让人心醉神迷：

　　　　云鬟枕落困春泥，玉郎为碾瑟瑟尘。

　　　　闲教鹦鹉啄窗响，和娇扶起浓睡人。

　　　　银瓶贮泉水一掬，松雨声来乳花熟。

　　　　朱唇啜破绿云时，咽入香喉爽红玉。

　　　　明眸渐开横秋水，手拨丝簧醉心起。

　　　　台时却坐推金筝，不语思量梦中事。①

　　煎茶过程中的煮水之器，为茶鼎。《茶经·三之造》："膻鼎腥瓯，非器
也。"陆羽要求，不要用煮过肉的鼎来煮水烹茶。陆羽所言甚是，茶能吸味，

---

① （唐）崔珏：《美人尝茶行》，（清）彭定求等编：《全唐诗》卷五百九十一，中华书局 1960 年
　版，第 6858 页。

以熬肉的鼎烧水煮茶,恐怕会有一股肉味,那就大煞风景了。

皮日休《茶中杂咏》系列诗中,有《茶鼎》诗:

> 龙舒有良匠,铸此佳样成。
>
> 立作菌蠢势,煎为潺湲声。
>
> 草堂暮云阴,松窗残雪明。
>
> 此时勺复茗,野语知逾清。①

诗中所咏之鼎,式样精美别致,为龙舒县(今安徽舒城县)的良匠精心打造而成。此鼎的立势,犹如形状奇巧的灵芝菌类,煎茶煮水时,鼎中水声潺潺如流泉。草堂之上,暮色霭霭,云低成阴;松窗之下,残雪尚存,一片微明。此时,以勺舀水,煎茶品茗,草堂里传来的村野俗语之声,显得清亮而愉悦。

陆龟蒙《奉和袭美茶具十咏》之《茶鼎》云:

> 新泉气味良,古铁形状丑。
>
> 那堪风雪夜,更值烟霞友。
>
> 曾过赪石下,又住清溪口。
>
> 且共荐皋卢,何劳倾斗酒。②

煮茶之水,是新汲的泉水,其味甘冽,和形状怪异朴拙的铁质茶鼎相映成趣。在此风雪之夜,又逢喜与云烟流霞、松风明月为伴的隐者。曾在出产好茶的赪石、清溪一带流连忘返,一起品过皋卢的滋味,又何必靠酒来作乐呢?

李商隐《即目》诗亦写以鼎煎茶时的情形:

> 小鼎煎茶面曲池,白须道士竹间棋。
>
> 何人书破蒲葵扇,记著南塘移树时。③

司空图《偶书五首之五》,写夜半时分以鼎煮茶时的心态:

> 中宵茶鼎沸时惊,正是寒窗竹雪明。

① (唐)皮日休:《茶中杂咏·茶鼎》,(清)彭定求等编:《全唐诗》卷六百十一,中华书局1960年版,第7054页。

② (唐)陆龟蒙:《奉和袭美茶具十咏·茶鼎》,(清)彭定求等编:《全唐诗》卷六百二十,中华书局1960年版,第7145页。

③ (唐)李商隐:《即目》,(清)彭定求等编:《全唐诗》卷五百四十,中华书局1960年版,第6197页。

甘得寂寥能到老,一生心地亦应平。①

在唐诗中,煮茶之器,又有茶铛,一种三足的铁制或陶制小锅。马戴《题庐山寺》:"别有一条投涧水,竹筒斜引入茶铛。"②贾岛《原东居喜唐温琪频至》诗:

> 曲江春草生,紫阁雪分明。
>
> 汲井尝泉味,听钟问寺名。
>
> 墨研秋日雨,茶试老僧铛。
>
> 地近劳频访,乌纱出送迎。③

原,指乐游原,唐都长安的至高点,南有大雁塔、曲江池。乐游原在长安昇平坊,元和十三年(818),贾岛迁居昇平坊正东的昇道坊,故称"原东居"。诗中说,昇道坊旁曲江池的春草已显露生意,而远眺终南山,紫阁峰上的雪景依然分明。汲得井泉,尝味之际,龙华尼寺和青龙寺的钟声传来,唐温琪便问我附近这两座寺的名称。回想起去年秋天,唐温琪来访,我们在雨中一起研墨题诗烹茶,煎茶的锅就是寺中老僧曾经用过的。有劳唐氏多次来访,我也每每穿戴整齐出门迎送。从贾岛诗中可见,当时京城长安的寺院僧人,所用煮茶之器中就有茶铛。

曹洞宗开山祖师洞山良价的入室弟子龙牙居遁,《全唐诗补编》所载一首《偈诵》写及茶铛:

> 觉倦烧炉火,安铛便煮茶。
>
> 就中无一事,唯有野僧家。

煮茶之器,还有茶铫。茶铫形似茶壶,有流有柄。

章孝标《思越州山水寄朱庆馀》诗云:

> 窗户潮头雪,云霞镜里天。

---

① (唐)司空图:《偶书五首之五》,(清)彭定求等编:《全唐诗》卷六百三十四,中华书局1960年版,第7275页。

② (唐)马戴:《题庐山寺》,(清)彭定求等编:《全唐诗》卷六百十一,中华书局1960年版,第7054页。

③ (唐)贾岛:《原东居喜唐温琪频至》,(清)彭定求等编:《全唐诗》卷五百七十二,中华书局1960年版,第6641页。

岛桐秋送雨，江艇暮摇烟。

藕折莲芽脆，茶挑茗眼鲜。

还将欧冶剑，更淬若耶泉。①

诗中茶挑，即茶铫。南禅宗洪州宗开山祖师马祖道一弟子智常禅师和马祖门下三大士之一的南泉普愿，有一宗公案，便和茶铫有关。

师尝与南泉同行，后忽一日相别，煎茶次，南泉问云："从前与师兄商量语句，彼此已知。此后或有人问毕竟事，作么生？"师云："遮一床地大好卓庵。"泉云："卓庵且置，毕竟事作么生？"师乃打却茶铫便起，泉云："师兄吃茶了，普愿未曾吃茶。"师云："作遮个语话，滴水也销不得。"②

智常曾与南泉普愿一起游方，到了离别之际，两位禅师以一起煎茶作为离别的方式。一边煎茶，一边话禅，擦出点智慧的火花，留下作别前的灵光闪现，实在颇有情调。

南泉普愿对智常说："之前和师兄一起讨论过的那些禅话，你我彼此都心中有数了。只是，如果今后有人问起悟道成佛的事情，该怎么回答呢？"普愿此问，似乎有点火药味，有点拷问师兄的意思，有点相当于问"达摩祖师西来意"的意思，对于这样的问题，避而不答是最聪明的选择，因为佛不可说嘛，一开口，就很容易掉入陷阱。智常很聪明，应对之策是答非所问："这一大块地，很适合立一座寺院啊！"普愿不甘心，紧追不放："修造寺院的事且放到一边，如何悟道成佛的问题究竟该怎么回答呢？"

此时，智常禅师把煮水的茶铫随手打翻在地，随即起身。南泉普愿说："师兄，您已经吃了茶，我还没吃茶哩！""吃茶"一词在此处看似说的是喝茶，似乎还有一层深意：南泉普愿似乎已经甘拜下风了。道就在吃茶之间，南泉普愿这句话，还有那么一点以退为进，给自己留点面子的意思：你倒是打破茶锅断了话头，可我的答案还一点眉目也没有啊！智常说："说出这样

---

① （唐）章孝标《思越州山水寄朱庆馀》，（清）彭定求等编：《全唐诗》卷五百六，中华书局1960年版，第5750页。

② （宋）道原辑，顾宏义译注：《景德传灯录译注》卷第七《庐山归宗寺智常禅师》，上海书店出版社2010年版，第478页。

的话来，一滴水也消受不起啊！"智常的话可看作是对普愿追问"毕竟事"的回应，也可理解为对普愿仍执着于是否"吃茶了"的回应。

　　这则公案中，普愿原本想"打破砂锅问到底"，没想到智常"打却茶铫躲到底"，两位高手在茶桌前的斗法，实在是机锋四起，妙趣横生。

陆羽反对哪些饮茶习俗？

　　生命，离不开水。"饮食男女，人之大欲存焉"，依此说，"饮"排在生命自然需求的第一位。陆羽《茶经·六之饮》也说："翼而飞，毛而走，呿而言。此三者俱生于天地间，饮啄以活，饮之时义远矣哉！"不论是振翅于天上的飞鸟，还是奔突于地上的走兽，或者张口就能说话的人类，生活于天地之间，都离不开饮水进食，饮的意义不言而喻的。

　　茶的实用价值并非陆羽最看重的，品茗中所透出的精神意涵和生命状态，也许是陆羽更为珍视的。为此，陆羽对于饮茶习惯，便很在意，且不惜予以臧否，陆羽在《茶经》中批评了两种饮茶方法：痷茶和茗粥。《茶经·六之饮》中说：

　　　　饮有觕茶、散茶、末茶、饼茶者，乃斫、乃熬、乃炀、乃舂，贮于瓶缶之中，以汤沃焉，谓之痷茶。或用葱、姜、枣、桔皮、茱萸、薄荷之等，煮之百沸，或扬令滑，或煮去沫。斯沟渠间弃水耳，而习俗不已。①

　　以上大段文字，可见陆羽对当时饮茶习俗的批判态度，我们来分述陆羽批评的两种饮茶法：

一、痷　茶

　　觕，同"粗"。当时常见的茶有粗茶、散茶、末茶和蒸青饼茶四种，属于不发酵的茶叶。经过砍枝采叶、蒸熬、炙烤、碾末等工序，储藏在瓶罐中。用

---

① （唐）陆羽：《茶经·六之煮》，中华书局2010年版，第97页。

开水冲泡,称为淹茶。

淹茶法中,所使用的的茶叶是茶末,加工流程和陆羽《茶经》中描写的制茶方法大抵一致,但程序较少,不够精细。

值得注意的是,淹茶法使用的茶器是瓶缶,唐代有陶瓶,也有瓷瓶,缶是一种小口大腹的瓦器。将研好的茶末放在瓶中或瓦罐中,开水冲泡。这是早期的一种冲泡法。相较于陆羽的煎茶法,自然显得原始和粗陋,故为陆羽所不喜。

《七之事》引三国时魏人张揖《广雅》所载我国最早的饮茶方法:"荆巴间采叶作饼,叶老者,饼成以米膏出之。欲煮茗饮,先炙令赤色,捣末置瓷器中,以汤浇覆之,用葱、姜、橘子芼之。"淹茶法可能渊源于这种饮茶法的前半部分,而后半部分的"用葱、姜、橘子芼之",则衍生出陆羽批评的第二种饮茶法:茗粥。

二、茗 粥

"或用葱、姜、枣、桔皮、茱萸、薄荷之等,煮之百沸。"将茶与葱、姜、枣、桔子皮、茱萸、薄荷放在一起反复熬煮,或扬起茶汤使之柔滑,或煮开以后把沫去掉。在陆羽看来,这些做法无异于让茶汤等同于沟渠中的废水,而民间人士却乐此不疲。读到这里,能隐隐意味出陆羽那痛心疾首的感觉。对于煮茶,陆羽除了"调之以盐味",在第一沸时适量加点盐之外,是不主张在茶中混煮其他食材的。至于"去沫"之举,陆羽更是视为大逆不道,因为,在陆羽眼里,沫饽为茶之精华,不仅不能去掉,还要在酌茶时,均分到每个茶碗中,让每位茶客均可分享汤华。

唐人杨晔所撰《膳夫经手录·茶》中说:"茶,古不闻食之。近晋宋以降,吴人採其叶煮,是为茗粥。"[1]皮日休说:"然季疵以前,称茗饮者必浑以烹之,与夫瀹蔬而啜者无异也。"[2]皮日休描述的品饮法,当即茗粥。

---

[1] (唐)杨晔:《膳夫经手录·茶》,方健汇编校证:《中国茶书全集校证》,中州古籍出版社2015年版,第211页。

[2] (唐)皮日休、陆龟蒙等撰,王锡九校注:《松陵集校注》卷四,中华书局2018年版,第871页。

东晋郭璞注《尔雅·释木》"槚,苦茶":"树小如栀子,冬生叶,可煮作羹饮。"说明早期人们是把茶煮成汤羹食用的。

唐苏敬编撰《新修本草》:"苦茶,主下气,消宿食,作饮加茱萸、葱、姜等,良。"①唐代孙思邈《千金翼方》亦载:"苦茶:主下气,消宿食,作饮加茱萸葱姜等,良。"②说明茗粥中存留了古人以茶为药用的影子。

唐代樊绰《蛮书》载:"茶出银生城界诸山,散收无采造法。蒙舍蛮以椒、姜、桂和烹而饮之。"③云南少数民族至今保留这种茗粥法的饮茶传统。在冰岛老寨,傣族兄弟就在烤雷响茶时加红糖、生姜、炒香的糯米制成糯米姜茶来招待我。对于煮茶时为何加入姜、桂等物,向达在校注中说:"古代本草家谓茶味甘苦微寒,而茱萸、葱、姜俱是热性,作饮时加茱萸葱姜或以椒姜桂和烹而饮之,所以去寒,故曰良也。"④看来,加入食材是为了中和茶的寒性,使得制成的茗粥更利于人体健康。

唐代诗人王建《饭僧》一诗中写到了姜茶:

> 别屋炊香饭,薰辛不入家。
>
> 滤泉调葛面,净手摘藤花。
>
> 蒲鲊除青叶,芹虀带紫芽。
>
> 愿师常伴食,消气有姜茶。⑤

在正屋之外的房舍里炊煮香饭,辛辣腥膻的食物和肉食不进家门。用滤去渣滓和虫子等生物的泉水调和葛根粉,洗净双手采摘藤条上的花朵。腌制的香蒲除去了青叶,咸芹菜则带着紫芽。以上这些天然食物希望师僧经常食用,如果想消散郁气,则不妨喝上一杯姜茶。

---

① (唐)苏敬编撰:《新修本草》卷第十三《茗、苦茶》,山西科学技术出版社 2013 年版,第293 页。
② (唐)孙思邈著,李景荣等校释:《千金翼方校释》卷第三《本草中·木部中品》,人民卫生出版社 2014 年版,第 86 页。
③ (唐)樊绰撰,向达校注:《蛮书校注》卷七《云南管内物产》,中华书局 2018 年版,第190 页。
④ (唐)樊绰撰,向达校注:《蛮书校注》卷七《云南管内物产》,中华书局 2018 年版,第191 页。
⑤ (唐)王建:《饭僧》,(清)彭定求等编:《全唐诗》卷二百九十九,中华书局 1960 年版,第3392 页。

比陆羽年长二十余岁的储光羲有一首诗直接以《吃茗粥作》为题：

当昼暑气盛，鸟雀静不飞。

念君高梧阴，复解山中衣。

数片远云度，曾不蔽炎晖。

淹留膳茶粥，共我饭蕨薇。

敝庐既不远，日暮徐徐归。①

王维长陆羽三十余岁，和陆羽在世时间亦有交集。王维，字摩诘，太原祁人，唐玄宗开元九年进士擢第，因官至尚书右丞，故世称王右丞。王维以诗名盛于开元、天宝间，尤长五言，多咏山水田园，与孟浩然合称"王孟"。王维因奉佛而有"诗佛"之称。

维弟兄俱奉佛，居常蔬食，不茹荤血；晚年长斋，不衣文彩。得宋之问蓝田别墅，在辋口，辋水周于舍下，别涨竹洲花坞，与道友裴迪浮舟往来，弹琴赋诗，啸咏终日。尝聚其田园所为诗，号《辋川集》。在京师日饭十数名僧，以玄谈为乐。斋中无所有，唯茶铛、药臼、经案、绳床而已。退朝之后，焚香独坐，以禅诵为事。妻亡不再娶，三十年孤居一室，屏绝尘累。②

从王维斋中陈设中的茶铛，可知王维嗜茶。王维茶诗中，有《赠吴官》，其中提到了茶粥：

长安客舍热如煮，无个茗糜难御暑。

空摇白团其谛苦，欲向缥囊还归旅。

江乡鲭鲊不寄来，秦人汤饼那堪许。

不如侬家任挑达，草屩捞虾富春渚。③

诗中写在京为官的吴籍朋友不习惯北方生活方式而遭遇的种种困事。京城长安酷热，却没有茶粥消暑。扇几下白团扇也不抵事，忍不住背着书囊回老

① （唐）储光羲：《吃茗粥作》，（清）彭定求等编：《全唐诗》卷一百三十六，中华书局1960年版，第1378页。
② （后晋）刘昫等撰：《旧唐书》卷一百九十《王维传》，中华书局1975年版，第5052页。
③ （唐）王维：《赠吴官》，（清）彭定求等编：《全唐诗》卷一百二十五，中华书局1960年版，第1259页。

家去算了。盼望中的江南青鱼迟迟未能寄到,三秦的汤面实在吃不惯。不如在老家自由自在,穿着草鞋,在富春江边捞鱼捕虾。诗中的茗糜,即茶粥,说明当时茶粥仍在流行。

茶，有哪些禁忌？

喝点好茶容易吗？当然不容易。

这一点，陆羽早在唐代就深刻体会到了。陆羽《茶经·六之饮》归纳了茶从采制到烹煮的九大不容易："茶有九难：一曰造，二曰别，三曰器，四曰火，五曰水，六曰炙，七曰末，八曰煮，九曰饮。"即制造、鉴别、器具、用火、择水、炙烤、碾末、烹煮、饮用九大环节，均非易事。

紧接着，陆羽以遮诠之法，通过提醒制茶工序中的种种禁忌，来细说好茶制造中的九大难点。

其一："阴采夜焙，非造也。"阴天采茶、夜间焙烤，为制茶之忌。正如《茶经·一之源》所说，因为"采不时，造不精，杂以卉莽，饮之成疾"。于是，"阴山坡谷者，不堪采掇"。《三之造》则要求："其日有雨不采，晴有云不采。"正确的采摘时间点乃在"凌露采"。至于夜间焙烤，是因为"宿制者则黑"，隔夜鲜茶，已损失不少茶中精华了。

其二："嚼味嗅香，非别也。"鉴别茶品等级，靠口嚼其味、鼻闻其香，是难辨高下的。

其三："膻鼎腥瓯，非器也。"煮过肉的鼎，带膻味；盛过鱼的碗，有腥味。这些器具，是不宜用来烹茶的。

其四："膏薪庖炭，非火也。"膏薪，含油脂多，会改茶味。厨房里的炭，沾过油腥，也不适合烧火煮茶。正如《五之煮》所言："其炭，曾经燔炙，为膻腻所及，及膏木、败器不用之。"

其五："飞湍壅潦，非水也。"飞溅的瀑水，湍急的流水，壅塞的潭水，不论是急水还是死水，都不适合煮茶。《五之煮》云："其瀑涌湍漱，勿食之。"

死水则因"澄浸不泄",毒气蓄积,自然不可轻易造次。

其六:"外熟内生,非炙也。"炙茶时须讲究温度,不时翻转,把握缓急,这样才能烤透,避免外熟内生,以免碾末时颗粒参差,生熟不一。

其七:"碧粉缥尘,非末也。"青绿色,青白色,均非茶末的正色,这是碾末的败笔。

其八:"操艰搅遽,非煮也。"煮茶须操作娴熟,稍不留神,便错过了恰到好处的沸点和汤色。煮茶时须搅动沸水以下末,如《五之煮》所说"以竹筴还激汤心",但搅动太快,亦为煮茶一忌。

其九:"夏兴冬废,非饮也。"为何不该夏天喝茶冬天则不喝,吴觉农《茶经述评》解释道:"'夏兴冬废,非饮也',是对不重视饮茶的精神作用,而偏重于饮茶的解渴作用亦即饮茶的生理作用的批评,因为从生理上说,夏天天热,需要饮茶,冬天天冷,可以少饮或不饮,但在精神生活上并无冬夏之分,常年饮茶是必要的。"①

茶有九难,而正是这九难,使得真正懂茶的茶人,在知难而进的同时,体验了生命原本就有的况味,此时的好茶,滋味自然更为醇厚隽永了。

---

① 吴觉农主编:《茶经述评》,中国农业出版社 2005 年版,第 186 页。

陆羽二十四器:饮者的品位

陆羽在《茶经·四之器》中记载了如下茶器:"风炉(灰承)、筥、炭挝、火筴、鍑、交床、夹、纸囊、碾(拂末)、罗合、则、水方、漉水囊、瓢、竹筴、鹾簋(揭)、碗、熟盂、畚(纸帊)、札、涤方、滓方、巾、具列、都篮",共二十八器,除去注文中的三种,计二十五器,如把罗合与则计为一器,即为二十四器。

以上茶器,我们可以分为如下几类:

一、生火之器

1. 风炉:生火以煮茶的茶炉,有铜炉、铁炉、陶炉。
2. 筥:以竹或藤编织,用以储碳。
3. 炭挝:以铁制之,或作槌形,或作斧形,用以碎碳。
4. 火筴:又名箸,即火筷子,以铁或熟铜制之,用以夹碳。

生火茶器中,陆羽制造的风炉值得注意。此风炉如古鼎形,用铜或铁铸成。《周易》中《鼎》卦,下巽上离,巽为木,离为火,故《象》曰:"木上有火,鼎。"燃木煮食,化生为熟,又有鼎革之义,故《杂》卦云:"《鼎》,取新也。"以明革故鼎新之意。"凡三足,古文书二十一字:一足云:'坎上巽下离于中';一足云:'体均五行去百疾';一足云:'圣唐灭胡明年铸。'"陆羽制作的鼎形风炉有三足,炉足上分别铸就的三句文字,"坎上巽下离于中",上为《坎》卦,坎主水;中为《离》卦,离主火,下为《巽》卦,巽主风。这句话生动地勾勒了风吹火旺上面煮水的茶炉形象。"置墆𡑜于其内,设三格:其一格有翟焉,翟者,火禽也,画一卦曰离;其一格有彪焉,彪者,风兽也,画一卦曰巽;其一格有鱼焉,鱼者,水虫也,画一卦曰坎。"在风炉内放燃料的炉床上,画有三种动物,并分别画上三卦的卦象:翟鸟(山鸡,即雉),为火禽,配《离》卦;彪(小虎),《周易·乾·文言》传:"云从龙,风从虎;鱼,水虫,配坎卦。"上述文字和饰画,用周易《坎》《离》《巽》三卦,形象地概括了以风生火、以火煮水的茶炉主体结构和功用。"体均五行去百疾",则运用传统的五行思想,金、木、水、火、土五行与人体五脏相通,表达了饮茶具有调和阴阳五行平衡,使五脏和谐,从而百病不生的药理功效。"圣唐灭胡明年铸",指此风炉的铸造时间为平定安史之乱的次年,即公元864年。

在陆羽风炉的三足之间,开有三个窗口,窗口上用古文字铸六字,连起来是"伊公羹""陆氏茶"。伊公,即伊尹,名鸷,商朝开国名相,因善于调和五味,又被尊为中华厨祖。《史记》载:"伊尹名阿衡。阿衡欲奸汤而无由,乃为有莘氏媵臣,负鼎俎,以滋味说汤,致于王道。"①伊公羹,不仅是厨艺之精华,也是治国理政之妙术。将陆羽茶和伊公羹相提并论,此中可看出陆羽的抱负和自信。

二、煮茶之器

1. 鍑,亦作釜、䥸,以生铁制之。也有瓷质、石质者,但陆羽认为以瓷与石为材质,虽为雅器,但不够结实耐用。或有银质的,很洁净,但稍嫌奢侈。故陆羽还是主张用铁制的釜。"方其耳,以令正也。广其缘,以务远也。长其脐,以守中也。脐长,则沸中;沸中,末易扬,则其味淳也。"釜耳方正,稳而端正;釜边缘宽,火舌吐远;釜底之脐突出,煮熟时沸腾点集中,易于茶末在汤中翻滚,滋味自然更为醇和。

2. 交床:支架十字交叉,上面的搁板挖空,用来支撑鍑。

三、烤茶之器

1. 夹:以小青竹制成,其中一端有竹节,竹节以上剖开,即为竹夹,用来

---

① (汉)司马迁撰,(宋)裴骃集解,(唐)司马贞索隐,张守节正义:《史记》卷三《殷本纪》,中华书局1959年版,第94页。

炙烤茶饼。"彼竹之筱,津润于火,假其香洁以益茶味。"炙茶时,随着火温上升,竹香融入茶香,使茶味更添其自然清香。夹也有以精铁、熟铜之类为材质者,经久耐用。

2.纸囊:以剡溪所产以藤为原料制作的纸,取其白色质厚者,双层合而缝之,用来贮存炙烤好的茶,以免茶香外溢。

3.碾和拂末:碾即茶碾,木质者以桔木、梨、桑、桐、柘制成。"内圆而外方。内圆,备于运行也;外方,制其倾危也。"碾轮圆形,如车轮,有轴但实心无辐条。拂末,"以鸟羽制之",用来清理碾中的茶末。

4.罗合:罗筛和茶盒,把大竹子剖成竹片,烤弯合为圆形,蒙上纱绢,即为罗筛。把碾碎的茶用罗筛筛之,筛好的茶末盛于茶盒中,茶盒以竹节或杉木片屈曲而成,涂上油漆。茶盒高三寸,口径四寸,可见其小巧精美。

唐诗中对茶碾多有写及。司空图《春对柳二首之二》:

洞中犹说看桃花,轻絮狂飞自俗家。

正是阶前开远信,小娥旋拂碾新茶。[1]

白居易《酬梦得秋夕不寐见寄(次用本韵)》:

碧簟绛纱帐,夜凉风景清。

病闻和药气,渴听碾茶声。

露竹偷灯影,烟松护月明。

何言千里隔,秋思一时生。[2]

齐己《尝茶》:

石屋晚烟生,松窗铁碾声。

因留来客试,共说寄僧名。

味击诗魔乱,香搜睡思轻。

春风霅川上,忆傍绿丛行。[3]

---

[1] (唐)司空图:《春对柳二首之二》,(清)彭定求等编:《全唐诗》卷六百三十三,中华书局1960年版,第7269页。

[2] (唐)白居易:《酬梦得秋夕不寐见寄(次用本韵)》,(清)彭定求等编:《全唐诗》卷四百四十九,中华书局1960年版,第5070页。

[3] (唐)齐己:《尝茶》,(清)彭定求等编:《全唐诗》卷八百三十八,中华书局1960年版,第9450页。

四、量茶之器

量茶之器凡一种，即"则"，今所谓"茶则"，以贝壳、铜、铁、竹、木为材质，"则者，量也，准也，度也。"则，为量度工具，陆羽的标准为："凡煮水一升，用末方寸匕"，煮一升水，用一寸见方的茶匙量的茶末。当然，这并非铁板一块，可根据个人口味酌情增减。

五、水　器

1. 水方：以木制之，用来盛水，容量一斗。

2. 漉水囊：常见的是用生铜铸造圈架，被水浸湿后不会产生污垢，水不会变腥变涩，而熟铜造的易生铜绿，铁制的生锈后会让水出现腥味涩味。在林谷间栖隐之士，常用竹木材质，但不坚固耐久，故陆羽主张用生铜的。滤水的袋子，用青竹篾编织成圆筒状，再缝上碧绿的丝绢。漉水囊可放入用油绢制作、可防水的袋子里。

3. 瓢：又名牺杓，把葫芦剖成两半，或削木制成，用来舀水。

4. 竹筴：以竹木制成，长一尺，两头裹以银饰，用来搅水。

5. 熟盂：瓷制或陶制，用来盛放开水，容量二升。

六、盐　器

陆羽的煎茶法，有调盐的步骤，故需取盐调盐。

1. 鹾簋：瓷制，直径四寸，有盒形、瓶形、缶形，不一而足，用来贮盐。

2. 揭：竹制，长四寸余，宽九分，煎茶时用来取盐入水。

七、饮茶之器

1. 碗：瓷制饮茶器。《茶经·四之器》云："碗，越州上，鼎州次，婺州次，岳州次,寿州、洪州次。或者以邢州处越州上,殊为不然。若邢瓷类银,越瓷类玉,邢不如越一也;若邢瓷类雪,则越瓷类冰,邢不如越二也;邢瓷白而茶色丹,越瓷青而茶色绿,邢不如越三也。"陆羽将当时各地所产之碗评为三等:一等为越州碗;二等为鼎州、婺州、岳州碗;三等为寿州、洪州碗。对于邢窑之碗胜于越窑之说,陆羽不以为然,坚持邢窑不如越窑,除了越窑温润如玉、光泽如冰之外,还有一个重要的原因,在色彩上,邢窑之碗色白,茶色显红色;越窑之碗色青,茶色显绿色。而当时的评审标准,以绿为正色,故陆羽以越窑为上。

2.瓯:瓷质饮茶器,碗小为瓯。《说文解字》:"瓯,小盆也。"《茶经·四之器》云:"晋杜琉《荈赋》所谓:'器择陶拣,出自东瓯'。瓯,越也。瓯,越州上,口唇不卷,底卷而浅,受半升以下。越州瓷、岳瓷皆青,青则益茶,茶作红白之色。邢州瓷白,茶色红;寿州瓷黄,茶色紫;洪州瓷褐,茶色黑;悉不宜茶。"陆羽认为越窑产的瓯为上等,岳州次之,邢州、寿州、洪州瓯又次之,原因仍然是越州瓷和岳州瓷色彩为青色,能使茶汤显得更加碧绿,而邢州瓷色白,使茶汤色红;寿州瓷为黄色,使茶色偏紫;洪州瓷为褐色,使茶汤色显得黑,因此不宜用来喝茶。

唐代饮茶之器,有茶碗、茶瓯、茶盏、茶杯、茶樽等,唐诗中写茶瓯者最多。郑谷《题兴善寺》诗中说:"藓侵隋画暗,茶助越瓯深。"[1]皮日休《茶中杂咏·茶瓯》:

> 邢客与越人,皆能造兹器。
>
> 圆似月魂堕,轻如云魄起。
>
> 枣花势旋眼,蘋沫香沾齿。
>
> 松下时一看,支公亦如此。[2]

皮日休将邢窑和越窑相提并论,并未有评个高下之意。在他眼里,茶瓯圆融似月,轻盈似云,汤华如枣花,沫饽似青萍,茶汤入口,齿颊留香。松下把瓯

---

① (唐)郑谷:《题兴善寺》,(清)彭定求等编:《全唐诗》卷六百七十六,中华书局1960年版,第7757页。

② (唐)皮日休:《茶中杂咏·茶瓯》,(清)彭定求等编:《全唐诗》卷六百十一,中华书局1960年版,第7055页。

饮茶,心空寂然,当年的高僧支道林,想必也是这等境界吧。

陆龟蒙《奉和袭美茶具十咏》之《茶瓯》诗:

昔人谢堌埏,徒为妍词饰。

岂如珪璧姿,又有烟岚色。

光参筠席上,韵雅金罍侧。

直使于阗君,从来未尝识。①

堌埏,即瓯。在陆龟蒙看来,南朝梁时刘孝威所写的《谢堌埏启》,只不过堆砌了一些浮华的辞藻而已。眼前的茶瓯,如珪似璧,圆润如玉,泛着山林间那轻薄的淡绿色。茶瓯的光泽投射在竹席上,在金色的酒樽前显得韵致高雅。即便是来自盛产和田美玉的于阗人,也可能没有眼福一睹如此美妙绝伦的茶瓯吧? 陆龟蒙写茶瓯,可谓极尽赞叹。

白居易《睡后茶兴忆杨同州》诗:

昨晚饮太多,虺峨连宵醉。

今朝餐又饱,烂漫移时睡。

睡足摩挲眼,眼前无一事。

信脚绕池行,偶然得幽致。

婆娑绿阴树,斑驳青苔地。

此处置绳床,傍边洗茶器。

白瓷瓯甚洁,红炉炭方炽。

沫下麴尘香,花浮鱼眼沸。

盛来有佳色,咽罢馀芳气。

不见杨慕巢,谁人知此味。②

白居易在这首想念同为爱茶人的妻舅杨汝士(字慕巢)的诗歌中,描写了自己酒醉饭饱大睡一场后,在池边绿荫下煮茶品茶的情形。诗人把茶瓯洗得洁白透亮,和烘炉中的炭火相映成趣。

---

① (唐)陆龟蒙:《奉和袭美茶具十咏·茶瓯》,(清)彭定求等编:《全唐诗》卷六百二十,中华书局1960年版,第7145页。

② (唐)白居易《睡后茶兴忆杨同州》,(清)彭定求等编:《全唐诗》卷四百五十三,中华书局1960年版,第5126页。

八、洁具之器

1. 札：木质或竹制棕榈刷，形如大笔，用来清洗茶具。
2. 涤方：木质盛水器，用来盛清洗茶器后留下的废水，容量八升。
3. 滓方：和涤方相似，用来盛放茶渣，容量五升。
4. 巾：以粗绸制作，长二尺，两块交替使用，用来擦拭茶器。

九、盛具之器

1. 畚：用来放茶碗。"以白蒲卷而编之，可贮碗十枚，或用筥。"用白色蒲草编织成圆筒形，可存放十个茶碗，也可以用筥来装碗。纸帊是更简便的盛碗器，用双层剡溪纸缝成方形纸筐，也可装下十只碗。

2. 具列：收纳多种茶器的用具，形制如床形或架形，材质有纯木、纯竹、木竹兼具者，漆成黄黑色。

3. 都篮：以竹篾编织，形制如篮，用来把整套茶器装进去。

饮茶需要如此多的茶具，陆羽对茶器如此讲究，可见唐人饮茶品味之高。

不过，陆羽也有权变思想。《九之略》中说："其造具，若方春禁火之时，于野寺山园，丛手而掇，乃蒸，乃舂，乃拍，以火干之，则又棨、扑、焙、贯、棚、穿、育等七事皆废。其煮器，若松间石上可坐，则具列废。用槁薪、鼎䥶之属，则风炉、灰承、炭挝、火䇲、交床等废。若瞰泉临涧，则水方、涤方、漉水囊废。若五人已下，茶可末而精者，则罗废。若援藟跻岩，引絙入洞，于山口炙而末之，或纸包合贮，则碾、拂末等废。既瓢、碗、䇲、札、熟盂、鹾簋悉以一筥盛之，则都篮废。但城邑之中，王公之门，二十四器阙一，则茶废矣。"

在陆羽看来，不论是造茶之具，还是煮茶之器，在特定的场景下，可以因地制宜，酌情减免。但如果身处城中，王公之门，则二十四器缺一不可，否则茶就废了。

《封氏闻见记》载："楚人陆鸿渐为《茶论》，说茶之功效并煎茶炙茶之法，造茶具二十四事以'都统笼'贮之。远远倾慕，好事者家藏一副。"①

从封演的记载可知，陆羽打造的茶具二十四器，并非纸上空谈，而是实实在在地流行开来了。这一现象，在唐诗中也有体现。如朱庆馀《凤翔西池与贾岛纳凉》：

> 四面无炎气，清池阔复深。
>
> 蝶飞逢草住，鱼戏见人沉。
>
> 拂石安茶器，移床选树阴。
>
> 几回同到此，尽日得闲吟。②

诗中写朱庆馀和贾岛床在池边纳凉时，随身是带着茶器的，选一大石，扫净尘灰，把茶器放好，便可一边煮茶一边吟诗了，如此纳凉，岂不快哉！

贯休《山居诗二十四首之二十》：

> 自休自已自安排，常愿居山事偶谐。
>
> 僧采树衣临绝壑，狝争山果落空阶。
>
> 闲担茶器缘青嶂，静衲禅袍坐绿崖。
>
> 虚作新诗反招隐，出来多与此心乖。③

画僧、诗僧贯休，担着茶器，攀行于青山绝岭，在绿树成荫的山崖边停下来煮茶吟诗。此情此景，说明陆羽的茶具二十四事，已经流行至深山老林中了。

唐朝茶器之精美，法门寺地宫出土的珍贵文物为今人提供了鉴识的机会。

陕西扶风县境内的法门寺始建于东汉，真身宝塔中供奉有释迦牟尼佛指骨舍利，唐代曾有六位皇帝迎佛骨入长安于宫内供养，韩愈那篇著名的《谏迎佛骨表》，谏阻的就是唐宪宗元和十四年（819）迎佛骨之盛事。

公元874年，唐僖宗敕令封闭法门寺地宫。1569年，法门寺4级木塔

---

① （唐）封演撰，赵贞信校注：《封氏闻见记校注》卷六《饮茶》，中华书局2005年版，第51页。
② （唐）朱庆馀：《凤翔西池与贾岛纳凉》，（清）彭定求等编：《全唐诗》卷五百十四，中华书局1960年版，第5866页。
③ （唐）贯休：《山居诗二十四首之二十》，（清）彭定求等编：《全唐诗》卷八百三十七，中华书局1960年版，第9428页。

在地震中倒塌。1981 年,重建于 1579 年的 13 层八棱砖塔再度倒塌。1987
年 2 月,埋藏于法门寺地宫上千年之久的佛指骨舍利和一批珍贵文物重见
天日。在通往地宫前室之处,发现唐代咸通十五年(874)的两通碑石:《大
唐咸通启迎岐阳真身志文》和监送真身使刻制的《应从重真寺随真身供养
道具及恩赐金银器物宝函等并新恩赐到金银宝器衣物账》(简称《物账
碑》)。《物账碑》中所列物品中,包括:"笼子一枚重十六两半,龟一枚重廿
两,盐台一副重十二两,结条笼子一枚重八两三分,茶槽子、碾子、茶罗、匙子
一副七事共重八十两,随求六枚共重廿五两,水精枕一枚,影水精枕一枚,七
孔针一,骰子一对,调达子一对,稜函子三,瑠璃钵子一枚,瑠璃茶碗柘子一
副,瑠璃叠子十一枚。"①碾子上铭文为:"咸通十年文思院造银金花茶碾子
一枚,共重廿九两,匠臣邵元审,作官臣李师存,判官高品、吴弘,使臣能
顺。"咸通十年(869)为唐懿宗年号,说明此碾为御制之器。地宫出土的鎏
金银长柄勺上有"五哥"划文,僖宗为懿宗第五男,在册立皇太子前宗室内
以"五哥"相称。《物账碑》把这些茶具归于唐僖宗的供养品名下,当为唐僖
宗的御用茶具。

上引《物账碑》中所列茶器,金银笼子为烘焙器,龟为鎏金银盒,贮茶之
器,银盐台为调盐之器,茶槽子、碾子为碾茶之器,鎏金茶罗用来筛碾好的茶
末并存于盒中,匙子为量茶器,调达子为调茶之器,瑠璃茶碗为饮茶之器。
此外,地宫中出土的茶器,还有银风炉、银火箸等。

法门寺地宫出土的琉璃茶盏、茶托,为现存中国最早的琉璃茶具。

这套唐僖宗用于供养佛指骨舍利的御制茶具,是迄今世界上发现的最
早、最完整的茶具。

如此看来,陆羽"茶具二十四事",实不为虚。在民间乃至禁宫,精美讲
究的成套茶具,流行于深山禅院、王公朝士乃至宫廷之中,展示了今人难以
望其项背的唐人饮茶品味。

---

① 韩伟:《法门寺地宫唐代随真身衣物帐考》,《文物》1991 年第 5 期。

神农尝百草，中毒咋救命？

陆羽在《茶经·六之饮》中，提及茶的渊源时说："茶之为饮，发乎神农氏，闻于鲁周公，齐有晏婴……"神农氏、周公和晏婴，为先秦茶史中不可不说的三位人物。

我们常说三皇五帝，伏羲、神农、黄帝为三皇，少昊、高阳、高辛、唐、虞为五帝。神农氏，被尊为三皇之一。

《史记》卷一《五帝本纪》正义载《帝王世纪》云："神农氏，姜姓也。母曰任姒，有蟜氏女，登为少典妃，游华阳，有神龙首，感生炎帝。人身牛首，长于姜水。有圣德，以火德王，故号炎帝。初都陈，又徙鲁。又曰魁隗氏，又曰连山氏，又曰列山氏。"[①]

这段文字透露的信息，神农氏作为一代伟人，必然出生时即非同凡响，母亲感神龙而生，又有"人身牛首"的圣体。此外，这里将神农氏与炎帝视为一人。

除此而外，神农氏神在何处？

《周易·系辞下》："包牺氏没，神农氏作，斫木为耜，揉木为耒，耒耨之利，以教天下，盖取诸《益》。"看来神农氏的一大贡献便是制作农具，推广了耕种技术。汉代的《白虎通义·号》篇给出了类似的解释："古之人民皆食兽禽肉，至于神农，人民众多，禽兽不足，于是神农因天之时，分地之利，制耒耜，教民劳作，神而化之，使民易之，故谓神农也。"在《孟子·滕文公章句

---

① （汉）司马迁撰，（宋）裴骃集解，（唐）司马贞索隐，张守节正义：《史记》卷一《五帝本纪》，中华书局 1959 年版，第 4 页。

上》，朱熹说："神农，炎帝神农氏。始为耒耜，教民稼穑者也。"①

以上说的，大致都在说明神农氏是农业发明家、耕种专家，即农业之祖。

假托神农氏之名的著作不少，《茶经》中提及的《神农食经》就著录于《汉书·艺文志》之中。《茶经·七之事》引《神农食经》："茶茗久服，令人有力，悦志。"《神农食经》肯定了长期饮茶的功效，可以使人精力充沛，心情愉悦。既可带来生理上的提升，又可带来精神上的满足，神农氏对茶的态度由此可窥一斑。

清代黄奭辑的《神农本草经》卷上"上经"对茶有如下记载："苦菜，味苦寒，主五藏邪气，厌谷胃痹。久服，安心益气，聪察少卧，轻身耐老。一名荼草，一名选，生川谷。"

最有名的神农氏著作，当为《神农本草经》，这本书中说了一句茶史上超级重要的话："神农尝百草，一日遇七十二毒，得茶而解之。"作为医药之祖的神农氏，在以身试药遭遇中毒危险时，恰恰靠茶得到了起死回生的机会。这句话还透露了另外一个信息：茶，早期便被人们发现了其药用价值。这句话可以说是道出了茶的起源，故陆羽说："茶之为饮，发乎神农氏。"

由此，神农又被奉为茶之祖。

在云南双江县勐库镇境内的大雪山脚下，有一座神农祠，祠内供奉着一尊高达9.5米的炎帝神农石雕像。人们在此礼敬过茶祖，才爬上勐库大雪山，这里隐藏着一个惊世的秘密：万亩野生古茶树群落就藏身于这片茂密的原始森林中。

---

① （宋）朱熹：《四书章句集注·孟子集注卷五·滕文公章句上》，中华书局1983年版，第257页。

周公如何让茶闻名于世？

陆羽在《茶经》的《一之源》《六之饮》和《七之事》中均提到周公，他如此推崇周公，究竟缘由何在？

我们知道，周公名姬旦，在周文王十个儿子中排行老四，他的三个哥哥分别是长兄伯邑考、二哥武王姬发、三哥管叔鲜。

周公挺能干，多才多艺，"能事鬼神"。《史记》卷三十三《鲁周公世家》记载："及武王即位，旦常辅翼武王，用事居多。"[1]周公辅佐武王的事功，包括：武王伐纣，在牧野之战中，作《牧誓》；武王破殷，诛杀纣王，周公"告纣之罪于天""释箕子之囚"。

周公被封为鲁公，采邑在曲阜，但他没有去封地，因为武王死后，继位的周成王少还是个褓褓中的娃娃，周公担心天下大乱，便当起了摄政王，让儿子伯禽代自己去就封。

管、蔡、武庚谋反，周公率军讨伐，"遂诛管叔，杀武庚，放蔡叔"。

周成王长大后，执掌朝政七年之久的周公便还政于成王，执以臣礼。

周公死后，儿子伯禽继续待在曲阜，为鲁公，这就是鲁国的源头。孔子是鲁国人，他推崇周公，乃自然之理。

说了这么多，周公与茶究竟有什么关系呢？陆羽《茶经·六之源》说茶"闻于鲁周公"，茶是在周公那里为世人所知晓的，周公对茶的贡献自然不小。

---

[1] （汉）司马迁撰，（宋）裴骃集解，（唐）司马贞索隐，张守节正义：《史记》卷三十三《鲁周公世家》，中华书局1959年版，第1515页。

陆羽所说根据何在？说到茶的字形起源时，《茶经·一之源》原注云："草木并,作'荼',其字出《尔雅》"。而《茶经·七之事》又说："周公《尔雅》:'槚,苦荼'。"原来,"茶"的早期文字"荼"最先在字书中出现,是周公的功劳,因为传说《尔雅》为周公所作,至少陆羽是坚持这一说法的。

矮个子晏婴与高大上的茶

陆羽《茶经》中所载对茶文化有贡献的三位先秦人物中,晏婴位列其一。

晏婴,字平仲,齐国名相,是春秋之际赫赫有名的政治家。晏婴的为官之道,司马迁的《史记》卷六十二《管晏列传》是这样描述的:"其在朝,君语及之,即危言;语不及之,即危行。国有道,即顺命;无道,即衡命。"①看来,晏婴是敢于犯言直谏的耿直之臣。为此,在齐灵公、庄公、景公三世为相的晏婴,"显名于诸侯"。

晏子担任齐相时,有一次仪仗出行,给他赶马的车夫一路上一副洋洋自得的模样,他的妻子从门缝里看到这一切,就不想跟他过下去了。她对车夫说:"晏子的个子还没六尺高,位居齐国之相,扬名于各路诸侯。可我看他出行的样子,气度深沉,低调谦卑。而你这个八尺高的男人,只是为他赶马而已,就自以为是了,这就是我想离开你的原因。"车夫听后深受教育,之后就谦逊多了。晏子看到车夫的变化,一问,得知真相后,就推荐车夫做了大夫。

司马迁对晏婴很崇拜,"假令晏子而在,余虽为之执鞭,所忻慕焉"。给晏婴做马车夫,司马迁也感觉很荣幸。

晏婴还有一个优点,就是虽然贵为相国,却生活很俭朴。司马迁说他"以节俭力行重于齐。既相齐,食不重肉,妾不衣帛"。

---

① (汉)司马迁撰,(宋)裴骃集解,(唐)司马贞索隐,张守节正义:《史记》卷六十二《管晏列传》,中华书局 1959 年版,第 2134 页。

晏婴的这个优点,也是获得陆羽尊重的原因之一吧。《茶经·七之事》引《晏子春秋》:"婴相齐景公时,食脱粟之饭,炙三弋、五卵,茗菜而已。"弋:禽类。卵:禽蛋。在担任齐景公相国时,晏婴吃的是糙米饭,三五样肉蛋,茶和蔬菜而已。

俭朴归俭朴,恐怕陆羽最看重的还是晏婴主动当上了"茗菜"的带头大哥,身体力行地为茶做了超高级别的形象代言人。当然,晏婴也是符合陆羽心目中"精行俭德之人"的标准的。

但吴觉农说:"据《说文解字》'新附字'中说:'茗,荼芽也。'陆羽就是根据'茗'这个字把《晏子春秋》这段文字引入《七之事》里的。但是,在公元前 6 世纪的春秋时期,居住在山东的晏婴,是否能在吃饭时饮茶,是很值得怀疑的。"①

---

① 吴觉农主编:《茶经述评》,中国农业出版社 2005 年版,第 220 页。

司马相如和卓文君私奔时，茶在哪？

陆羽《茶经·六之饮》提及茶史中的重要人物，其中说："汉有扬雄、司马相如。"

司马相如，字长卿，是蜀郡成都人。他少年时就喜欢读书，还学了击剑，他父亲给起了个名字：犬子。因崇拜蔺相如，他就自作主张改名为相如。

司马相如买了个郎官做，在汉景帝身边服务，但景帝不爱好文学，司马相如便跑到梁孝王那里与枚乘等一帮文人从游，写下了《子虚赋》。

梁孝王死后，司马相如回到成都，成了失业青年。不过，在成都他遭遇了一场留名青史的爱情。缘由是，司马相如有个熟人王吉是临邛令，邀请他过去玩，结果遭遇了大富豪卓王孙，卓王孙的家僮便有八百人，其富裕程度可想而知。司马相如应邀参加了卓王孙专门安排的宴会，酒酣耳热之际，以一曲古琴，挑动了卓王孙新寡女儿卓文君的芳心，结果戏剧性的浪漫一幕发生了。《史记》卷一一七《司马相如列传》描述了当时的情形：

> 文君窃从户窥之，心悦而好之，恐不得当也。既罢，相如乃使人重赐文君侍者通殷勤。文君夜亡奔相如，相如乃与驰归成都。[1]

司马相如盗得美人归，但"家居徒四壁立"，卓王孙见女儿私奔，觉得很没面子，自然很生气，一分钱也不接济。卓文君便说服司马相如回到临邛，"尽卖其车骑，买一酒舍酤酒，而令文君当垆"[2]。司马相如和卓文君当垆卖

---

① （汉）司马迁撰，（宋）裴骃集解，（唐）司马贞索隐，张守节正义：《史记》卷一百一十七《司马相如列传》，中华书局1959年版，第3000页。

② （汉）司马迁撰，（宋）裴骃集解，（唐）司马贞索隐，张守节正义：《史记》卷一百一十七《司马相如列传》，中华书局1959年版，第3000页。

酒,卓王孙颜面尽失,但也无可奈何,在亲人的劝说下,卓王孙"分予文君僮百人,钱百万,及其嫁时衣被财物。文君乃与相如归成都,买田宅,为富人。"①惊世骇俗的爱情终于获得了胜利。

汉武帝刘彻登基后,司马相如时来运转,刘彻很赏识《子虚赋》,读完后说:"朕独不得与此人同时哉!"②身边的狗监杨得意说:这是我老乡司马相如的作品啊!

就这样,司马相如来到了汉武大帝的身边,随后献上一篇《上林赋》,武帝以其为郎。司马相如的文艺范不仅俘获了卓文君,还得到了皇帝的青睐。《汉书》卷五十八《公孙弘卜式儿宽传》赞云:"文章则司马迁、相如。"③《汉书》卷一百《叙传》班固还赞誉司马相如"蔚为辞宗,赋颂之首"④。司马迁在《司马相如列传》后评价说:"相如虽多虚辞滥说,然其要归引之节俭,此与《诗》之风谏何异。"⑤

司马相如除了作赋冠绝当时,还是打通西南夷的功臣之一。当时,番阳令唐蒙发现存在一条从蜀地经夜郎、牂柯江至南越的新通道,这意味着除经五岭南下而外,汉朝还可以从西部水路直达南越。由此,唐蒙向汉武帝上书建言,通过控制夜郎,必要时经牂柯江出其不意发兵直抵番禺,以制粤地。

汉武帝首肯了唐蒙的计策,拜唐蒙为郎中将,率战卒千人,随从负责粮食辎重的人员上万人,开进了夜郎,设置了犍为郡。唐蒙此后派遣巴、蜀士卒开辟通道,从僰道直通牂柯江。

唐蒙经略夜郎,引用"军兴法"诛杀了一个首领,导致当地百姓大为震恐。依汉制,朝廷征集财务以供军需,谓之军兴,依律可诛杀违命者。而唐

---

① (汉)司马迁撰,(宋)裴骃集解,(唐)司马贞索隐,张守节正义:《史记》卷一百一十七《司马相如列传》,中华书局1959年版,第3001页。
② (汉)司马迁撰,(宋)裴骃集解,(唐)司马贞索隐,张守节正义:《史记》卷一百一十七《司马相如列传》,中华书局1959年版,第3002页。
③ (汉)班固撰,(唐)颜师古注:《汉书》卷五十八《公孙弘卜式儿宽传》,中华书局1962年版,第2634页。
④ (汉)班固撰,(唐)颜师古注:《汉书》卷一百《叙传》,中华书局1962年版,第4255页。
⑤ (汉)司马迁撰,(宋)裴骃集解,(唐)司马贞索隐,张守节正义:《史记》卷一百一十七《司马相如列传》,中华书局1959年版,第3073页。

蒙条引军兴法,实际上相当于把出使行为变成了军事行动,自然会招致当地人的反感。

武帝知道安定民心的重要,于是司马相如的文学才华得到了发挥,他写了一篇《谕巴蜀檄》,告诉大家皇上派一千士兵跟随使者唐蒙,只是为了供奉币帛以防不测,"靡有兵革之事,战斗之患",并表态唐蒙之举"皆非陛下之意也"①。

司马相如的安民告示显然有利于稳定民心。而当时,邛、笮两地的君长听说与汉朝交通可以得到不少赏赐,也想对汉朝称臣为吏。汉武帝征求司马相如的意见,司马相如认为邛、笮、冉、駹诸地靠近蜀郡,交通方便,秦朝时就曾经置为郡县,现在恢复郡县统治,价值是要胜于夜郎等南夷地区的。

汉武帝于是派遣司马相如为郎中将,带着钱物通好西夷,具体成果如下:"为置一都尉,十馀县,属蜀"②。

打通西南夷地区,不仅需要付出大量的人力和财力,光唐蒙修路就花了上亿的支出,更何况还要付出生命的代价。从短期利益来讲,显然是得不偿失的。司马相如出使西南夷时,蜀地上层社会和朝中大臣对此亦不以为然,"蜀长老多言通西南夷不为用,唯大臣亦以为然"③。"今割齐民以附夷狄,弊所恃以事无用"④,是费力不讨好的事情。

这些杂音实际上是对汉武帝决策的一种反对,司马相如又写了一篇文章《难蜀父老》,其主旨就是"令百姓知天子之意"⑤。文中还说:"盖世必有非常之人,然后有非常之事;有非常之事,然后有非常之功。"⑥

---

① (汉)司马迁撰,(宋)裴骃集解,(唐)司马贞索隐,张守节正义:《史记》卷一百一十七《司马相如列传》,中华书局 1959 年版,第 3045 页。

② (汉)司马迁撰,(宋)裴骃集解,(唐)司马贞索隐,张守节正义:《史记》卷一百一十六《西南夷列传》,中华书局 1959 年版,第 2994 页。

③ (汉)司马迁撰,(宋)裴骃集解,(唐)司马贞索隐,张守节正义:《史记》卷一百一十七《司马相如列传》,中华书局 1959 年版,第 3048 页。

④ (汉)司马迁撰,(宋)裴骃集解,(唐)司马贞索隐,张守节正义:《史记》卷一百一十七《司马相如列传》,中华书局 1959 年版,第 3049 页。

⑤ (汉)司马迁撰,(宋)裴骃集解,(唐)司马贞索隐,张守节正义:《史记》卷一百一十七《司马相如列传》,中华书局 1959 年版,第 3048 页。

⑥ (汉)司马迁撰,(宋)裴骃集解,(唐)司马贞索隐,张守节正义:《史记》卷一百一十七《司马相如列传》,中华书局 1959 年版,第 3050 页。

在司马相如看来,汉武帝复通西南夷,是"非常之人"行"非常之事"。将西南夷与汉朝融为一体,不仅仅可偃息百姓承受的甲兵诛伐之苦,其深刻价值在于以仁义道德这一人伦大统,归化域外之民,从文明的高度实现心理认同和文化认同的统一,从而"反衰世之陵迟,继周氏之绝业"。[1] 天子以此为当务之急,百姓承受一点劳苦,也是情理之中的义务。

说了这么多,司马相如与茶究竟有什么关系呢?

司马相如所在的巴蜀地区,本来就是茶区,而他作为打通西南夷的亲历者,当有机会接触到云贵高原的茶叶。

而司马相如和茶最直接的文献,便是陆羽《茶经·七之事》所引司马相如写的一部字书《凡将篇》:"乌喙、桔梗、芫华、款冬、贝母、木檗、蒌、芩草、芍药、桂、漏芦、蜚廉、萑菌、荈诧、白敛、白芷、菖蒲、芒消、莞椒、茱萸。"

这其中所列 20 种药物,茶居其一:"荈诧"是也。

吴觉农《茶经述评》说:"《凡将篇》的重要性,在于它所说的'荈诧',是我国汉代把茶作为药物的最早的文字记录。"[2]

---

① (汉)司马迁撰,(宋)裴骃集解,(唐)司马贞索隐,张守节正义:《史记》卷一百一十七《司马相如列传》,中华书局 1959 年版,第 3051 页。
② 吴觉农主编:《茶经述评》,中国农业出版社 2005 年版,第 216 页。

文章冠天下，扬雄更知茶

陆羽《茶经·六之饮》说："汉有扬雄、司马相如。"如此，则扬雄为汉代茶史中不可不说的人物。

《汉书》卷八十七为《扬雄传》，扬雄和司马相如都是成都人。班固说："雄少而好学，不为章句，训诂通而已，博览无所不见。为人简易佚荡，口吃不能剧谈，默而好深湛之思。"①

扬雄不汲汲于富贵，却酷好辞赋。司马相如所作之赋弘丽温雅，扬雄以此激励自己，每每向司马氏看齐。扬雄作有《子虚赋》《上林赋》《甘泉赋》《羽猎赋》《长杨赋》《解嘲》《逐贫赋》和《酒箴》等赋。《汉书》卷二十八《地理志》："后有王褒、严遵、扬雄之徒，文章冠天下。"②班固概括扬雄的著述："实好古而乐道，其意欲求文章成名于后世，以为经莫大于《易》，故作《太玄》；传莫大于《论语》，作《法言》；史篇莫善于《仓颉》，作《训纂》；箴莫善于《虞箴》，作《州箴》；赋莫深于《离骚》，反而广之；辞莫丽于相如，作四赋。"③从扬雄的作品看，他不仅是文学家，还是思想家。

扬雄四十多岁从成都到长安，在大司马车骑将军王音的引荐下，除为郎、给事黄门。扬雄先后与王莽、刘歆、董贤同朝为官，但是，成帝、哀帝、平帝期间，王莽和董贤皆位列三公，权倾人主，"而雄三世不徙官"④。王莽篡位，扬雄也不取媚于他，可见他对权势的淡泊。"清静亡为，少耆欲，不汲汲

---

① （汉）班固撰，（唐）颜师古注：《汉书》卷八十七《扬雄传》，中华书局1962年版，第3514页。
② （汉）班固撰，（唐）颜师古注：《汉书》卷二十八《地理志下》，中华书局1962年版，第1645页。
③ （汉）班固撰，（唐）颜师古注：《汉书》卷八十七《扬雄传》，中华书局1962年版，第3583页。
④ （汉）班固撰，（唐）颜师古注：《汉书》卷八十七《扬雄传》，中华书局1962年版，第3583页。

于富贵,不戚戚于贫贱,不修廉隅以徼名当世。"①以此看来,扬雄当符合陆羽"精行俭德之人"的标准,和茶发生点故事为情理中事。

陆羽《茶经·七之事》载:"《方言》:蜀西南人谓茶曰蔎。"扬雄仿《尔雅》而撰的《方言》一书中记载了蜀人将茶称为"蔎"的情况,扬雄对于蜀地的茶,应该是有所了解的。

---

① (汉)班固撰,(唐)颜师古注:《汉书》卷八十七《扬雄传》,中华书局1962年版,第3514页。

以茶代酒怎么来的？

万万没想到，以茶代酒，竟然和暴君人性中的温柔部分有关联。

三国时代，孙权之孙、孙和之子乌程侯孙皓，在孙休死后被迎立为吴主，时年23岁。孙皓（242—284），字元宗，又名彭祖，字皓宗。吴亡，孙皓自缚请降，后被赐号归命侯，死于洛阳。陈寿在评论中说："皓凶顽，肆行残暴，忠谏者诛，谗谀者进，虐用其民，穷淫极侈，宜腰首分离，以谢百姓。"①可孙皓不但没被处死，还赐以归命侯，实在是恩遇过重了。陆羽《茶经·七之事》谈到三国时茶事，点到："吴：归命侯，韦太傅弘嗣。"

孙皓是历史上臭名昭著的统治者之一，《三国志》卷四十八《吴书·三嗣主传》说："皓既得志，粗暴骄盈，多忌讳，好酒色，大小失望。"②

孙皓之凶残，在于动辄杀戮朝臣，后宫杀人也如家常便饭："又激水入宫，宫人有不合意者，辄杀流之。或剥人之面，或凿人之眼。"③孙皓杀身边人竟然发明了自动装置：杀完了，往水中一扔，冲走了事。至于剥人脸皮，凿人眼睛，实在有点变态了。

孙皓之好色，其本传说："后宫数千，而采择无已。"④陈寿还记载了这样

---

① （晋）陈寿撰，（宋）裴松之注：《三国志》卷四十八《吴书·三嗣主传》，中华书局1959年版，第1178页。

② （晋）陈寿撰，（宋）裴松之注：《三国志》卷四十八《吴书·三嗣主传》，中华书局1959年版，第1163页。

③ （晋）陈寿撰，（宋）裴松之注：《三国志》卷四十八《吴书·三嗣主传》，中华书局1959年版，第1173页。

④ （晋）陈寿撰，（宋）裴松之注：《三国志》卷四十八《吴书·三嗣主传》，中华书局1959年版，第1173页。

一件事：孙皓的爱妾让手下人到市场上抢夺百姓财物，负责管理市场秩序的中郎将陈声，原本是孙皓宠幸的爱臣，凭着吴主一向对自己恩宠有加，陈声便斗胆将吴主爱妾的手下绳之以法。这样一来，孙皓的爱妾自然不干了，便在枕边哭诉再四，激得孙皓勃然大怒，便找个借口将陈声的脑袋用烧红的锯子锯断，四肢则扔到了山下给野兽当零食吃了。①

孙皓之好酒，陈寿如此描述："初，皓每宴会群臣，无不咸令沉醉。置黄门郎十人，特不与酒，侍立终日，为司过之吏。宴罢之后，各奏其阙失，迕视之咎，谬言之愆，罔有不举。大者即加威刑，小者辄以为罪。"②

如此，孙皓好酒，真的是醉翁之意不在酒，而在于让不喝酒的黄门郎行"司过"之事，群臣在喝醉之后，所有过失会被一一当众纠举，接受或大或小的惩处。《三国志》卷六十五《吴书·韦曜传》也载："又于酒后使侍臣难折公卿，以嘲弄侵克，发摘私短以为欢。时有衍过，或误犯皓讳，辄见收缚，至于诛戮。"③也就是说，孙皓还喜欢在酒后再将群臣折磨一通，方法是让没喝酒的侍臣当众刁难公卿大臣，嘲讽奚落，揭发私短，以此取乐。而群臣中如果有谁言语有失，或者酒后避讳不当，便被收押在监，甚至施以刑戮。在这样的朝廷中供职，即便是宴会，也杀机四起，让人战战兢兢。

孙皓和茶的关系，其实与酒相连，相关的当事人则是韦曜。

《三国志·吴书·韦曜传》称："韦曜字弘嗣，吴郡云阳人也。少好学，能属文。"④韦曜在吴做过丞相掾、西安令、尚书郎、太子中庶子、黄门侍郎、太史令、中书郎、博士祭酒、中书仆射、侍中等职，曾负责当时一大文化工程：编撰《吴书》。

---

① 参见（晋）陈寿撰，（宋）裴松之注：《三国志》卷四十八《吴书·三嗣主传》，中华书局1959年版，第1170页。

② （晋）陈寿撰，（宋）裴松之注：《三国志》卷四十八《吴书·三嗣主传》，中华书局1959年版，第1173页。

③ （晋）陈寿撰，（宋）裴松之注：《三国志》卷六十五《吴书·韦曜传》，中华书局1959年版，第1462页。

④ （晋）陈寿撰，（宋）裴松之注：《三国志》卷六十五《吴书·韦曜传》，中华书局1959年版，第1460页。

韦曜起初颇为孙皓器重,其本传说:"皓每飨宴,无不竟日,坐席无能否率以七升为限,虽不悉入口,皆浇灌取尽。曜素饮酒不过二升,初见礼异时,常为裁减,或密赐茶荈以当酒。"①

陆羽《茶经·七之事》所引正是韦曜被孙皓特别关照的史实:"《吴志·韦曜传》:孙皓每飨宴,坐席无不悉以七升为限,虽不尽入口,皆浇灌取尽。曜饮酒不过二升,皓初礼异,密赐茶荈以代酒。"参加孙皓的酒宴,得有七升的酒量,喝不完的,也得遭遇以酒浇头的尴尬,这一潜规则对于只有二升酒量的韦曜,自然是一大灾难。好在荒淫残酷如孙皓,竟也对韦曜法外开恩,还亲自帮他作弊,偷偷赐以茶水,行以假乱真之实。

陆羽所引文字与《三国志》稍有出入,其事实大致不二。

韦曜不胜酒力,得到了杀人魔王以茶代酒的礼遇,一是免了沉醉伤身之苦,二是保持清醒,可在应对黄门郎的折难时少了出言之失,免却因言致祸的凶险。

但韦曜却不喜欢阿谀孙皓,孙皓喜欢祥瑞,为自己的统治装点门面,可当他以祥瑞之事问起韦曜时,韦曜却这样回答:"此人家箧箧中物耳。"②孙皓命韦曜编撰《吴书》,希望将父亲孙和列入《纪》中,这意味着给孙和以帝王的身份待遇,可韦曜坚持认为,孙和没有登过帝位,只能为他立《传》。凡此种种,孙皓渐渐恼羞成怒,以茶代酒的例外开恩也就不再有了:"至于宠衰,更见逼强,辄以为罪。"③这下,变成逼着韦曜喝酒了。

最终,年已七十的韦曜被孙皓收付于狱,大臣上书相救,孙皓不从,韦曜遂被害。

陈寿评曰:"韦曜笃学好古,博见群籍,有记述之才。"④

① (晋)陈寿撰,(宋)裴松之注:《三国志》卷六十五《吴书·韦曜传》,中华书局1959年版,第1462页。
② (晋)陈寿撰,(宋)裴松之注:《三国志》卷六十五《吴书·韦曜传》,中华书局1959年版,第1462页。
③ (晋)陈寿撰,(宋)裴松之注:《三国志》卷六十五《吴书·韦曜传》,中华书局1959年版,第1462页。
④ (晋)陈寿撰,(宋)裴松之注:《三国志》卷六十五《吴书·韦曜传》,中华书局1959年版,第1470页。

陆羽找出的这段史料，算是茶史中一悲惨往事吧。

陆羽的忘年交诗僧皎然，在一次送别中就以茶代酒，《送李丞使宣州》一诗记此事云：

> 结驷何翩翩，落叶暗寒渚。
>
> 梦里春谷泉，愁中洞庭雨。
>
> 聊持剡山茗，以代宜城醑。①

皎然以剡山之茗代替宜城（即宣城）的美酒，与李丞话别。剡山茗，又称剡溪茗、剡茗，出产于今天浙江绍兴嵊县，这里至今为绿茶产地。皎然对剡茗评价很高，

《饮茶歌诮崔石使君》中说："越人遗我剡溪茗，采得金牙爨金鼎。素瓷雪色缥沫香，何似诸仙琼蕊浆。"②

诗中，皎然把剡溪茗比作琼浆玉液。在另一次送别中，皎然所饮仍是剡溪茗：

> 剡茗情来亦好斟，空门一别肯沾襟。
>
> 悲风不动罢瑶轸，忘却洛阳归客心。③

皎然自称谢灵运十世孙，谢灵运生于会稽，即今绍兴，后于永嘉太守任上退居始宁别墅。

皎然对嵊州和剡茗情有独钟，以剡茗代酒送别友人，也就在情理之中了。

钱起，字仲文，"大历十才子"之一，作为吴兴人，在出产名茶之地，难免也有以茶代酒的时刻。钱起《过张成侍御宅》诗云：

> 丞相幕中题凤人，文章心事每相亲。
>
> 从军谁谓仲宣乐，入室方知颜子贫。
>
> 杯里紫茶香代酒，琴中绿水静留宾。

---

① （唐）皎然：《送李丞使宣州》，（清）彭定求等编：《全唐诗》卷八百十八，中华书局1960年版，第9219页。

② （唐）皎然：《饮茶歌诮崔石使君》，（清）彭定求等编：《全唐诗》卷八百二十一，中华书局1960年版，第9260页。

③ （唐）皎然：《送许丞还洛阳》，（清）彭定求等编：《全唐诗》卷八百十五，中华书局1960年版，第9179页。

欲知别后相思意,唯愿琼枝入梦频。①

孟浩然《清明即事》诗云:

帝里重清明,人心自愁思。

车声上路合,柳色东城翠。

花落草齐生,莺飞蝶双戏。

空堂坐相忆,酌茗聊代醉。②

酌茗,即饮茶。诗人在空寂的堂屋中,怀念逝去的先辈,以茶代酒,寄托思亲之情。

白居易好酒,也好茶,也有过以茶代酒的时刻。《宿蓝溪对月》诗云:

昨夜凤池头,今夜蓝溪口。

明月本无心,行人自回首。

新秋松影下,半夜钟声后。

清影不宜昏,聊将茶代酒。③

诗人陆龟蒙与皮日休并称"皮陆",二人唱和咏茶,在唐代茶史上留下一段佳话。陆龟蒙《袭美留振文宴龟蒙抱病不赴猥示倡和因次韵酬谢》一诗中也提到以茶代酒:

绮席风开照露晴,只将茶荈代云觥。

繁弦似玉纷纷碎,佳妓如鸿一一惊。

毫健几多飞藻客,羽寒寥落映花莺。

幽人独自西窗晚,闲凭香柽反照明。④

云觥,有云状花纹的酒杯,借指酒。茶荈代云觥,即以茶代酒。

三国以来,以茶代酒的传统不绝如缕,一直延续到今天。

---

① (唐)钱起:《过张成侍御宅》,(清)彭定求等编:《全唐诗》卷二百四十九,中华书局 1960 年版,第 2672 页。

② (唐)孟浩然:《清明即事》,(清)彭定求等编:《全唐诗》卷一百五十九,中华书局 1960 年版,第 1629 页。

③ (唐)白居易:《宿蓝溪对月》,(清)彭定求等编:《全唐诗》卷四百三十一,中华书局 1960 年版,第 4755 页。

④ (唐)陆龟蒙:《袭美留振文宴龟蒙抱病不赴猥示倡和因次韵酬谢》,(清)彭定求等编:《全唐诗》卷六百二十六,中华书局 1960 年版,第 7196 页。

93

茶与酒，欲说还休

　　除了以茶代酒，陆羽《茶经》对于茶和酒这两种饮品的关系，还有新的观察维度。《茶经》广征博引，显示了陆羽开放的胸怀，对于茶和酒的关系，亦持兼容并蓄的态度。以下为陆羽及唐代文人圈在茶酒关系视角下呈现的粗略样貌：

一、以茶醒酒

　　陆羽《茶经·七之事》引《广雅》："其饮醒酒，令人不眠。"①以茶醒酒，陆羽引《广雅》此说，当对此说有同感。

　　唐朝宰相陆希声，博学善诗文，曾寓居义兴，对阳羡紫笋茶自然很熟悉。陆希声作有《阳羡杂咏十九首》，其中的《茗坡》一诗云：

　　　　二月山家谷雨天，半坡芳茗露华鲜。

　　　　春醒酒病兼消渴，惜取新芽旋摘煎。②

春茶时节，把阳羡紫笋茶新芽摘下，煎好一壶茶，可以当即醒酒解渴。

　　唐代诗人朱庆馀是越州人，也近湖州。朱庆馀参加科举考试时，曾以自己的诗作向张籍行卷，并写诗《闺意》试探张籍的态度："洞房昨夜停红烛，待晓堂前拜舅姑。妆罢低声问夫婿：画眉深浅入时无？"张籍回诗表示欣赏，朱庆馀一举中榜。朱庆馀和张籍的故事成为科举史上的一段佳话，而朱

---

① （唐）陆羽：《茶经·七之事》，中华书局 2010 年版，第 116 页。
② （唐）陆希声：《阳羡杂咏十九首·茗坡》，（清）彭定求等编：《全唐诗》卷六百八十九，中华书局 1960 年版，第 7914 页。

庆馀的《秋宵宴别卢侍御》,则留下了以茶醒酒的场面:

> 风亭弦管绝,玉漏一声新。
>
> 绿茗香醒酒,寒灯静照人。
>
> 清班无意恋,素业本来贫。
>
> 明发青山道,谁逢去马尘。①

友人饯别,一醉方休。夜深时分,一杯绿茗的香气,唤醒醉后的友人。天明时分,友人就要一骑绝尘,从此各奔东西,不如在寒灯静夜,在一壶茶中温暖不舍的心。

白居易嗜茶,亦好酒。作为大诗人,"或饮一瓯茗,或吟两句诗"②。茶和酒,都能激发白居易的诗情与诗兴,而酒醉之后,茶便随时登场。

唐人冯贽所编《云仙杂记》选了一则刘禹锡和白居易换茶醒酒的逸事:"乐天方入关,刘禹锡正病酒。禹锡乃馈菊苗、齑、芦菔、鲊,换取乐天六班茶二囊以醒酒。(《蛮瓯志》)"③刘禹锡一次喝酒醉了,正好白居易从忠州刺史任上应诏回京。刘禹锡以菊花苗、捣碎的姜蒜等作料、萝卜和腌鱼,换来了白居易两袋六班茶,用来醒酒。

白居易诗中,多次写到过以茶醒酒的细节。《早服云母散》诗:

> 晓服云英漱井华,寥然身若在烟霞。
>
> 药销日晏三匙饭,酒渴春深一椀茶。
>
> 每夜坐禅观水月,有时行醉玩风花。
>
> 净名事理人难解,身不出家心出家。④

白居易服食云母,恍若乘云而行,身处烟霞里。在春意浓郁之时,一场酒后宿醉,口渴难忍,需要一碗茶来醒酒消渴。坐禅观月,醉后赏花,不论《维摩诘经》中的佛理是否彻底领悟,心已然在出家状态。白居易此诗中

---

① (唐)朱庆馀:《秋宵宴别卢侍御》,(清)彭定求等编:《全唐诗》卷五百一十五,中华书局 1960 年版,第 5880 页。

② (唐)白居易:《首夏病间》,(清)彭定求等编:《全唐诗》卷四百二十九,中华书局 1960 年版,第 4728 页。

③ (唐)冯贽编:《云仙杂记》卷二《换茶醒酒》,《四部丛刊续编·子部》。

④ (唐)白居易:《早服云母散》,(清)彭定求等编:《全唐诗》卷四百五十四,中华书局 1960 年版,第 5147 页。

描写了自己亦道亦禅的生活,而醉后的一碗茶,正好让失衡的一切恢复平静。

对于饮酒成癖的白居易,想必醉后饮茶是某种生活的常态:

> 夜饮归常晚,朝眠起更迟。
>
> 举头中酒后,引手索茶时。
>
> 拂枕青长袖,欹簪白接䍦。
>
> 宿醒无兴味,先是肺神知。①

再来看看白居易另一首提及以茶醒酒的诗:

> 自笑营闲事,从朝到日斜。
>
> 浇畦引泉脉,扫径避兰芽。
>
> 暖变墙衣色,晴催木笔花。
>
> 桃根知酒渴,晚送一瓯茶。②

诗人从早到晚在园子里忙着洒扫庭除、浇花种草的活儿,天暖日晴之际,墙上的苔藓,园中的辛夷花,一时鲜艳起来。而昨晚夜饮场中出现的歌妓,知道诗人酒后口渴,便送来一瓯茶来解渴。

诗人大抵好酒,以酒刺激诗兴大发,似在情理之中,故唐诗中屡见以茶醒酒的诗句。如黄滔《壶公山》诗:"桃易炎凉熟,茶推醉醒煎。"③

皮日休至少有两首诗涉及以茶醒酒。《闲夜酒醒》诗云:

> 醒来山月高,孤枕群书里。
>
> 酒渴漫思茶,山童呼不起。④

一场宿醉后,月亮已升得老高,皮日休发现自己躺在一堆书里。酒后十分口渴,正想喝茶时,却发现侍童已酣然入梦,怎么也喊不醒。又,《友人以

---

① (唐)白居易著,谢思炜校注:《白居易诗集校注》卷第三十二《律诗·宿醒》,中华书局2017年版,第2467页。

② (唐)白居易:《营闲事》,(清)彭定求等编:《全唐诗》卷四百五十四,中华书局1960年版,第5144页。

③ (唐)黄滔:《壶公山》,(清)彭定求等编:《全唐诗》卷七百六,中华书局1960年版,第8126页。

④ (唐)皮日休:《闲夜酒醒》,(清)彭定求等编:《全唐诗》卷六百十四,中华书局1960年版,第7093页。

人参见惠因以诗谢之》诗云:

> 神草延年出道家,是谁披露记三桠。
>
> 开时的定涵云液,劚后还应带石花。
>
> 名士寄来消酒渴,野人煎处撇泉华。
>
> 从今汤剂如相续,不用金山焙上茶。①

看来,皮日休把友人寄来的人参,煎成了汤剂做解酒药了。"不用金山焙上茶"一句,则透露了一个信息:皮日休此前还是靠茶来醒酒的。

诗人李郢因一首《茶山贡焙歌》而留名茶史,殊不知,他也有过以茶醒酒的故事,《酬友人春暮寄枳花茶》:

> 昨日东风吹枳花,酒醒春晚一瓯茶。
>
> 如云正护幽人堑,似雪才分野老家。
>
> 金饼拍成和雨露,玉尘煎出照烟霞。
>
> 相如病渴今全校,不羡生台白颈鸦。②

友人寄来的枳花茶用来解酒了,无独有偶,唐代湖南诗人李群玉,把友人寄来的新茶,也用来醒酒了:

> 满火芳香碾麹尘,吴瓯湘水绿花新。
>
> 愧君千里分滋味,寄与春风酒渴人。③

晚唐诗人崔道融也有同样的举动,《谢朱常侍寄贶蜀茶剡纸二首》诗中前半部分中说:"瑟瑟香尘瑟瑟泉,惊风骤雨起炉烟。一瓯解却山中醉,便觉身轻欲上天。"④朋友寄来的蜀茶,崔道融生炉以香泉煎之,一瓯茶入口,酒醉即刻消尽,而自己则如茶炉中那一缕香烟,轻飘飘有飞向云天的轻松畅快之感。

---

① (唐)皮日休:《友人以人参见惠因以诗谢之》,(清)彭定求等编:《全唐诗》卷六百十四,中华书局1960年版,第7083页。

② (唐)李群玉:《答友人寄新茗》,(清)彭定求等编:《全唐诗》卷五百七十,中华书局1960年版,第6611页。

③ (唐)李郢:《酬友人春暮寄枳花茶》,(清)彭定求等编:《全唐诗》卷八百八十四《补遗三》,中华书局1960年版,第9993页。

④ (唐)崔道融:《谢朱常侍寄贶蜀茶、剡纸二首》,(清)彭定求等编:《全唐诗》卷七百七十四,中华书局1960年版,第8210页。

苦吟诗人贾岛,一首送别诗《送张校书季霞》云:

从京去容州,马在船上多。

容州几千里,直傍青天涯。

掌记试校书,未称高词华。

义往不可屈,出家如入家。

城市七月初,热与夏未差。

饯君到野地,秋凉满山坡。

南境异北候,风起无尘沙。

秦吟宿楚泽,海酒落桂花。

暂醉即还醒,彼土生桂茶。①

秋凉初起之际,贾岛在野外饯别从京城长安远发广西容州的校书郎张季霞。从长安到容州,多走水路,故马在船上多。容州地处偏远,须跋涉几千里,直到南海之滨。贾岛担心张季霞以试校书的京衔去幕府掌书记,不能发挥自己的斐然文采,但终究该去还得去。在诗中,贾岛叙说着种种南北之别,显示了他对友人的老婆心切。不过,贾岛唯一不担心的是,虽然张季霞以秦地的口音吟咏赋诗,借宿于楚地的云梦之泽,地近沿海的容州有桂花茶,喝醉了,一杯茶入肚,很快就能醒酒。

二、茶酒相得

以茶醒酒,有点茶能克酒的意味。不过,陆羽对于茶和酒,并无扬此抑彼的心思,而是各取其长。《茶经》说:"所饱者饮食,食与酒皆精极之。"②在陆羽看来,酒也是精工细作的饮品,而且,各有其利于人体的功效:"蠲忧忿,饮之以酒;荡昏寐,饮之以茶。"③

唐人苏鹗所撰《杜阳杂编》,留下了唐懿宗李漼赏赐群臣食物的一则史

① (唐)贾岛:《送张校书季霞》,(清)彭定求等编:《全唐诗》卷五百七十一,中华书局1960年版,第6626页。
② (唐)陆羽:《茶经·六之饮》,中华书局2010年版,第100页。
③ (唐)陆羽:《茶经·六之饮》,中华书局2010年版,第93页。

料："上每赐御馔汤物，而道路之使相属。其馔有灵消炙、红虬脯；其酒有凝露浆、桂花醑；其茶则绿华、紫英之号。"①看来，唐懿宗赏赐之物，酒和茶是兼具的。

李肇《唐国史补》记载了一位驿吏的故事：

> 江南有驿吏，以干事自任。典郡者初至，吏白曰："驿中已理，请一阅之。"
>
> 刺史乃往，初见一室，署云"酒库"，诸醖毕熟，其外画一神。刺史问："何也？"
>
> 答曰："杜康。"刺史曰："公有余也。"又一室，署云"茶库"，诸茗毕贮，复有一神。
>
> 问曰："何？"曰："陆鸿渐也。"刺史益善之。②

这位江南驿站上的一名小小驿吏，在新刺史到来之前，把驿站整理得井井有条。驿站需要为官道上往来的官员落脚时提供食宿，这名驿吏把储存的食物分门别类，分仓存储，有酒库，有茶库，库门上还贴着酒神杜康、茶神陆羽的画像，得到了刺史的首肯。

以上是茶酒相安的历史细节。

在唐代的诗人中，白居易可谓同时体现了酒神精神和茶神精神的践行者。在白居易这里，茶和酒，都是不可或缺的杯中之物。《病假中庞少尹携鱼酒相过》诗云：

> 宦情牢落年将暮，病假联绵日渐深。
>
> 被老相催虽白首，与春无分未甘心。
>
> 闲停茶椀从容语，醉把花枝取次吟。
>
> 劳动故人庞阁老，提鱼携酒远相寻。③

庞少尹，指庞严，官至太常少卿。岁末时节，病假悠闲，白居易过着有茶有酒的从容日子，每每放下茶碗，又醉饮一番，吟花咏月，倒也自在。好朋友

---

① （唐）苏鹗撰：《杜阳杂编》卷下，《四库全书·子部》。
② （唐）李肇撰，聂清风校注：《唐国史补校注》卷下，中华书局2021年版，第305页。
③ （唐）白居易：《病假中庞少尹携鱼酒相过》，（清）彭定求等编：《全唐诗》卷四百四十九，中华书局1960年版，第5060页。

庞阁老提着鱼,带着酒来看望,自然免不了再醉一次,好在有茶来解酒,倒也无妨。

姚合,唐宪宗元和进士,授武功主簿,其诗称"武功体",喜为五律,刻意求工,颇类贾岛,故"姚贾"并称。姚合和白居易一样,也是不离茶和酒的。《和元八郎中秋居》诗云:

圣代无为化,郎中似散仙。

晚眠随客醉,夜坐学僧禅。

酒用林花酿,茶将野水煎。

人生知此味,独恨少因缘。①

据岑仲勉《唐人行第录》,元八即元宗简,字居敬,曾任侍御郎中。诗中说,当今圣上以无为教化天下,而元郎中恰似未授仙职的仙人。晚上与来客一起醉眠,中夜里还向老僧学习坐禅。喝的酒是林中的野花酿造的,饮的茶则由取自山野的天然泉水烹成。人生的况味,如此也就知足了,只是恨自己无缘过上这种自由自在的生活。

醉酒,煎茶,学佛,坐禅,酒味,茶味,仙味,禅味,都在茶和酒的馨香中了。

姚合《送别友人》一诗云:

独向山中觅紫芝,山人勾引住多时。

摘花浸酒春愁尽,烧竹煎茶夜卧迟。

泉落林梢多碎滴,松生石底足旁枝。

明朝却欲归城市,问我来期总不知。②

寻觅紫芝,摘花浸酒,烧竹煎茶,林泉,松风,颇有点仙风道骨的意味。可惜的是,这种生活是短暂的,不知道什么时候才能重来。

施肩吾,唐宪宗元和十五年(820)钦点状元及第,后入道,其诗《春霁》云:

---

① (唐)姚合:《和元八郎中秋居》,(清)彭定求等编:《全唐诗》卷五百一,中华书局1960年版,第5695页。

② (唐)姚合:《送别友人》,(清)彭定求等编:《全唐诗》卷四百九十六,中华书局1960年版,第5624页。

　　煎茶水里花千片,候客亭中酒一樽。

　　独对春光还寂寞,罗浮道士忽敲门。①

　　春光里,客亭中,一壶茶,一樽酒,寂寞时分,罗浮道士到访,正好在茶酒中论道,岂不快哉?

　　云南纳西族人有饮"龙虎斗茶"的传统,以陶罐在柴火旁烤茶至黄而不焦,以开水冲入,其响如雷。再将这冲泡好的茶注入盛有白酒的茶盅里,茶酒相激,其响震天。龙虎斗茶,茶和酒,和合一体,这对敌友难辨的对手,达成了前所未有的和谐。

三、茶胜于酒

　　和陆羽对酒的包容态度不一样,皎然作为僧人,五戒中有"不饮酒"的戒律,对于酒,自然要加以排斥。皎然《九日与陆处士羽饮茶》:

　　九日山僧院,东篱菊也黄。

　　俗人多泛酒,谁解助茶香。②

　　僧院里的菊花正放黄,此时品茗赏菊,茶香与菊香相得益彰,兴味盎然,而俗人只会饮酒买醉,岂不少了几分雅趣?

　　在《饮茶歌诮崔石使君》一诗中,皎然也说:"此物清高世莫知,世人饮酒多自欺。"③在皎然看来,饮酒远远不及饮茶来得高贵。

　　在对茶与酒的态度上,诗人张谓堪为皎然的同道,《道林寺送莫侍御》诗云:

　　何处堪留客,香林隔翠微。

　　薜萝通驿骑,山竹挂朝衣。

　　霜引台乌集,风惊塔雁飞。

---

① (唐)施肩吾:《春霁》,(清)彭定求等编:《全唐诗》卷四百九十四,中华书局1960年版,第5603页。

② (唐)皎然:《九日与陆处士羽饮茶》,(清)彭定求等编:《全唐诗》卷八百十七,中华书局1960年版,第9211页。

③ (唐)皎然:《饮茶歌诮崔石使君》,(清)彭定求等编:《全唐诗》卷八百二十一,中华书局1960年版,第9260页。

饮茶胜饮酒，聊以送将归。①

张谓明确提出"饮茶胜饮酒"，在送别时刻，一杯茶里的离愁别绪，可能更显滋味丰富吧？

---

① （唐）张谓：《道林寺送莫侍御》，（清）彭定求等编：《全唐诗》卷一百九十七，中华书局1960年版，第2018页。

晋惠帝：吃肉糜，还是喝茶？

陆羽《茶经·七之事》历数史上与茶有缘者，说到晋朝时，第一个就提到惠帝。

那么，晋惠帝和茶有怎样的渊源呢？

西晋的第二个皇帝司马衷（259—306）是武帝司马炎的第二子，9岁时立为皇太子，32岁即皇帝位，在位16年，但其中的11年基本上权力掌握在皇后贾南风手里。

贾南风是晋朝开国元勋贾充的女儿，比司马衷大两岁，长得又丑又黑，但生性嫉妒，心狠手辣。《晋书》本传说她"妒忌多权诈，太子畏而惑之，嫔御罕有进幸者"[①]。又说："妃性酷虐，尝手杀数人。或以戟掷孕妾，子随刃堕地。"[②]贾南风还以淫乱著称，"后遂荒淫放恣，与太医令程据等乱彰内外"。

原本就天资不够聪慧的司马衷，有了这么一个皇后，自然朝廷要出乱子。

惠帝继位初期，依武帝遗命，太傅杨骏执掌朝政。贾后为夺取政权，于永平元年（291）三月让惠帝密令楚王司马玮杀死杨骏。当年六月，贾后矫诏使楚王玮杀汝南王司马亮、太保卫瓘。元康九年（299），贾后废皇太子司马遹为庶人，次年矫诏将其害死。贾后以王戎为司徒、何劭为尚书左仆射、裴頠为尚书仆射，开始独揽大权。

---

① （唐）房玄龄等撰：《晋书》卷三十一《后妃传·惠贾皇后》，中华书局1974年版，第963页。
② （唐）房玄龄等撰：《晋书》卷三十一《后妃传·惠贾皇后》，中华书局1974年版，第964页。

　　贾后之乱触发了"八王之乱",以赵王伦举兵入宫废贾后为肇端,汝南王司马亮、楚王司马玮、赵王司马伦、齐王司马冏、长沙王司马乂、成都王司马颖、河间王司马颙、东海王司马越八王先后登场,展开了家族内的血腥大屠杀,期间永宁元年(301)赵王伦篡位,迁惠帝于金墉城。

　　诸王争战期间,晋惠帝忙于奔命,经历了一系列苦难。如在荡阴之战中,《晋书·惠帝纪》载:"帝伤颊,中三矢,亡六玺。"①此后,仓皇磨难不断。《晋书·惠帝纪》:

　　　　颖与帝单车走洛阳,服御分散,仓卒上下无赍,侍中黄门被囊中赍私钱三千,诏贷用。所在买饭以供,宫人止食于道中客舍。宫人有持升余秔米饭及燥蒜盐豉以进帝,帝啖之,御中黄门布被。次获嘉,市粗米饭,盛以瓦盆,帝啖两盂。有老父献蒸鸡,帝受之。至温,将谒陵,帝丧履,纳从者之履,下拜流涕,左右皆歔欷。②

　　陆羽《茶经·七之事》就称引了这一段史实,讲述当时惠帝返回洛阳时的一个细节:"《晋四王起事》:惠帝蒙尘,还洛阳,黄门以瓦盂盛茶上至尊。"

　　《晋四王起事》为南朝卢琳所撰,《隋书·经籍志》著录为四卷,主要记载晋惠帝亲自北讨成都王司马颖而军败荡阴的史事。《晋书·惠帝纪》中说黄门买粗米饭用瓦盆盛着给惠帝吃,陆羽所引《晋四王起事》片段可能指的就是这一细节,只是当时惠帝除了粗米饭,还用陶碗喝了茶。

　　永兴元年(304),惠帝被司马颙部将张方劫持到长安,直到光熙元年(306)五月才被司马越迎归洛阳。当年十一月,惠帝崩于显阳殿,《晋书·惠帝纪》载:"后因食饼中毒而崩,或云司马越之鸩。"③

　　房玄龄在《晋书·惠帝纪》的赞辞中说惠帝"厥体斯昧,其情则昏"④。广为流传的一则故事似乎证明了这一点,《晋书·惠帝纪》:"及天下荒乱,百姓饿死,帝曰:'何不食肉糜?'其蒙蔽皆此类也。"⑤

---

① (唐)房玄龄等撰:《晋书》卷四《惠帝纪》,中华书局 1974 年版,第 103 页。
② (唐)房玄龄等撰:《晋书》卷四《惠帝纪》,中华书局 1974 年版,第 103 页。
③ (唐)房玄龄等撰:《晋书》卷四《惠帝纪》,中华书局 1974 年版,第 108 页。
④ (唐)房玄龄等撰:《晋书》卷四《惠帝纪》,中华书局 1974 年版,第 108 页。
⑤ (唐)房玄龄等撰:《晋书》卷四《惠帝纪》,中华书局 1974 年版,第 108 页。

不过，惠帝苦难凄惶的一生，在身为帝王而流离失所的溃逃中，留下了以陶碗饮茶的史事，说明当时饮茶之风已深入北方民间，而那碗茶，正好慰藉安宁了司马衷那颗惊慌失措的心。

他和祖逖闻鸡起舞,还常仰真茶

陆羽《茶经·六之饮》称:"吴有韦曜,晋有刘琨、张载、远祖纳、谢安、左思之徒,皆饮焉。"又,《茶经·七之事》载与茶有关的人物:"晋:惠帝,刘司空琨,琨兄子兖州刺史演……"

在陆羽眼里,晋朝茶史,不可不说刘琨。

刘琨(271—318 年),字越石,中山魏昌(今河北无极)人,汉中山靖王刘胜之后。

刘琨颇有文采,且善音乐,曾活跃于石崇的宾客中,"文咏颇为当时所许"①。

晋惠帝时,贾后专权,其外甥贾谧当政,刘琨与石崇、欧阳建、陆机、陆云等人依附贾党,号为"二十四友",迁著作郎、太学博士、尚书郎。

刘琨又是赵王伦的儿子赵荂的小舅子,八国之乱中,赵王伦篡位,刘琨被司马伦器重,任命为太子荂詹事。

对于刘琨早年的这些经历,《晋书》本传的史臣论颇有微词:"刘琨弱龄,本无异操,飞缨贾谧之馆,借箸马伦之幕,当于是日,实佻巧之徒欤!"②

不过,后来刘琨在抗击匈奴中的表现,又显示了他的忠勇一面。永嘉元年,刘琨任并州刺史,当时,刘腾从晋阳(今太原)转镇邺城,百姓随之南下,晋阳余户不满二万,刘琨到晋阳后,面对的是这样的景象:"府寺焚毁,僵尸蔽地,其有存者,饥羸无复人色,荆棘成林,豺狼满道。"③经过刘琨一番经

---

① (唐)房玄龄等撰:《晋书》卷六十二《刘琨传》,中华书局 1974 年版,第 1679 页。

② (唐)房玄龄等撰:《晋书》卷六十二《刘琨传》,中华书局 1974 年版,第 1700 页。

③ (唐)房玄龄等撰:《晋书》卷六十二《刘琨传》,中华书局 1974 年版,第 1681 页。

营,局面才开始好转。

刘琨对付前赵刘氏匈奴的策略是联合北部的拓跋鲜卑。上党太守袭醇投降刘聪,雁门乌丸又叛乱,刘琨亲率精兵讨伐,刘聪便派遣儿子刘粲和令狐泥乘虚进袭晋阳,太原太守高乔投降,刘琨父母双双遇害。刘琨联合猗卢合力攻打刘粲,"大败之,死者十五六。琨乘胜追之,更不能克"①。

刘琨先是上表鲜卑猗卢为代郡公,晋愍帝建兴三年,"进封代公猗卢为代王"②。拓跋鲜卑因与刘琨联合对抗前赵,猗卢获得代王的称号,为拓跋鲜卑的壮大积累了政治资本。

刘琨在上表中曾说:"臣与二虏,势不并立,聪、勒不枭,臣无归志。"③可见其心之壮烈。

建兴三年,晋愍帝拜刘琨为司空、都督并冀幽三州诸军事,刘琨只接受都督称号,与猗卢约定一起讨伐刘聪。但是,拓跋鲜卑发生内乱,"寻猗卢父子相图,卢及兄子根皆病死,部落四散"④。刘琨的儿子刘遵在拓跋氏那里当人质,于是拓跋部落的人都归附于他,刘遵带着三万人众与牲口十万投奔刘琨,刘琨实力大增。

石勒进攻乐平时,太守韩据向刘琨求援,刘琨觉得刚好新增了士众,正好凭借其锐气挫石勒威风。于是,刘琨不听属下闭关守险的建议,亲率大军进击石勒,被石勒设下埋伏,全军覆没。刘琨只好投奔段部鲜卑段匹磾,与他结为兄弟。

建兴四年(316),晋愍帝司马邺被刘聪杀死,司马睿称制江左,刘琨与180人连名上表劝进。次年,元帝司马睿任刘琨为侍中、太尉,并赠以名刀。

建武元年(317),段匹磾以刘琨为大都督,率军讨伐石勒。结果段匹磾堂弟段末杯接受石勒贿赂,不肯进军,刘琨因势弱只得退兵。后段匹磾在奔丧途中被段末杯截击,随从的刘琨世子刘群被俘,段末杯厚礼待之,许诺让刘琨为幽州刺史,一起结盟攻打段匹磾。段末杯请求刘琨为内应的密信被

① (唐)房玄龄等撰:《晋书》卷六十二《刘琨传》,中华书局1974年版,第1682页。
② (唐)房玄龄等撰:《晋书》卷五《愍帝纪》,中华书局1974年版,第129页。
③ (唐)房玄龄等撰:《晋书》卷六十二《刘琨传》,中华书局1974年版,第1684页。
④ (唐)房玄龄等撰:《晋书》卷六十二《刘琨传》,中华书局1974年版,第1684页。

段匹磾巡逻的骑兵所获,而当时刘琨并不知情,结果被拘。

因刘琨忠于晋室,素来名望甚重,代郡太守辟闾嵩、雁门太守王据、后将军韩据便密谋偷袭段匹磾营救刘琨,但韩据的女儿是段匹磾儿子的小妾,听到风声后向段匹磾告了密,结果王据、辟闾和从党悉数被诛,刘琨及子侄四人也都被害。

"琨少负志气,有纵横之才,善交胜己,而颇浮夸。"①刘琨史上留下的逸事还不少,最负盛名的乃是与祖逖"闻鸡起舞"的典故。《晋书》卷六十二《祖逖传》载:"与司空刘琨俱为司州主簿,情好绸缪,共被同寝。中夜闻荒鸡鸣,蹴琨觉曰:'此非恶声也。'因起舞。"②

刘琨还留下了胡笳退敌的故事。"在晋阳,常为胡骑所围数重,城中窘迫无计,琨乃乘月登楼清啸,贼闻之,皆凄然长叹。中夜奏胡笳,贼又流涕歔欷,有怀土之切。向晓复吹之,贼并弃围而走。"③精通音律、且作有《胡笳五弄》的刘琨,依靠自己的音乐天分唤醒了胡人的怀乡之心,竟然撤围而去,可见刘琨的音乐才华之高。

爱音乐者,难免爱茶。陆羽《茶经·七之事》载:"刘琨《与兄子南兖州刺史演书》云:'前得安州干姜一斤,桂一斤,黄芩一斤,皆所须也。吾体中愦闷,常仰真茶,汝可致之。'"

刘琨是文武全才,故生活挺讲究。《晋书》本传说他"素奢豪,嗜声色,虽暂自矫励,而辄复纵逸"④。所以,在战乱频仍的年代,刘琨不忘写信给侄子要点特产。时时处于征战中的刘琨,心情之烦闷可想而知,而一壶好茶,刚好可一浇胸中块垒。刘琨致信求茶的故事,刚好验证了茶可宽心的功效。

① (唐)房玄龄等撰:《晋书》卷六十二《刘琨传》,中华书局 1974 年版,第 1690 页。
② (唐)房玄龄等撰:《晋书》卷六十二《祖逖传》,中华书局 1974 年版,第 1694 页。
③ (唐)房玄龄等撰:《晋书》卷六十二《刘琨传》,中华书局 1974 年版,第 1690 页。
④ (唐)房玄龄等撰:《晋书》卷六十二《刘琨传》,中华书局 1974 年版,第 1681 页。

张载：人虽丑，茶诗美

陆羽《茶经·六之饮》说："吴有韦曜，晋有刘琨、张载、远祖纳、谢安、左思之徒，皆饮焉。"在《茶经·七之事》中又列"张黄门孟阳"为晋代与茶结缘之人。

张载，字孟阳，安平（今河北深县）人，晋代知名文学家，有《张孟阳集》传世。

关于张载的相貌，《晋书》卷五十五《潘岳传》描述了当时第一美男潘岳（即潘安）与张载天壤地别的出行遭遇："岳美姿仪，辞藻绝丽，尤善为哀诔之文。少时常挟弹出洛阳道，妇人遇之者，皆连手萦绕，投之以果，遂满车而归。时张载甚丑，每行，小儿以瓦石掷之，委顿而反。"①大帅哥潘岳出门时经常被美女围观，还献上佳果；而长相不负责任的张载则被小孩投掷瓦片石块，孩子们显然把张载当怪物看了，可见其丑相了得。房玄龄编《晋书》时将潘岳与张载同卷，且将《张载传》列于《潘岳传》后，不知有何深意。

不过，俗话说"郎才女貌"，男人的才气才是最重要的。张载就没有被老天薄待，"载性闲雅，博学有文章"②。

晋武帝太康初，张载去看望担任蜀郡太守的父亲张收，途经剑阁，"载以蜀人恃险好乱"③，便写了《剑阁铭》以示警戒。张载以为，壁立千仞的剑阁，虽然"穷地之险，极路之峻"，但"世浊则逆，道清斯顺"。如果没有德行，据险作乱，是不可能成功的。"兴实由德，险亦难恃。自古及今，天命不易。

---

① （唐）房玄龄等撰：《晋书》卷五十五《潘岳传》，中华书局1974年版，第1507页。
② （唐）房玄龄等撰：《晋书》卷五十五《张载传》，中华书局1974年版，第1516页。
③ （唐）房玄龄等撰：《晋书》卷五十五《张载传》，中华书局1974年版，第1516页。

凭阻作昏,愁不败绩。"①

益州刺史张敏读了后,不禁啧啧称奇,便将铭文上表于皇帝,晋武帝遣使将铭文镌刻于剑阁山。

张载还写了一篇《榷论》,表达了"时势造英雄"的观点:"夫贤人君子将立天下之功,成天下之名,非遇其时,曷由致之哉!"②贤人君子要成就一番大事,如果没有机遇,是很难成功的。在张载看来,不少人怀才不遇,是因为"有事之世易为功,无为之时难为名也。"张载讽喻那些循规蹈矩、碌碌无为只考虑自己阀阅门第的人,既然占据了高位,就应该匡时济世,而不能随世俯仰、要荣求利,这种人在张载看来,不过是沐猴而冠罢了。

张载的一篇《蒙汜赋》,被司隶校尉傅玄嗟赏,傅玄派车接来张载,两人言谈终日,相见甚欢。在傅玄的提携下,张载开始有了名气,随后一路升迁:"起家佐著作郎,出补肥乡令。复为著作郎,转太子中舍人,迁乐安相、弘农太守。长沙王乂请为记室督。拜中书侍郎,复领著作。"③

不过,随着晋室之乱,张载失去了政治热情,便称病告老还家,终老故里。

据《晋书》卷九十二《文苑传·左思》记载,张载为左思的《三都赋》中的《魏都赋》作注。左思的《三都赋》引发的文坛热捧,张载是主要推手。"中书著作郎安平张载、中书郎济南刘逵,并以经学洽博,才章美茂,咸皆悦玩,为之训诂。"④

关于张载的才华,《晋书·文苑传序》说"张载擅铭山之美"⑤,张载本传的史臣评论是这样评价张载的:"孟阳镂石之文,见奇于张敏;《蒙汜》之咏,取重于傅玄,为名流之所挹,亦当代之文宗矣。"⑥

房玄龄将张载封为"当代文宗",可见评价之高。

---

① (唐)房玄龄等撰:《晋书》卷五十五《张载传》,中华书局1974年版,第1516页。
② (唐)房玄龄等撰:《晋书》卷五十五《张载传》,中华书局1974年版,第1517页。
③ (唐)房玄龄等撰:《晋书》卷五十五《张载传》,中华书局1974年版,第1518页。
④ (唐)房玄龄等撰:《晋书》卷五十五《左思传》,中华书局1974年版,第2376页。
⑤ (唐)房玄龄等撰:《晋书》卷九十二《文苑传序》,中华书局1974年版,第2369页。
⑥ (唐)房玄龄等撰:《晋书》卷五十五《张载传》,中华书局1974年版,第1525页。

大文人张载和茶的渊源,在其诗作中露出端倪。

陆羽《茶经·七之事》载张孟阳《登成都楼诗》后十六句,现将全诗录于下:

> 重城结曲阿,飞宇起层楼。
>
> 累栋出云表,峣巘临太墟。
>
> 高轩启朱扉,回望畅八隅。
>
> 西瞻岷山岭,嵯峨似荆巫。
>
> 蹲鸱蔽地生,原隰殖嘉蔬。
>
> 虽遇尧汤世,民食恒有余。
>
> 郁郁少城中,岌岌百姓居。
>
> 街术纷绮错,高甍夹长衢。
>
> 借问扬子舍,想见长卿庐。
>
> 程卓累千金,骄侈拟五侯。
>
> 门有连骑客,翠带腰吴钩。
>
> 鼎食随时进,百和妙且殊。
>
> 披林采秋橘,临江钓春鱼。
>
> 黑子过龙醢,吴馔逾蟹蝑。
>
> 芳茶冠六清,溢味播九区。
>
> 人生苟安乐,兹土聊可娱。

"芳茶冠六清,溢味播九区。"《周礼·天官·膳夫》载:"饮用六清",郑玄注:"六清,水、浆、醴、凉、醫、酏。"[①]在张载眼里,茶的芳香已超乎以上六种饮品,且蜀茶在当时流传到全国很多地区。张载对茶的钟爱,便由这句由衷的赞美诗洋溢而出了。

---

① (汉)郑玄注,(唐)贾公彦疏:《周礼注疏》卷第四,北京大学出版社1999年版,第79页。

司隶校尉傅咸和一碗茶粥

傅咸是西晋大儒傅玄之子。陆羽《茶经·七之事》点名晋代好茶者,就提到"傅司隶咸"。有意思的是,西晋时期,市场上就出现了今天的"城管",摆摊卖茶的老太太就得到了傅咸的支持:傅咸应该是中国第一个批评城管的官员。

傅咸字长虞,先后任过太子洗马、尚书右丞、司徒左长史、尚书左丞、太子中庶子、御史中丞、郡中正、司隶校尉等职,元康四年卒官,享年56岁。

《晋书》本传说傅咸"刚简有大节。风格峻整,识性明悟,疾恶如仇,推贤乐善,常慕季文子、仲山甫之志。好属文论,虽绮丽不足,而言成规鉴"[1]。季文子是鲁国正卿,执政鲁国33年,但大权在握的他"家无衣帛之妾,厩无食粟之马,府无金玉,以相三君"[2]。《论语·公冶长》载,孔子曾讨论过季文子的个性:"季文子三思而后行。子闻之曰:'再,斯可矣。'"仲山甫是周宣王的左膀右臂,《诗经·大雅·烝民》就是歌颂他的,说他"既明且哲,以保其身。夙夜匪解,以事一人"。仲山甫不畏强暴,敢于进谏,故诗中又称赞他"不侮矜寡,不畏强御"。仲山甫推行"私田制"和"什一税"的改革带来了周宣王时期的经济繁荣。从傅咸倾慕季文子、仲山甫,可知他是一个有政治理想的人。

傅咸也和仲山甫一样敢于秉笔直书,直言进谏,晋武帝下诏讨论执政得

---

[1] (唐)房玄龄等撰:《晋书》卷四十七《傅咸传》,中华书局1974年版,第1323页。

[2] (汉)司马迁撰,(宋)裴骃集解,(唐)司马贞索隐,张守节正义:《史记》卷三十三《鲁周公世家》,中华书局1959年版,第1538页。

失,傅咸就上书指出,此前15年的国家治理,"军国未丰,百姓不赡"①,原因在于官僚队伍膨胀,食利阶层增多。比如旧时都督只有四员,如今加上监军,已经超过10人。夏禹将版图分为九州,如今的州刺史与过去相比已增加一倍。当下的户口只有汉代的十分之一,而设置的郡县却比汉朝多多了。为此,傅咸提出撤并官僚机构,减轻农民负担。"以为当今之急,先并官省事,静事息役,上下用心,惟农是务也。"②

傅咸主张裁撤冗员,合并官职,惟农是务。傅咸还上书革除当时的奢侈之风,认为"奢侈之费,甚于天灾"③。

当皇上下诏群臣,举荐在外任职的郡县官员担任朝廷内官,傅咸便上书指陈官员任用"惟内是隆"④的时弊,重内轻外,自然疏于地方治理。傅咸在上书中疾呼亟待改革这一弊端。

对于朝廷群僚,傅咸也毫不客气,"咸在位多所执正"⑤。如豫州大中正夏侯骏先是上书建议让尚书郎曹馥代替生病的鲁国小中正、司空司马孔毓,没多久又上书表司马毓为中正。司徒三次打回去,结果夏侯骏当上了大中正。傅咸认为,夏侯骏在人事任免上翻云覆雨,凭己意用事,于是奏免夏侯骏大中正之职。

司隶荀恺堂兄去世,上表赴哀,皇上同意了,但诏书还没下来,荀恺就造访杨骏辞行。傅咸便奏了荀恺一本,认为他这种举动讨好宰辅的成分多过丧兄的爱亲之情,"急谄媚之敬,无友于之情"⑥。傅咸认为应该将荀恺贬官。

"时朝廷宽弛,豪右放恣,交私请托,朝野溷淆。咸奏免河南尹澹、左将军倩、廷尉高光、兼河南尹何攀等,京都肃然,贵戚慑伏。"⑦魏晋时期玄学大兴,玄风四起,官员沉溺于清谈和放逸,无心于本职工作。傅咸上书弹劾时

① (唐)房玄龄等撰:《晋书》卷四十七《傅咸传》,中华书局1974年版,第1324页。
② (唐)房玄龄等撰:《晋书》卷四十七《傅咸传》,中华书局1974年版,第1324页。
③ (唐)房玄龄等撰:《晋书》卷四十七《傅咸传》,中华书局1974年版,第1324页。
④ (唐)房玄龄等撰:《晋书》卷四十七《傅咸传》,中华书局1974年版,第1327页。
⑤ (唐)房玄龄等撰:《晋书》卷四十七《傅咸传》,中华书局1974年版,第1324页。
⑥ (唐)房玄龄等撰:《晋书》卷四十七《傅咸传》,中华书局1974年版,第1325页。
⑦ (唐)房玄龄等撰:《晋书》卷四十七《傅咸传》,中华书局1974年版,第1329页。

任尚书仆射兼吏部、"竹林七贤"之一的王戎。当时,兼掌选举的王戎制定了甲午制,在正式任命官员前,先让他去地方做实习性质的行政长官,以考察他治民理政的能力。但考察期限还没满,王戎就将他们奏还,不仅没有完成考核确定其优劣,官员频频送故迎新,还生出各种贪腐巧诈,伤农害政。《晋书》卷四十三《王戎传》载,傅咸在上书中指责王戎"驱动浮华,亏败风俗,非徒无益,乃有大损"①。皇帝诏答肯定傅咸的指控,但也没免掉王戎的职务。

御史中丞解结认为傅咸弹劾王戎有违典制,属于越级纠举,反而上奏罢免傅咸。傅咸引经据典,一一驳斥,认为既然"司隶与中丞俱共纠皇太子以下,则从皇太子以下无所不纠也"②。那么,尚书为何不能弹纠呢?

傅咸还曾在上奏贬荀恺事件中,对当时执掌朝政的杨骏进行书面讽谏,弄得杨骏心生嫌怨,差点将傅咸外放。后来司马亮辅政专权,傅咸又向他去信相谏,希望司马亮不要重蹈"杨骏有震主之威,委任亲戚",导致天下喧哗的覆辙。傅咸将自己向皇上直谏,称为"摩天子逆鳞",向司马亮谏言,则为"触猛兽之须"。"前摩天子逆鳞,欲以尽忠;今触猛兽之须,非欲为恶。"③尽管傅咸言之切切,但司马亮不为所动。

傅咸主管吏治,铁面无私和雷厉风行的举动,使得政风好转。傅咸依据尧舜时期"三载考绩,九年黜陟",《周礼》记载"三年大比",孔子所云"三年有成",提出官员应按时考核。而当时的现实是,官员到任没多久便离任升迁,政策没有延续性,自然需要改变这种"百姓困于无定,吏卒疲于送迎"④的政治。

值得一提的是,出自儒门的傅咸,还对礼制多有涉及,有坚守者,亦有创建。

我们知道,在故宫西侧有社稷坛,社祭祀的是土地神,稷祭祀的是谷神。《礼记·祭法》:"王为群姓立社,曰大社。王自为立社,曰王社。诸侯为百

---

① (唐)房玄龄等撰:《晋书》卷四十三《王戎传》,中华书局1974年版,第1233页。

② (唐)房玄龄等撰:《晋书》卷四十七《傅咸传》,中华书局1974年版,第1330页。

③ (唐)房玄龄等撰:《晋书》卷四十七《傅咸传》,中华书局1974年版,第1327页。

④ (唐)房玄龄等撰:《晋书》卷四十七《傅咸传》,中华书局1974年版,第1329页。

姓立社,曰国社。诸侯自为立社,曰侯社。大夫以下成群立社,曰置社。"①
《晋书》卷十九《礼志上》载,西汉时设了官社,但没有官稷,王莽时期,设置
了官稷,后来又取消了。所以,从汉到魏只有太社有稷,而官社无稷,所以常
制有太社、王社这二社和一稷。晋初沿袭了魏制,到了晋武帝太康九年
(288),改建宗庙,下诏说:"社实一神,其并二社之祀。"②

时任车骑司马的傅咸便上表以示异议,他认为,按照《礼记·祭法》,天
子在郊庙躬耕籍田,是重视祭祀先人所需的谷物祭品,着重于孝亲。而国家
以人为本,人以谷为命,所以又得为百姓立社。所以,王社和太社的意义和
用途是不一样的,应该保留二社为好。司马炎下诏听从了傅咸的建议。

傅咸对于礼制也非铁板一块,如对于守丧三年的礼制,傅咸就是按照礼
有隆杀的原则,主张改革的。魏晋南北朝时期,战乱不断,大臣父母丧后放
下工作守孝三年,客观上不利于国家治理,这一制度便渐渐改革为"守心
丧",在心里守丧就可以了。《晋书》卷二十《礼志中》记载:"太康七年,大
鸿胪郑默母丧,既葬,当依旧摄职,固陈不起,于是始制大臣得终丧三年。然
元康中,陈准、傅咸之徒,犹以权夺,不得终礼,自兹已往,以为成比也。"③

这一记载显示,傅咸是废除守丧三年之礼的制度化主推手之一。元康
是晋惠帝的年号,晋惠帝司马衷即位后,杨骏独揽大权,傅咸便向杨骏陈说
"事与世变,礼随时宜"④的道理,尽管武帝是大孝子,父母葬后也除服了,制
定了心丧三年的礼制。如今惠帝以居丧的名义委政于您,虽然有谦让之心,
但大家并不觉得这样做是好事。如果举天下只听命于您,就会产生"天光
有蔽"⑤的嫌疑。既然社会上是这种人心向背,您今后做起事来也不容易。
周公是圣人,但也因辅佐成王主政时难免遭致非议。傅咸建议"明公当思
隆替之宜"⑥,言外之意,相权不能代替皇权,杨骏应还政于惠帝。

---

① (汉)郑玄注,(唐)孔颖达疏:《礼记正义》卷第四十六《祭法》,北京大学出版社1999年
版,第1304页。
② (唐)房玄龄等撰:《晋书》卷四十九《礼志上》,中华书局1974年版,第591页。
③ (唐)房玄龄等撰:《晋书》卷四十九《礼志中》,中华书局1974年版,第634页。
④ (唐)房玄龄等撰:《晋书》卷四十七《傅咸传》,中华书局1974年版,第1325页。
⑤ (唐)房玄龄等撰:《晋书》卷四十七《傅咸传》,中华书局1974年版,第1325页。
⑥ (唐)房玄龄等撰:《晋书》卷四十七《傅咸传》,中华书局1974年版,第1325页。

由此看来,傅咸推动心丧三年制度化,还有阻滞外戚当政的因素在。

《晋书·孝愍帝纪》的史臣论引干宝表示不满的不良社会倾向:"是以刘颂屡言治道,傅咸每纠邪正,皆谓之俗吏。"[1]又说:"览傅玄、刘毅之言,而得百官之邪;核傅咸之奏、《钱神》之论,而睹宠赂之彰。"[2]可见傅咸的敦化政治、犯言直谏、秉公行政,在当时很有影响。

《晋书》傅咸本传记载:"吴郡顾荣常与亲故书曰:'傅长虞为司隶,劲直忠果,劾按惊人。虽非周才,偏亮可贵也。'"[3]

傅咸与茶的渊源,也显示了他一贯的刚正直率之风。《茶经·七之事》:"傅咸《司隶教》曰:'闻南方有蜀妪作茶粥卖,为廉事打破其器具,后又卖饼于市,而禁茶粥以困蜀妪何哉?'"

这段记载隐含了如下信息:

一是身为司隶校尉的傅咸,在其职务行为的指令性文件《司隶教》中,对廉事禁茶粥的行为深表不满。

二是在西晋的首都洛阳,在南市这样的交易场所,出现了卖茶粥这样的经营现象,说明当时的人们不仅喝茶粥,还发展成了一门小生意。

三是蜀地的老妇女跑到洛阳卖茶粥,四川一带的茶叶和茶饮生活方式已向首都洛阳传播。

四是在西晋时代已经出现"城管",不让老奶奶在市场上临时摆摊卖茶粥。

以上,除第四条为戏说,前面三条足以显示西晋时期,茶饮茶食已进入寻常市井生活。

---

[1] （唐）房玄龄等撰:《晋书》卷五《愍帝纪》,中华书局1974年版,第136页。

[2] （唐）房玄龄等撰:《晋书》卷五《愍帝纪》,中华书局1974年版,第136页。

[3] （唐）房玄龄等撰:《晋书》卷四十七《傅咸传》,中华书局1974年版,第1330页。

江统谏太子西园卖茶

陆羽《茶经·七之事》:"晋:惠帝,刘司空琨,琨兄子兖州刺史演,张黄门孟阳,傅司隶咸,江洗马统……"陆羽认为,说到晋代茶事,不能回避江统。

江统,字应元,陈留圉(今河南省通许县南)人。《晋书》说:"统静默有远志,时人为之语曰:'嶷然稀言江应元。'"[1]看来,沉默寡言但志向远大的江统,少年时期便让人感觉到了沉默的力量。江统历任山阴县令、中郎、太子洗马、博士、尚书郎、廷尉正、黄门侍郎、散骑常侍等职。永嘉之乱中,举家避难于成皋(今河南荥阳西北),病逝于公元310年。

在任山阴令期间,关陇地区屡为氐、羌少数民族侵扰,孟观率军西讨,擒获氐帅齐万年。江统意识到胡人乱华的危患正在逼近,应该将其扼杀在萌芽状态,便写下了著名的《徙戎论》。江统主张将氐、羌等族迁出关中,并州的匈奴部落"等皆可申谕发遣,还其本域,慰彼羁旅怀土之思,释我华夏纤介之忧"[2]。也就是说,让汉代时因战败而安置在今太原一带的匈奴人遣返草原,既解了他们的乡愁,也缓了中原的隐忧。

江统的建议没有被皇帝采纳。结果,没过十年,便发生五胡乱华的事件,人们对江统的远见卓识深为叹服。

八王之乱中,司马氏八个诸侯王此起彼伏,轮番坐庄,江统也辗转于其间。江统参大司马、齐王同军事期间,看到司马冏骄横荒淫,势必败乱,江统

---

[1] (唐)房玄龄等撰:《晋书》卷五十六《江统传》,中华书局1974年版,第1529页。
[2] (唐)房玄龄等撰:《晋书》卷五十六《江统传》,中华书局1974年版,第1534页。

切切直谏,可惜当时的上书没能保存下来。在担任廷尉正期间,州郡中的可疑案件,江统均从轻判决。

后来成都王司马颖请江统担任为记室,江统也屡屡劝谏。最值得一提的是江统为陆机、陆云兄弟辩护,"辞甚切至"①。据《晋书·陆云传》记载,当时,孟玖希望自己的父亲担任邯郸令,陆云坚持正义,予以拒绝,孟玖自此怀恨在心。后来陆机因延误军期导致战败,陆云也被连坐收监,孟玖乘机挟私报怨。江统便与蔡克、枣嵩等人联名上疏,认为以延误军期而加刑是合法合理的,但以图谋反叛的罪名而加以灭族,则应该查清楚了再说。但已然政治颓败的司马颖没有采纳他们的意见,于是江统等人再三陈情,蔡克甚至在司马颖面前叩头流血,现场数十人流涕请愿,正在司马颖恻隐之心被唤醒,流露出放过陆云的表情时,孟玖将司马颖扶入殿后,催促他将陆云杀了。尽管没有成功救出陆氏一族,但江统的义举仍值得称道。

江统涉及的茶事,《茶经·七之事》载:"宋《江氏家传》:江统,字应元,迁愍怀太子洗马,尝上疏。谏云:'今西园卖醯、面、蓝子、菜、茶之属,亏败国体'"。

《江氏家传》为南朝宋时期的江饶所撰,现已散佚。江统为什么在上书中将卖茶视为"亏败国体"的事情,是不是说话过头了?如果是这样,江统岂不是茶的死对头了,陆羽怎么还将他载入《茶经》中?

原来,读者诸君得细看看醯面菜茶是在哪里卖的:西园!这可是当时的皇家园林啊。

这不得不说到愍怀太子司马遹(278—300)。司马遹字熙祖,小字沙门,是晋武帝司马炎之孙,惠帝司马衷的长子。自幼聪慧的他,深得惠帝喜爱,但非惠帝皇后贾南风所生,贾南风自然欲除之而后快。刚好太子长大后不好学,整日与左右嬉戏作乐,给了贾后以机会。对于太子的胡作非为,《晋书·愍怀太子传》多有记载,其中包括:"而于宫中为市,使人屠酤,手揣斤两,轻重不差。其母本屠家女也,故太子好之。又令西园卖葵菜、蓝子、

---

① (唐)房玄龄等撰:《晋书》卷五十六《江统传》,中华书局1974年版,第1538页。

鸡、面之属,而收其利。"①

把宫廷当成了肉铺,把皇家园林当成了集贸市场,自然是胡来了,贾南风倒乐得纵容太子将自己一步步推向悬崖边缘,但身为太子洗马的江统,自然焦灼万分。

江统"在东宫累年,甚被亲礼"②。除了职责所在,和太子的感情,也使得江统在"太子颇阙朝觐,又奢费过度,多诸禁忌"③的情况下,上书加以劝谏,对太子提出了五点请求,包括:以孝为首,朝侍皇上;访咨贤臣,觐见宾客;以俭为德,遣散杂艺;废除"不得缮修墙壁,动正屋瓦"等奇怪禁忌。而第四条建议,就是针对太子在宫廷中的市井行为了:"今西园卖葵菜、蓝子、鸡、面之属,亏败国体,贬损令问。"④

江统的上疏,朝廷善之。但最终太子没能逃过贾后和贾谧的算计,贾后将被废的太子徙往许昌,还不允许大臣送别。但江统和宫中侍臣不顾禁令,到伊水边与太子辞别,悲泣流涟,伤心而别。结果,江统等人都被收入监狱,都官从事孙琰对贾谧说:"废徙太子本来是以太子作恶的名义而进行的,东宫旧臣冒着犯罪的风险前去拜辞,一路涕泣,不顾被处死的危险,这反而彰显了太子之德,不如将他们放了。"江统这才获释。太子被害后,江统"作诔叙哀,为世所重"⑤。

值得注意的是,《晋书》中的《愍怀太子传》和《江统传》,均未有西园卖茶的记载,陆羽所引《江氏家传》独独提到了卖茶。太子在宫中卖茶,模仿的是当时的集市贸易,说明在晋惠帝时期,卖茶已成洛阳的一种行业。

显然,江统的上疏,劝谏的是太子在西园卖茶,对于市井中的茶叶贸易,江统并无禁绝之意。《晋书》本传的史臣论,房玄龄称赞道:"江统风检操行,良有可称,陈留多士,斯为其冠。《徙戎》之论,实乃经国远图。"⑥对于

① (唐)房玄龄等撰:《晋书》卷五十三《愍怀太子传》,中华书局1974年版,第1458页。
② (唐)房玄龄等撰:《晋书》卷五十六《江统传》,中华书局1974年版,第1535页。
③ (唐)房玄龄等撰:《晋书》卷五十六《江统传》,中华书局1974年版,第1535页。
④ (唐)房玄龄等撰:《晋书》卷五十六《江统传》,中华书局1974年版,第1537页。
⑤ (唐)房玄龄等撰:《晋书》卷五十六《江统传》,中华书局1974年版,第1538页。
⑥ (唐)房玄龄等撰:《晋书》卷五十六《江统传》,中华书局1974年版,第1547页。

江统义辞愍怀太子的举动,房玄龄评价说:"逮愍怀废徙,冒禁拜辞,所谓命轻鸿毛,义贵熊掌。"①

作为蹈义之士,江统自然为陆羽所敬重。江统还曾写过《酒诰》,提出发酵酿酒法,爱酒人士对他也当尊崇有加吧。喝醉之时,不妨以茶醒之。

---

① (唐)房玄龄等撰:《晋书》卷五十六《江统传》,中华书局 1974 年版,第 1547 页。

孙楚:茶荈出巴蜀

陆羽《茶经·七之事》把江统与孙楚并举为晋代茶事不可不说的人物,而《晋书》中,江统与孙楚的列传合载于第五十六卷,岂不巧合!

孙楚,字子荆,太原中都(今山西省平遥县西北)人。《晋书》本传说:"楚才藻卓绝,爽迈不群,多所陵傲,缺乡曲之誉。"①恃才傲物的孙楚,人缘不是很好,四十多岁才有机会做官。晋惠帝初,升迁为冯翊太守,这是孙楚一生中的最高职务了。晋惠帝元康三年(293),孙楚病逝。

孙楚以文学而知名于世。《隋书·经籍志》载其集子有 6 卷,清朝严可均辑《全上古三代秦汉三国六朝文》,收录他的赋 17 篇及奏议、书信等,明人张溥《汉魏六朝百三家集》中辑有《孙冯翊集》。

孙楚最值得一提的文章,就是司马懿派符劭、孙郁出使吴国时,将军石苞让孙楚写给孙皓的劝降书。孙楚描写己方蔚为壮观、势不可挡的国力、军力后,要求孙皓"自求多福","北面称臣,伏听告策"②,否则将"身首横分、宗祀沦覆"③。

孙楚的劝降书铺排渲染,气势恢宏,气焰逼人,结果符劭等人到了吴国后,都不敢交给孙皓。

孙楚负才使气,在参石苞骠骑军事时,对顶头上司石苞不仅恭敬不足,还颇多侮慢。比如,他刚上任时,长揖后对石苞说:"是天子授命我来参卿军事的。"这样的傲慢之语,很容易弄得彼此心生嫌隙。果不其然,孙楚与

---

① (唐)房玄龄等撰:《晋书》卷五十六《孙楚传》,中华书局 1974 年版,第 1539 页。
② (唐)房玄龄等撰:《晋书》卷五十六《孙楚传》,中华书局 1974 年版,第 1541 页。
③ (唐)房玄龄等撰:《晋书》卷五十六《孙楚传》,中华书局 1974 年版,第 1542 页。

石苞后来关系很僵,以至于自己怀才不举好多年。因为参军不敬府主,皇上还不得不制定参军施敬府主的制度,孙楚算是这一制度的导火索了。

孙楚对于当时的政府首脑杨骏,也直言相劝。惠帝刚即位时,杨骏"录朝政,百官总己"①。杨骏任命外甥段广、张劭担任近侍之职,以防惠帝身边人说自己坏话。杨骏知道皇后贾南风不好对付,出于对她的畏惧,"又多树亲党,皆领禁兵。于是公室怨望,天下愤然矣"②。杨骏知道自己声望不够,担心无法凝聚群僚上下人心,便大肆封赏,希望取悦百官。杨骏为政严苛琐碎,加上刚愎自用,很不得人心。在这种情况下,素来与杨骏关系不错的孙楚,便提醒杨骏说,你作为外戚,手握大权,辅佐弱主,应该依循像周公那样的至公至诚谦顺之道。从历史上看,很少有外戚专政而得善终的,如今司马氏宗室势力还很强,如果你不和他们合作执政,而是"内怀猜忌,外树私昵",结果必然"祸至无日矣"③。可惜杨骏没听劝告,没多久便被贾后诛杀,包括所有亲党在内,均被夷灭三族。

孙楚对于当时士族高门独霸一时的风气也颇为反感,在武库井出现龙的符瑞时,孙楚借机建议晋武帝"举亮拔秀异之才可以拨烦理难矫世抗言者,无系世族,必先逸贱"④。选拔官员先寒门后世族,孙楚的建议在门第世族时代可谓逆潮流而动。不随俗俯仰,成为孙楚的标志性符号。

孙楚还留下不少逸事。他少年时曾想去隐居,对好朋友王济说:"当欲枕石漱流。"结果误说成"漱石枕流"。王济笑道:"流非可枕,石非可漱。"⑤孙楚灵机一动,答道:"之所以用流水当枕头,是为了洗净耳朵;之所以用石头漱口,是为了磨砺牙齿。"孙楚妻子死后,服丧期满,写了首诗先给王济过目,王济说:"未知文生于情,情生于文,览之凄然,增伉俪之重。"⑥可见孙楚把对亡妻的感情表达得很是让人动容。

孙楚年轻时最敬重的是王济,《晋书·王济传》记载,王济的葬礼上,各

① (唐)房玄龄等撰:《晋书》卷四十《杨骏传》,中华书局1974年版,第1178页。
② (唐)房玄龄等撰:《晋书》卷四十《杨骏传》,中华书局1974年版,第1178页。
③ (唐)房玄龄等撰:《晋书》卷四十《杨骏传》,中华书局1974年版,第1178页。
④ (唐)房玄龄等撰:《晋书》卷五十六《孙楚传》,中华书局1974年版,第1543页。
⑤ (唐)房玄龄等撰:《晋书》卷五十六《孙楚传》,中华书局1974年版,第1543页。
⑥ (唐)房玄龄等撰:《晋书》卷五十六《孙楚传》,中华书局1974年版,第1543页。

路名流纷纷前来吊孝。孙楚晚到,但哭得最伤心,引得整个现场哭成一片。哭完后,孙楚对灵床说:"你经常喜欢我学驴叫,我为你再叫一声吧!"孙楚学驴叫炉火纯青,到了以假乱真的程度,弄得现场的嘉宾都忍不住笑了。孙楚环顾左右,说:"你们这些人为什么不死啊,为何偏偏死的是王济啊!"

王济对孙楚也慧眼识金,在担任本州大中正时,品评孙楚时给出了八个大字:"天才英博,亮拔不群。"①

《晋书》孙楚本传,房玄龄在史臣论中说:"孙楚体英绚之姿,超然出类,见知武子,诚无愧色。览其贻皓之书,谅曩代之佳笔也。"②孙楚的孙子统、绰二人,也以文才著称,特别是孙绰,"与时文士,以绰为冠"③。故房玄龄评价说:"统、绰棣华秀发,名显中兴,可谓无忝尔祖。"④

孙楚与茶叶的渊源,陆羽《茶经·七之事》载:"孙楚《歌》:'茱萸出芳树颠,鲤鱼出洛水泉。白盐出河东,美豉出鲁渊。姜、桂、茶荈出巴蜀,椒、橘、木兰出高山。蓼苏出沟渠,精稗出中田。'"

孙楚在一首以吟咏风物特产出产地的诗歌中,点明了巴蜀为茶叶产区,说明在晋代中期,巴蜀地区的茶叶,还是很有名的。

---

① (唐)房玄龄等撰:《晋书》卷五十六《孙楚传》,中华书局1974年版,第1543页。
② (唐)房玄龄等撰:《晋书》卷五十六《孙楚传》,中华书局1974年版,第1547页。
③ (唐)房玄龄等撰:《晋书》卷五十六《孙绰传》,中华书局1974年版,第1547页。
④ (唐)房玄龄等撰:《晋书》卷五十六《孙楚传》,中华书局1974年版,第1548页。

左思:第一首茶诗《娇女诗》

《茶经·六之饮》说:"吴有韦曜,晋有刘琨、张载、远祖纳、谢安、左思之徒,皆饮焉。"陆羽将左思归入晋代饮茶者代表人物之列,在《茶经·七之事》中再次提及晋代与茶结缘者中有"左记室太冲"。

左思,字太冲,山东临淄人,著名文学家,今存赋两篇,诗14首。《三都赋》与《咏史》诗是其代表作。

左思"家世儒学"①,但非出自豪门,父亲左雍只是殿中侍御史而已。左思小时候学钟、胡书和鼓琴,但都没学好,左雍有点失望,就对朋友说左思不如自己小时候。父亲的话让左思深受刺激,便发奋勤学,兼善阴阳之术。"貌寝,口讷,而辞藻壮丽。不好交游,惟以闲居为事。"②左思长相丑陋,拙于言辞,但文笔很好。也许因为自己生理上的缺陷,左思不喜欢社交活动,喜欢当宅男,潜心诗赋的创作,他的《齐都赋》,花了一年时间才写成。

《晋书》卷三十一《武元杨皇后传》记载,泰始年间,晋武帝司马炎博选良家女以充后宫。左思的妹妹左棻被征召入宫,左思便来到了京城洛阳。左棻也长得不好看,"姿陋无宠,以才德见礼。体羸多患,常居薄室"③。但司马炎"重棻辞藻,每有方物异宝,必诏为赋颂"④。左棻被司马炎当成了嫔妃中的御用诗人。

从《咏史》诗可以窥见,左思进京后颇有雄心壮志:"左盼澄江湘,右眄

---

① (唐)房玄龄等撰:《晋书》卷九十二《左思传》,中华书局1974年版,第2375页。
② (唐)房玄龄等撰:《晋书》卷九十二《左思传》,中华书局1974年版,第2376页。
③ (唐)房玄龄等撰:《晋书》卷三十一《后妃传》,中华书局1974年版,第958页。
④ (唐)房玄龄等撰:《晋书》卷三十一《后妃传》,中华书局1974年版,第962页。

定羌胡",希望为扫灭东吴、平定羌胡有所作为。不过,他很快发现,在以门
第取仕的时代,出自寒门的自己,只能借史兴叹自己的怀才不遇。《咏史》
中写道:"郁郁涧底松,离离山上苗。以彼径寸茎,荫此百尺条",贵游子弟
尽管才疏浅陋,却可以依靠门第资荫而"平流进取,坐致公卿",而自己则如
山底的松树,尽管才华横溢,却也只能被埋没于溪涧中,永无出头之日。左
思只好浩叹一声:"世胄蹑高位,英俊沉下僚。"这句诗,几乎是历代讨论九
品中正制弊端时引用频率最高的诗句。

左思意识到:"峨峨高门内,蔼蔼皆王侯。自非攀龙客,何为欻来游。"
既然无法高攀于豪门,不如专注于自己喜爱的文学。左思为了写《三都
赋》,专门拜访著作郎张载,了解蜀地风情。左思在家里院落中随处搁有纸
笔,想到了好的句子,就写下来。担心自己见识不广,便求为秘书郎,以增广
见闻。就这样,花了长达十年的构思,才写成《三都赋》,但一开始也没被
重视。

左思认为自己的作品不亚于班固、张衡,便想到了将《三都赋》炒热的
办法,请当时声望很高的皇甫谧来过目,皇甫谧读完觉得不错,就给他写了
一篇序。随后,张载、刘逵我《三都赋》分别作注,卫权作《略解》,从此该赋
"盛重于时":

> 司空张华见而叹曰:"班张之流也。使读之者尽而有余,久而更
> 新。"于是豪贵之家竞相传写,洛阳为之纸贵。①

陆机入洛阳时也曾想写《三都赋》,听说左思在写,不禁抚掌嗤笑,还在
给弟弟陆云的信中说,等左思的《三都赋》写成后,要用来盖酒瓮。但读完
左思赋后,陆机深为叹服,就此辍笔。

尽管左思说自己不是"攀龙客",但事实上他曾攀上过贾谧这条高枝。
贾谧是晋惠帝皇后贾南风的侄子,惠帝智识不足,贾南风便将晋室权柄抓在
自己手里,贾谧得以"权过人主"②,身边聚集了一批"贵游豪戚及浮竞之
徒"③,号称"二十四友",左思也名列其中,贾谧还请他讲过《汉书》。

---

① (唐)房玄龄等撰:《晋书》卷九十二《左思传》,中华书局1974年版,第2377页。
② (唐)房玄龄等撰:《晋书》卷四十《贾谧传》,中华书局1974年版,第1173页。
③ (唐)房玄龄等撰:《晋书》卷四十《贾谧传》,中华书局1974年版,第1173页。

贾谧伏诛后,左思退居宜春里,专意典籍。后齐王冏召为记室督,辞疾不就。最后举家迁往冀州,以疾而终。

刘勰《文心雕龙》评价说:"左思奇才,业深覃思,尽锐于《三都》,拔萃于《咏史》。"①钟嵘《诗品》说左思"文典以怨,颇为精切,得讽喻之致"②,形容陶渊明有"左思风力"③。《晋书·孙绰传》载,孙绰很喜欢张衡、左思之赋,经常将左思《三都赋》、张衡《二京赋》比作"五经之鼓吹"④。

左思小时学琴失败,但后来写了琴曲《招隐》,所附《招隐诗》,其中一句"非必丝与竹,山水有清音",至今家喻户晓。《招隐诗》还引发了一则魏晋时期著名的轶事,这就是王羲之之子王徽之的如下故事:

> 尝居山阴,夜雪初霁,月色清朗,四望皓然,独酌酒咏左思《招隐诗》,忽忆戴逵。逵时在剡,便夜乘小船诣之,经宿方至,造门不前而反。人问其故,徽之曰:"本乘兴而行,兴尽而反,何必见安道邪!"⑤

《茶经·七之事》摘录了左思《娇女诗》前半段,其中描述自家娇女"心为茶荈剧,吹嘘对鼎䥶",说明左思一家不仅爱茶,娇女动手烹茶煮茶的形象跃然纸上。我们不妨将《玉台新咏》卷二所载《娇女诗》录于下:

> 吾家有娇女,皎皎颇白皙。
>
> 小字为纨素,口齿自清历。
>
> 鬓发覆广额,双耳似连璧。
>
> 明朝弄梳台,黛眉类扫迹。
>
> 浓朱衍丹唇,黄吻烂漫赤。
>
> 娇语若连琐,忿速乃明恓。
>
> 握笔利彤管,篆刻未期益。
>
> 执书爱绨素,诵习矜所获。
>
> 其姊字惠芳,面目粲如画。

---

① (南朝梁)刘勰著,王运熙、周锋译著:《文心雕龙译注·才略》,上海古籍出版社2010年版,第232页。

② (梁)钟嵘:《诗品·晋记室左思》,中国社会科学出版社2007年版,第61页。

③ (梁)钟嵘:《诗品·晋记室左思》,中国社会科学出版社2007年版,第92页。

④ (唐)房玄龄等撰:《晋书》卷五十六《孙绰传》,中华书局1974年版,第1544页。

⑤ (唐)房玄龄等撰:《晋书》卷八十《王徽之传》,中华书局1974年版,第2103页。

轻妆喜楼边,临镜忘纺绩。
举觯拟京兆,立的成复易。
玩弄眉颊间,剧兼机杼役。
从容好赵舞,延袖象飞翮。
上下弦柱际,文史辄卷襞。
顾眄屏风书,如见已指摘。
丹青日尘暗,明义为隐赜。
驰骛翔园林,果下皆生摘。
红葩掇紫蒂,萍实骤抵掷。
贪华风雨中,倏忽数百适。
务蹑霜雪戏,重綦常累积。
并心注肴馔,端坐理盘槅。
翰墨戢闲案,相与数离逖。
动为垆钲屈,屐履任之适。
心为茶荈剧,吹嘘对鼎䥥。
脂腻漫白袖,烟熏染阿锡。
衣被皆重地,难与沉水碧。
任其孺子意,羞受长者责。
瞥闻当与杖,掩泪俱向壁。

陆羽远祖以茶待谢安

陆羽《茶经·六之饮》论及三国两晋好饮茶之人，"吴有韦曜，晋有刘琨、张载、远祖纳、谢安、左思之徒，皆饮焉"。

此处提及的"远祖纳"，即陆羽追尊为远祖的陆纳。陆纳字祖言，《晋书》说陆纳"少有清操，贞厉绝俗"[1]。

陆纳之"清操"，延续其整个生命历程。如他担任吴兴太守，"纳至郡，不受俸禄"[2]。后来朝廷征他为左民尚书、领州大中正，应召返京前，属下向他报告当装多少船的财物，陆纳说装点米就好了。临出发时，只带了点被褥衣物而已，其余的财物都封存好交给了官府。

陆纳生性"恪勤贞固，始终不渝"[3]。当时，会稽王司马道子少年专政，委任群小，陆纳望着宫阙叹息道："好端端的殿宇，要被这混小子给撞坏了！"朝野上下听说此事，都佩服他的忠亮。

陆纳的清操，在与权臣桓温的交往中也可见一斑。赴任吴兴太守前，陆纳向桓温辞行，两人交流彼此的酒食之量。桓温自称"年大来饮三升便醉，白肉不过十脔"。陆纳则自称"素不能饮，止可二升，肉亦不足言。"后来陆纳约桓温喝一顿，在座的还有王坦之、刁彝，"及受礼，唯酒一斗，鹿肉一样，坐客愕然"。桓温不禁"叹其率素"[4]，另外安排厨师准备了一顿丰盛的美食，尽兴欢饮而罢。

---

[1] （唐）房玄龄等撰：《晋书》卷七十七《陆纳传》，中华书局1974年版，第2026页。
[2] （唐）房玄龄等撰：《晋书》卷七十七《陆纳传》，中华书局1974年版，第2027页。
[3] （唐）房玄龄等撰：《晋书》卷七十七《陆纳传》，中华书局1974年版，第2027页。
[4] （唐）房玄龄等撰：《晋书》卷七十七《陆纳传》，中华书局1974年版，第2027页。

陆纳所处的时代,除了桓温,朝中大人物就是谢安了。

谢安,字安石,少负盛名,王导都很赏识他。但谢安不喜仕宦,钟情于悠游山水。《晋书》卷九十九《谢安传》载其"寓居会稽,与王羲之及高阳许询、桑门支遁游处,出则渔弋山水,入则言咏属文,无处世意"①。直到四十多岁,谢安才有仕进之志,随后一路升迁。

前秦苻坚南侵,谢安派遣弟弟谢石、侄子谢玄迎战。"坚后率众,号百万,次于淮肥,京师震恐。"②谢安沉着应对,淝水之战大破前秦百万大军,而此时的谢安,则不动声色地正在下棋。谢玄等人的捷报传来时,谢安将使者送呈的书信看完,便顺手放在一边,并未喜形于色,而是接着把棋下完。棋客问起前方战况时,谢安才不紧不慢地答道:"小儿辈遂已破贼。"③下完棋回到卧室时,谢安跨过门槛,还是因为心里太高兴了,把鞋子磕折了。看来谢安也是个很矫情的人物。

谢安也当过吴兴太守,便来陆纳家做客。但谢安除了喜欢音乐,还以生活奢华著称。《晋书》谢安本传载:"又于土山营墅,楼馆林竹甚盛,每携中外子侄往来游集,肴馔亦屡费百金,世颇以此讥焉,而安殊不以屑意。"④

一顿饭花百金,如此奢侈的谢安,陆纳又会如何接待呢?

陆羽《茶经·七之事》载:"《晋中兴书》:陆纳为吴兴太守时,卫将军谢安常欲诣纳,纳兄子俶怪纳无所备,不敢问之,乃私蓄十数人馔。安既至,所设唯茶果而已。俶遂陈盛馔,珍羞必具。及安去,纳杖俶四十,云:'汝既不能光益叔父,奈何秽吾素业?'"

《晋中兴书》为南朝宋何法盛所撰,已佚。唐代刘知几评价说:"东晋之史,作者多门,何氏《中兴》实居其最。"⑤在该书的记载中,谢安来拜访时,陆纳的侄子陆俶很奇怪没什么准备,又不敢问陆纳,就私自准备了十多人的菜肴。谢安驾到,陆纳只摆了点茶和水果招待他。陆俶便将事先准备的山

---

① (唐)房玄龄等撰:《晋书》卷七十九《谢安传》,中华书局1974年版,第2072页。
② (唐)房玄龄等撰:《晋书》卷七十九《谢安传》,中华书局1974年版,第2075页。
③ (唐)房玄龄等撰:《晋书》卷七十九《谢安传》,中华书局1974年版,第2075页。
④ (唐)房玄龄等撰:《晋书》卷七十九《谢安传》,中华书局1974年版,第2076页。
⑤ 转引自(唐)陆羽著,宋一明译注:《茶经译注》,上海古籍出版社2009年版,第49页。

珍海味端上来,没想到谢安走后,叔叔竟打他 40 大棍,还说:"你既然不能给我挣面子,为什么还要玷污我的俭素洁操呢?"

《晋书》陆纳本传也记载了这个故事,不过,文字稍有出入:

> 谢安尝欲诣纳,而纳殊无供办。其兄子俶不敢问之,乃密为之具。安既至,纳所设唯茶果而已。俶遂陈盛馔,珍羞毕具。客罢,纳大怒曰:"汝不能光益父叔,乃复秽我素业邪!"于是杖之四十。①

陆纳的"清操""忠亮""贞固""素业",正符合陆羽所尊重的"精行俭德"的标准。陆纳以茶待谢安,说明在东晋时期,士大夫已经将茶作为招待客人的饮品了。

---

① (唐)房玄龄等撰:《晋书》卷七十七《陆纳传》,中华书局 1974 年版,第 2027 页。

郭璞:为茶正名

陆羽《茶经·七之事》历数晋代与茶结缘者,其中便有"郭弘农璞"。

《晋书》有《郭璞传》,郭璞与道教大师葛洪的传纪同卷。

郭璞(276—324),字景纯,山西闻喜人,文学家、训诂学家、术士。《晋书》称:"璞好经术,博学有高才,而讷于言论,词赋为中兴之冠。好古文奇字,妙于阴阳算历。"①

郭璞曾任宣城太守殷祐参军,因一篇《南郊赋》而被晋元帝司马睿赏识,拜著作佐郎,参与《晋史》编撰。王敦起为记室参军,后将郭璞杀害。王敦乱平,郭璞被追赠为弘农太守。

郭璞以善卜吉凶、长于方术而知名于世。《晋书》本传说郭璞曾师从精于卜筮的郭公,郭公赠他《青囊中书》九卷,从此便洞晓五行、天文、卜筮之术,比易学大师京房、方术高手管辂还厉害。

《晋书》记载了很多郭璞预决吉凶的故事,算得上是预测大师了。我们不妨来细说这些神乎其神的奇事。

西晋惠帝、怀帝之际,河东地区出现了叛乱。郭璞通过卜筮,预感到北方地区将被胡人占领,便悄悄联合亲朋好友数十家,迁居东南避难。郭璞可以说是南渡江左的先驱者之一。

避难队伍到了庐江太守胡孟康那里,当时的江淮地区还平安无事,缺乏远见的胡孟康自然无心南渡。郭璞为他占了一卦,结果为"败",胡孟康不相信,但没过多久,庐江便被攻陷。

---

① (唐)房玄龄等撰:《晋书》卷七十二《郭璞传》,中华书局 1974 年版,第 1899 页。

郭璞在庐江逗留时，爱上了主人的婢女，便玩了一次方术：将三斗小豆绕着主人的宅院散了一圈，主人早上醒来，发现家里被成千上万的红衣人围住了，凑近一看，这些红衣人又消失得无影无踪，便请郭璞算卦。郭璞说："您家不宜养这个婢女，可以在东南二十里处把她卖了，还不能讲价钱，妖孽便不会再现了。"主人信以为真，郭璞悄悄让人花低价买到了心爱的婢女。郭璞又画了一批符投入井中，这些红衣人便纷纷跳井，主人大为高兴，郭璞则带着爱婢继续南下。

到了江南，协助司马睿建立江南政权的王导很器重郭璞。有一次，王导让郭璞为自己占卦，郭璞说王导有雷震之灾，应该让车驾往西行几十里，找一棵柏树，截下和自己身高相仿佛的一段树干，放在卧室里，就可消灾弭患了。王导依计而行，几天后果然发生雷击，柏树被震得粉碎。

司马睿初镇建邺时，王导让郭璞卜筮，卦象为《咸》卦、《井》卦，郭璞说："东北郡县有个名叫'武'的地方，会出现铎，这是受命之符。西南郡县有个名叫'阳'的地方，井水会沸腾。"没多久，武进县人在田里发现了铜铎五枚，历阳县的一口井沸腾不已，好几天才停下来。司马睿被封为晋王时，又让郭璞占卦，得《豫》卦、《睽》卦，郭璞说："会稽会出现古钟，来宣示晋王大业的成功。"司马睿建立东晋后，会稽人果然在井里发现一口钟，上面还用古文铸有 18 个字。郭璞将铎、钟的出现解释为祥瑞，为元帝的登基制造舆论，元帝自然会器重他了。

得到东晋开国皇帝的礼遇，郭璞便不失时机上书进谏。当时刑狱过繁，郭璞便在上疏中借助卦象劝诫元帝警惕"愆阳苦雨之灾，崩震薄蚀之变，狂狡蠢戾之妖"[1]。永昌元年，皇孙出生，郭璞又借机上疏大赦天下，获得元帝首肯，随即大赦改年。《晋书》郭璞本传说他任尚书郎期间，"数言便宜，多研匡益"[2]。

郭璞有预决吉凶的先见之明，《晋书》中还能找到不少细节。《晋书》卷七《康帝纪》载，晋成帝病危后，中书令庾冰想到自己因外戚当政，担心皇位

---

[1] （唐）房玄龄等撰：《晋书》卷七十二《郭璞传》，中华书局 1974 年版，第 1902 页。

[2] （唐）房玄龄等撰：《晋书》卷七十二《郭璞传》，中华书局 1974 年版，第 1904 页。

更迭后外戚势力转弱，便立康帝为嗣，改年号为建元。郭璞为此作谶："立始之际丘山倾。"[1]立始，隐射建元，丘山，影射庾冰。郭璞以谶纬警示庾氏家族命运将衰，后得到显验。

《晋书》卷九《简文帝纪》记载，郭璞见到晋元帝司马睿的少子司马昱后逢人便说："兴晋祚者，必此人也。"后来司马昱果然当了皇帝，即简文帝。郭璞不仅以祥瑞预言了司马睿的龙兴，《晋书·恭帝纪》在记录了恭帝禅位于刘裕的过程后，补叙了元帝称晋王时郭璞的卜筮情况，郭璞预言"享二百年"，从司马睿称王到刘裕代晋凡 102 年，房玄龄解释说："璞盖以百二之期促，故婉而倒之为二百也。"[2]

王导南渡淮河时，郭璞为他占过一卦，断定："吉，无不利。淮水绝，王氏灭。"[3]后来果然王导奠定了"王与马，共天下"的政治局面，王氏成为南朝最显赫的士族门第。

喜欢卜筮的郭璞，尽管屡屡言中，但在缙绅之士眼里，只是可笑而已。最让人扼腕的是，郭璞预言了自己的命终之日却无力回天。王敦阴谋叛乱时，温峤、庾亮让郭璞占卜，郭璞说无法断定。温峤、庾亮又让他卜筮自己的吉凶，郭璞断为"大吉"。温峤等人据此分析说，郭璞对王敦不下断词，是不敢把结果说出来，也许上天将让王敦不得善终。而我们计划与国家共举大事讨伐王敦，郭璞断为大吉，说明举事必能成功，由此坚定了应对王敦的信心。而在王敦那一边，在举兵叛乱前，也让郭璞算一卦，郭璞断定："无成。"郭璞断朝廷之举为大吉，断王敦之举为无成，本来已有疑心的王敦，与郭璞有了下面的对话：

> "卿更筮吾寿几何？"答曰："思向卦，明公起事，必祸不久。若住武昌，寿不可测。"敦大怒曰："卿寿几何？"曰："命尽今日日中。"[4]

王敦恼羞成怒，将郭璞杀了。郭璞在行刑前告诉刽子手，说自己会在一对柏树下被杀，树上有一个大喜鹊窝。在王敦幕府供职的郭璞，早就预言

---

[1] （唐）房玄龄等撰：《晋书》卷七《康帝纪》，中华书局 1974 年版，第 187 页。

[2] （唐）房玄龄等撰：《晋书》卷十《恭帝纪》，中华书局 1974 年版，第 270 页。

[3] （唐）房玄龄等撰：《晋书》卷六十五《王导传》，中华书局 1974 年版，第 1760 页。

[4] （唐）房玄龄等撰：《晋书》卷七十二《郭璞传》，中华书局 1974 年版，第 1909 页。

"杀我者山宗"①,事实证明果然如他所言。

郭璞的个性,在《晋书》本传的这段话里颇可管窥:

> 明帝之在东宫,与温峤、庾亮并有布衣之好,璞亦以才学见重,埒于峤、亮,论者美之。然性轻易,不修威仪,嗜酒好色,时或过度。著作郎干宝常诫之曰:"此非适性之道也。"璞曰:"吾所受有本限,用之恒恐不得尽,卿乃忧酒色之为患乎!"②

郭璞著述颇多,卜筮、易学方面的著作有《洞林》《新林》《卜韵》等篇,训诂方面,他注释了《尔雅》《三苍》《方言》《穆天子传》《山海经》《楚辞》《子虚赋》《上林赋》等,还作有诗、赋、诔、颂等作品。

房玄龄评价郭璞的文学成就,说他"袭文雅于西朝,振辞锋于南夏,为中兴才学之宗矣"③。而对他的方术、卜筮行为,则叹息道:"仲尼所谓攻乎异端,斯害也已,悲夫!"④

郭璞与茶的渊源,《茶经·一之源》载:"郭弘农云:'早取为茶,晚取为茗,或曰荈耳。'"这是引郭璞在《尔雅》注解中说过的内容。

---

① (唐)房玄龄等撰:《晋书》卷七十二《郭璞传》,中华书局 1974 年版,第 1909 页。
② (唐)房玄龄等撰:《晋书》卷七十二《郭璞传》,中华书局 1974 年版,第 1905 页。
③ (唐)房玄龄等撰:《晋书》卷七十二《郭璞传》,中华书局 1974 年版,第 1913 页。
④ (唐)房玄龄等撰:《晋书》卷七十二《郭璞传》,中华书局 1974 年版,第 1913 页。

权臣桓温,爱茶如命

陆羽《茶经·七之事》历数晋代饮茶者,其中列举有"桓扬州温",即桓温。

桓温(312—373),字元子,为史上著名的权臣之一。桓温是宣城太守桓彝之子,出生还没满周岁,温峤便称他有奇骨,视其为英物,故而起名为温。"温豪爽有风概,姿貌甚伟,面有七星。"[1]刘惔是桓温早年好友,称他的样貌仅次于孙权、司马懿之流。

桓温尚南康长公主,为晋明帝的驸马。庾翼与桓温关系不错,便劝明帝不要把桓温仅仅当成普通的女婿。庾翼卒后,桓温都督荆梁四州诸军事、安西将军、荆州刺史、领护南蛮校尉、假节。桓温得以镇守长江上游荆州这一战略要地,这是日后崛起的关键因素。

素有野心的桓温,必先立下功勋以扩大自身势力。趁着成汉政权在李势执掌下转为微弱,桓温便于永和二年(346),率众西伐。在成都附近的笮桥之战中,鼓吏误鸣进鼓,侥幸大胜,李势自缚请降,送于京师。桓温回军江陵,进位征西大将军、开府,封临贺郡公。

平定蜀地后,桓温进而请求北伐。朝廷担心桓温坐大,以扬州刺史殷浩牵制桓温,但桓温并不忌惮殷浩,颇有独立王国的感觉:"八州士众资调,殆不为国家用。"[2]最终桓温在殷浩北伐失利时借机上奏,废殷浩为庶人。

此后,桓温先后三次大举北伐。

---

① (唐)房玄龄等撰:《晋书》卷九十八《桓温传》,中华书局1974年版,第2568页。
② (唐)房玄龄等撰:《晋书》卷九十八《桓温传》,中华书局1974年版,第2569页。

第一次北伐,桓温于永和十年(354)从江陵出兵突入关中讨伐前秦,攻破白鹿原,进据霸上,当地百姓"持牛酒迎温于路者十八九,耆老感泣曰:'不图今日复见官军!'"①但因军粮不继,加上苻健坚壁清野,桓温只好撤军。

第二次北伐,桓温于永和十二年(356)征讨姚襄,亲自在伊水督战,姚襄大败。桓温收复洛阳,拜谒先帝陵墓,修缮被毁诸陵,还派人守卫。桓温上疏朝廷还都洛阳,让永嘉之乱后流落江南的人,都北徙河南,返回故乡。但桓温的建议未被采纳。

太和四年(369),桓温第三次北伐,与前燕将领慕容垂等人战于枋头,再次遭遇军粮问题,桓温大败。

桓温北伐,志在觊觎司马氏政权,故失利之后,先立功、后夺权的计划泡了汤,只好行废立之计,于是废司马奕为海西公,转立简文帝。桓温为巩固权力,对朝臣大开杀戒,当权的势家庾氏、殷氏家族自然难逃大祸。当时桓温权势显赫,侍中谢安远远见到他竟然遥相揖拜,弄得桓温大惊失色:"安公,您这是咋回事啊!"谢安说:"我可不能在您行礼之后再相揖让啊。"

但桓温最终没能玩过以谢安为代表的门阀士族,病倒以后,桓温催促朝廷给自己加九锡,这是当时皇帝禅位前的必经步骤,但谢安、王坦之得知桓温病危,就故意拖延,结果桓温没能等到加九锡就死了。

桓温曾当众宣称:"既不能流芳后世,不足复遗臭万载邪!"②为一逞平生之志而敢于遗臭万年,桓温倒不失豪雄之气。但当时王、谢家族势力对于桓温来说,是很难摆平的一大障碍,桓温最终成为权臣弄柄失败的典型之一。

《晋书》将桓温与逆臣王敦并列立传,褒贬之意自然可知。桓温认为自己的雄姿气度可与司马懿、刘琨媲美,可偏偏有人说他与王敦很相像。在第一次北伐时,刘琨当年的伎女一见到桓温便潸然而泣,原因是她觉得桓温很像刘琨,桓温听后高兴坏了。不过,当桓温整理衣冠让老婢看个仔细时,老

---

① (唐)房玄龄等撰:《晋书》卷九十八《桓温传》,中华书局1974年版,第2571页。
② (唐)房玄龄等撰:《晋书》卷九十八《桓温传》,中华书局1974年版,第2576页。

婢是这样将他和刘琨比较的:"面甚似,恨薄;眼甚似,恨小;须甚似,恨赤;形甚似,恨短;声甚似,恨雌。"①桓温听完这席话,难受得昏睡了好几天。

陆羽《茶经·七之事》载:"《晋书》:'桓温为扬州牧,性俭,每燕饮,唯下七奠柈茶果而已。'"陆羽所引材料与《晋书》桓温本传略异:"温性俭,每燕惟下七奠柈茶果而已。"②看来,虽然是权臣,桓温倒是有俭德,有茶喝解渴,有果饱腹,亦足以为乐了。

---

① (唐)房玄龄等撰:《晋书》卷九十八《桓温传》,中华书局1974年版,第2571页。
② (唐)房玄龄等撰:《晋书》卷九十八《桓温传》,中华书局1974年版,第2576页。

谁是茶赋的首创者？

陆羽《茶经·七之事》述晋代茶事，举及"杜舍人育"，即杜育。陆羽在《四之器》中两度引杜育："晋舍人杜毓《荈赋》云：'酌之以匏'。""晋杜毓《荈赋》所谓：'器择陶拣，出自东瓯'"。《五之煮》论择水之道，陆羽说："其水，用山水上，江水中，井水下。"原注中再次引杜育："《荈赋》所谓'水则岷方之注，挹彼清流。'"

上文"杜毓"当为"杜育"之误。陆羽三次引杜育《荈赋》，可见杜育对陆羽的影响之深。

杜育，字方叔，襄城邓陵人，司马懿的军师杜袭之孙，幼年号称神童，成人后风姿英发，才藻过人，时人誉为"杜圣"。杜育曾为汝南太守、国子祭酒。《晋书·贾谧传》载，惠帝时期贾后弄权，其侄贾谧权过人主，招揽名流宾客，号曰"二十四友"，杜育与石崇、欧阳建、潘岳、陆机、陆云、左思、刘琨等人是这一集团中的成员。

傅祗是傅咸从父弟，《晋书·傅祗传》载："及伦败，齐王冏收侍中刘逵、常侍骓捷、杜育、黄门郎陆机、右丞周导、王尊等付廷尉。"[1]司马伦灭皇后贾南风及党羽后，废惠帝自称为帝，齐王司马冏联合河间王司马颙、成都王司马颖乘机起兵讨伐，司马伦一党被消灭，杜育在这一过程中被问罪。

《晋书·刘琨传》载："刘乔攻范阳王虓于许昌也，琨与汝南太守杜育等率兵救之。"[2]这一记载的前因后果是，在八王之乱中，晋惠帝于永兴二年

---

① （唐）房玄龄等撰：《晋书》卷四十七《傅祗传》，中华书局1974年版，第1332页。
② （唐）房玄龄等撰：《晋书》卷六十二《刘琨传》，中华书局1974年版，第1680页。

（305）被张方劫持到长安，司马虓等人推举东海王司马越为盟主，豫州刺史刘乔不接受司马越等人节制，乘虚进攻许昌，杜育便出兵营救，但司马虓很快就吃了败仗。后来司马虓击败刘乔，河间王司马颙派人杀死张方，司马越和司马虓西迎晋惠帝返回洛阳。

在洛阳陷落前，杜育为贼所杀。杜育著有《易义》《杜育文集》两卷，清严可均所辑《全晋书》收录杜育《荈赋》等五篇作品。

《荈赋》传世有如下文字："灵山惟岳，奇产所钟，厥生荈草，弥谷被岗。承丰壤之滋润，受甘霖之霄降。月惟初秋，农功少休，结偶同旅，是采是求。水则岷方之注，挹彼清流；器择陶简，出自东隅；酌之以匏，取式公刘。惟兹初成，沫沉华浮，焕如积雪，晔若春敷。若乃淳染真辰，色责青霜。白黄若虚。调神和内，解慵除倦。"

短短的文字中，信息量不可谓不丰，涉及茶叶的诸多方面。如：茶的生长环境，处于挺拔高耸、物产新奇的高山，有肥沃的土壤滋润其根，有甘露雨雾降临其上；当时茶树的种植规模，已漫遍山谷坡岭；《荈赋》的吟咏对象为"荈"，郭璞谓"早采者为茶，晚取者为茗，一名荈"。为此，该赋写的就是秋茶，故采摘季节在初秋时节，农事稍闲的时候；采茶时，人们结伴而往，透露出早期的采茶活动既已夹杂着浓浓的雅文化气息；茶之择水，注入岷江流域的山泉成为上佳之选，泉流漫淌，清澈甘洌，正好煮茶；茶之择器，陶瓷合宜，且东部越窑的瓷器当为上品；茶之酌饮，依《诗经·大雅·公刘》"酌之用匏"，取法周代率部迁居于豳的先祖公刘，以葫芦瓢酌分茶汤；茶之精华，沫饽上浮，闪亮如白雪，灿烂如春花；茶之功效，调节精神，安和内心，消除疲倦，开解慵懒。

可见，杜育从各个环节对茶都作了精炼的描述，该赋成为存世文献中最早歌咏茶的诗赋类作品，算得上中国茶文学的肇始之作。苏东坡如此评论杜育《荈赋》："赋咏谁最先，厥传惟杜育。唐人未知好，论著始于陆。"

王导茶会中的咄咄怪事

陆羽《茶经·七之事》点名晋代茶人,其中有"乐安任育长"。该篇记载任育长的故事如下:

> 《世说》:任瞻,字育长,少时有令名,自过江失志。既下饮,问人云:"此为茶?为茗?"觉人有怪色,乃自申明云:"向问饮为热为冷耳。"

任育长即任瞻,自小名声在外,不过,南渡江左后便不再有往日的志气了。在一次喝茶时,他问别人:"这是茶,还是茗呢?"任育长的问题让在场的人莫名其妙,他便解释说:"我问的是茶是热的还是凉的。"据任瞻的逻辑,茶指的是热茶,茗指的是凉茶。这和郭璞《尔雅》注所说的"早取为茶,晚取为茗",显然大异其趣了。

陆羽这里提到的《世说》,即南朝宋刘义庆所编《世说新语》,其中的《纰漏》篇记载了任育长的一则逸事,《茶经》摘取了其中的片段:

> 任育长年少时,甚有令名。武帝崩,选百二十挽郎,一时之秀彦,育长亦在其中。王安丰选女婿,从挽郎搜其胜者,且择取四人,任犹在其中。童少时,神明可爱,时人谓育长影亦好。自过江,便失志。王丞相请先度时贤共至石头迎之,犹作畴日相待,一见便觉有异。坐席竟,下饮,便问人云:"此为茶为茗?"觉有异色,乃自申明云:"向问饮为热为冷耳。"尝行从棺邸下度,流涕悲哀。王丞相闻之曰:"此是有情痴。"《晋百官名》曰:"任瞻字育长,乐安人。父琨,少府卿。瞻历谒者、仆射、都尉、天门太守。"①

---

① (南朝宋)刘义庆编,张万起、刘尚慈译注:《世说新语译注·纰漏》,中华书局1998年版,第929页。

《世说新语》中为了说明任育长年少时名声好，提了三个细节来证明。

一是晋武帝司马炎的葬礼上，任育长是 120 个挽郎之一，为灵车拉挽绳。东汉时，帝王帝后的灵车系着六行长 30 丈的挽绳，每行 50 人，公卿以下子弟总共 300 人拉着，随灵车缓缓前行，这阵势自然庄严肃穆。挽郎以公卿六品清官子弟为之，到晋武帝时已减为 120 人。晋成帝皇后杜氏去世时有司奏请的挽郎人数为 60 人，孝武帝皇后王氏崩后有司奏选挽郎 24 人，但都未被诏准。任育长既然能入选挽郎，自然在当时为公卿子弟中属于青年才俊。

二是出自门阀高第琅琊王氏、以清谈著称的王戎，从挽郎中挑选女婿，四个候选人中就有任育长。王戎多年负责官员的选拔，识人本领可想而知，任育长能入其法眼，其品貌自然出众。王戎的一个女婿，就是以"崇有论"而史上留名的思想家裴颜。

三是任育长打小时就很聪明可爱，颇得时人赞誉。

不过，晋室南渡，任育长被时代的大潮所裹挟，到了江左，就大变样了。协助司马睿建立东晋政权的琅琊人王导，还带着先行渡江的贤臣到石头城迎接任瞻。阅人无数的王导，对任瞻还是凭着老印象来看待，可他一见面，便觉察出任瞻已判若两人了。而任瞻在设茶时的提问，便是在这次王导的招待会中发出的。作为丞相的王导以茶待宾客，可见东晋时茶的流行。而茶会，成为王导笼络天下英才的上流社会活动之一。

任瞻历任谒者、仆射、都尉、天门太守等职，也算是官位不小了。有一次，任瞻经过一棺材铺，便伤心落泪。王导听说此事后，说他乃痴人一枚。看来，任瞻还是一个多愁善感、悲悯众生的有情人。

死了都爱喝！志怪小说中的茶痴

陆羽《茶经·七之事》所举晋代茶人茶事，其中包括"沛国夏侯恺""余姚虞洪""宣城秦精""剡县陈务妻""广陵老姥"，有意思的是，这些人都是志怪小说中的人物。

我们不妨来看看《七之事》所引志怪小说中和茶有关的奇异故事。

《搜神记》："夏侯恺因疾死。宗人字苟奴察见鬼神。见恺来收马，并病其妻。著平上帻，单衣，入坐生时西壁大床，就人觅茶饮。"

今本《搜神记》与《茶经》所引文字稍有出入："夏侯恺，字万仁，因病死。宗人儿苟奴素见鬼。见恺数归，欲取马，并病其妻，着平上帻，单衣，入坐生时西壁大床，就人觅茶饮。"①

东晋干宝所作《搜神记》载，夏侯恺病死后，族人苟奴看到了他变成鬼后回来取马，把妻子也弄病了。夏侯恺头戴平顶头巾，身穿单衣，坐在生前睡的西墙边床上，还找人要茶喝。夏侯恺死后还回来找茶喝，可见乃一茶痴。

《神异记》："余姚人虞洪入山采茗，遇一道士，牵三青牛，引洪至瀑布山曰：'吾，丹丘子也。闻子善具饮，常思见惠。山中有大茗，可以相给。祈子他日有瓯牺之余，乞相遗也'。因立奠祀，后常令家人入山，获大茗焉。"

晋代王浮所撰《神异记》记载的这个故事中，虞洪上山采茶时，遇到一位牵着三头青牛的道士，带着他来到瀑布山，对他说："我是丹丘子，听说你擅长

---

① （晋）干宝：《搜神记》卷十六《苟奴见鬼》，中华书局2012年版，第358页。

烹茶，老想着能分享。这座山里有大茶树，可以供你采摘，希望日后你喝不完的茶，可以送我喝。"《七之事》点到四位汉代茶人，其中就有"仙人丹丘子"。虞洪随后时时以茶汤祭奠丹丘子，果然家人在山里发现了大茶树。仙人丹丘子爱好茶，说明茶在道教中的影响。虞洪在仙人指引下找到的茶树，当为野生古茶树，晋时已很大，说明那时已有树龄数百上千年的野生茶树了。

《续搜神记》："晋武帝世，宣城人秦精，常入武昌山采茗。遇一毛人，长丈余，引精至山下，示以丛茗而去。俄而复还，乃探怀中橘以遗精。精怖，负茗而归。"题为东晋陶潜所撰的《续搜神记》记载，晋武帝司马炎时期，宣城人秦精在采茶时也碰到了奇事，一丈多高的毛人不仅给他指路找到了一片茶树，还采来野生橘子送给他。秦精被这一礼遇吓着了，背着茶叶就往回走。

《异苑》："剡县陈务妻，少与二子寡居，好饮茶茗。以宅中有古冢，每饮辄先祀之。儿子患之，曰：'古冢何知？徒以劳意！'欲掘去之。母苦禁而止。其夜，梦一人云：'吾止此冢三百余年，卿二子恒欲见毁，赖相保护，又享吾佳茗，虽潜壤朽骨，岂忘翳桑之报。'及晓，于庭中获钱十万，似久埋者，但贯新耳。母告二子，惭之，从是祷馈愈甚。"晋宋时期刘敬叔（390—470）所作的《异苑》讲了一个爱茶的寡妇的故事。寡妇因住处有以古墓，每次喝茶时便先祭祀一下。两个儿子感觉不可理喻，便说："古墓哪里能懂你这么做，别白费劲了！"儿子想把古墓掘了，母亲苦苦相劝，古墓才躲过一劫。当夜，寡妇梦见一人说："我在这墓中住了三百多年，幸亏您高抬贵手，才没被您儿子毁掉我的墓。您又让我分享好茶，尽管我只是冢中枯骨，哪会忘掉您的恩情呢！""翳桑之报"出自《左传·宣公二年》，说的是晋国大臣赵盾在翳桑打猎时，遇见饿得奄奄一息的灵辄，便让他吃了东西救了他一命。后来晋灵公埋伏甲士想杀赵盾，结果其中一个甲士救了他。原来，这个甲士正是赵盾救过的那个人，在关键时刻报答了他的一饭之恩。常给古墓中的枯骨享用好茶的寡妇，也得到了报答，在院子里突然出现了10万铜钱，似乎已埋在地下很久了，只是穿钱的绳索还很新。寡妇把这一奇遇讲给两个儿子听，儿子们很不好意思，从此一家人更加诚心地以茶祭奠古墓中的亡灵。

看来，爱茶的人把古墓中的亡灵都看成了同好，结果还真的生者与逝者都很爱茶，好茶者，分享茶者，都会有好报。

> 《广陵耆老传》："晋元帝时有老姬，每旦独提一器茗，往市鬻之，市人竞买。自旦至夕，其器不减，所得钱散路傍孤贫乞人，人或异之。州法曹絷之狱中。至夜，老姬执所鬻茗器，从狱牖中飞出。"

《广陵耆老传》作者不详，它讲的还是一个老妇人的故事，只是这个老人来历颇为神秘，当是有法力的人物。老人在东晋司马睿时期，每天早上提着卖茶的器物，到市场上把茶卖掉，生意还很不错。神奇的是，老人茶器中的茶从早到晚都不见少，她卖得的钱用来搞慈善，接济路边的孤儿、穷人和乞丐，人们对老人的神奇之处自然觉得很奇怪。那时的州官，便扮演了今天城管的角色，把老人关进了狱中。到了夜里，老人带着卖茶的器具，从监狱的窗户中飞出去了。

这一神怪故事说明，在东晋时便有了当街卖茶的行当，买主还很踊跃。看来，那时候喝茶慢慢成为市井百姓的一大偏好。

不仅如此，从陆羽所摘录的志怪小说中的故事可以看出，不仅活着的普通百姓爱喝茶，甚至买茶喝，死去的人似乎也很享用喝茶的感觉；不仅亡灵、仙人报答茶祀之恩，连山中的野人都不忘记向探索茶树的人们，提供最直接有效的信息。

高僧单道开：日饮茶苏一二升

陆羽《茶经》记载了三位僧人的饮茶故事，《七之事》载："《艺术传》：'敦煌人单道开，不畏寒暑，常服小石子，所服药有松、桂、蜜之气，所饮茶苏而已。'"所谓茶苏，当为加入紫苏调制的茶饮。

《艺术传》出自唐房玄龄所著《晋书》，《晋书》卷九十五为单道开立传。据此，单道开是敦煌人，经常穿着粗布衣服，别人送他丝织服装，他都不穿，原来他有非同常人的特异功能："不畏寒暑，昼夜不卧。"①僧家坐禅，饮之以茶，自然可以防瞌睡。不仅可以不睡觉，单道开吃饭也迥异常人："恒服细石子，一吞数枚，日一服，或多或少。"②在吃小石子之前，《高僧传》说他"绝谷饵柏实。柏实难得，复服松脂。"③单道开不吃饭，吃的是柏树的果实，柏树的果实难找到，转而吃松脂。柏树果、松脂、小石子，这些令人惊奇的食物，伴以姜和辣椒，就是单道开的服食之道，坚持了七年后，便有了不穿不睡的特异功能了。和他一起这样吃法的同道，要么死了，要么半途而废，只有单道开坚持了十年之久。

不仅吃穿睡觉超凡脱俗，单道开还是徒步之王。阜陵太守派人送马来迎接单道开，他不骑马，而选择步行，"三百里路一日早至"④。简直是飞毛腿了。这还不算，还有更快的，后赵皇帝石虎建武十二年，单道开从西平

---

① （唐）房玄龄等撰：《晋书》卷九十五《单道开传》，中华书局1974年版，第2491页。
② （唐）房玄龄等撰：《晋书》卷九十五《单道开传》，中华书局1974年版，第2492页。
③ （梁）慧皎：《高僧传》卷九《晋罗浮山单道开》，陕西人民出版社2010年版，第569页。
④ （梁）慧皎：《高僧传》卷九《晋罗浮山单道开》，陕西人民出版社2010年版，第569页。

(今青海西宁)到南安(今四川乐山),"一日行七百里"①。走路和开车差不
多快了。

石虎的太史上奏说,天上出现了仙人星,应该有高人入境了。石虎便敕
令各地,如果发现了奇人便即刻上报。结果,秦州刺史上表将单道开送到了
后赵首都邺城。单道开先后在法綝祠、昭德寺入住。"少怀栖隐,诵经四十
余万言"②的单道开在寺中造了八九丈高的阁楼,又在其间用菅草编织了一
个禅室,经常坐在里面修炼。石虎送给他的丰厚赏品,他都施舍出去。向往
修行成仙的人来请教,单道开也闭口不答。但单道开的学问水平,则可以从
下面的细节中考察:"季龙令佛图澄与语,不能屈也。"③

佛图澄是当时最有名的佛学大师,也不能让单道开折服,可见单道开真
正辩论起来,口才也是很犀利的。

单道开还是个眼科专家,石虎的儿子秦公石韬,就让单道开治好了眼
疾。"佛图澄曰:'此道士观国兴衰,若去者,当有大灾。'"④果不其然,石虎
太宁元年(349),单道开和弟子南下许昌,石虎"子侄相杀,邺都大乱"⑤。
十年之后,单道开南渡江左,到了建业。不久隐居于罗浮山。"独处茅茨,
萧然物外。"⑥活到一百多岁,在罗浮山去世。单道开让弟子把自己的尸身
置于石穴中,后来南海太守袁宏和弟弟袁颖叔、沙门支法防一起登罗浮山,
到石室门口,还见到了单道开的遗骸。

《晋书·单道开传》记载:"日服镇守药数丸,大如梧子,药有松蜜姜桂
伏苓之气,时复饮荼苏一二升而已。"⑦比陆羽的记载更为详细,且从这里可
知单道开一天的饮茶量有一二升,看来这是一位有着道家气质的嗜茶如命
的高僧。

单道开建禅室,饮荼苏,似已露禅茶之端倪。

① (梁)慧皎:《高僧传》卷九《晋罗浮山单道开》,陕西人民出版社2010年版,第570页。
② (梁)慧皎:《高僧传》卷九《晋罗浮山单道开》,陕西人民出版社2010年版,第569页。
③ (唐)房玄龄等撰:《晋书》卷九十五《单道开传》,中华书局1974年版,第2492页。
④ (梁)慧皎:《高僧传》卷九《晋罗浮山单道开》,陕西人民出版社2010年版,第570页。
⑤ (梁)慧皎:《高僧传》卷九《晋罗浮山单道开》,陕西人民出版社2010年版,第570页。
⑥ (梁)慧皎:《高僧传》卷九《晋罗浮山单道开》,陕西人民出版社2010年版,第570页。
⑦ (唐)房玄龄等撰:《晋书》卷九十五《单道开传》,中华书局1974年版,第2492页。

谁是禅茶第一人？

人们常说"禅茶一味"，禅即佛教之禅宗。

> 师问二新到："上座曾到此间否？"云："不曾到。"师云："吃茶去。"又问那一人曾到此间否。云："曾到。"师云："吃茶去。"院主问："和尚，不曾到，教伊吃茶去即且置。曾到，为什么教伊吃茶去？"师云："院主！"院主应诺。师云："吃茶去。"①

这就是禅宗历史上著名的"赵州吃茶去"公案。到与不到，执著两边，在禅宗看来，均为边见，悟到真正的智慧，"吃茶"被佛门视为一大路径。

当然，僧人吃茶的传统断非源自禅宗，而要早得许多。那么，禅茶第一人又是哪位高僧？

南朝宋时的高僧释法瑶，就此进入了人们的视野。

陆羽《茶经》两度提及释法瑶，如《七之事》说到"武康小山寺释法瑶"，同篇又载："释道悦《续名僧传》：'宋释法瑶，姓杨氏，河东人。元嘉中过江，遇沈台真，请真君武康小山寺，年垂悬车，饭所饮茶。大明中，敕吴兴礼致上京，年七十九。'"

释法瑶俗姓杨，当出自名门望族。宋文帝刘义隆元嘉年间（424—453）南渡江左，为沈演之（397—449，字台真）所推重。释法瑶栖止于武康（今浙江湖州市德清县境）小山寺。《续名僧传》提到释法瑶喝茶事，"年垂悬车，饭所饮茶"。悬车，原意为黄昏前，用以指老人 70 岁退休致仕，语出《淮南

---

① （宋）赜藏主编集：《古尊宿语录》卷第十四《赵州（从谂）真际禅师语录之余》，中华书局1994 年版，第 245 页。

子·天文训》："爰止其女,爰息其马,是谓悬车。"① 班固《白虎通·致仕》称
"臣年七十悬车致仕"。② 释法瑶可谓一直到老都爱喝茶,喜欢以茶代饭。

《高僧传》卷七为释法瑶立传,说他"少而好学,寻问万里"③。在宋少
帝刘义符景平年间(423—424)游学于兖豫一带,"贯极众经,傍通异部"④,
成为佛学资深学者。释法瑶在北方地区,受学于东阿静公,即释慧静。释慧
静《高僧传》有传,说他"少游学伊、洛之间,晚历徐、兖"⑤。释法瑶就学于
释慧静,当在慧静晚年时。慧静著有《涅槃略记》,是知名的涅槃学者,"每
法轮以转,辄负帙千人,海内学宾,无不必集"⑥。就是在这样的氛围中,释
法瑶成为其中的出类拔萃者。每次老师讲完,同学都要让释法瑶复述,他的
学术演讲连慧静都自叹不如。

到了江南,释法瑶在小山寺一住就是19年,如果不是被人请去做法事,
他很少步出山门。释法瑶在小山寺开讲佛学,"三吴学者负笈盈衢"⑦。可
见其学问在江南颇有影响。在小山寺,释法瑶为《涅槃经》《法华经》《大品
般若经》《胜鬘经》等经作了义疏。

我们知道,佛教之悟道,曾有顿悟与渐悟之争。汤用彤说:"顿悟渐悟
之争,在宋初称其盛。"⑧而释法瑶,成为这一论争中的主角之一。慧达《肇论
疏》说顿悟有两解,竺道生主大顿悟,支道林、道安、慧远、法瑶、僧肇主小顿
悟。宋文帝刘义隆极力推崇道生的顿悟说,汤用彤说:"道生之顿悟义,宋文
帝极提倡之。"⑨为此,宋文帝将竺道生的弟子道猷招至京师,阐扬其师顿悟

① 刘文典撰:《淮南鸿烈集解》卷三《天文训》,中华书局1989年版,第109页。
② (清)陈立撰:《白虎通疏证》卷六《致仕》,中华书局1994年版,第251页。
③ (梁)释慧皎:《高僧传》卷七《宋吴兴小山释法瑶传》,陕西人民出版社2010年版,第456页。
④ (梁)释慧皎:《高僧传》卷七《宋吴兴小山释法瑶传》,陕西人民出版社2010年版,第456页。
⑤ (梁)释慧皎:《高僧传》卷七《宋东阿释慧静传》,陕西人民出版社2010年版,第412页。
⑥ (梁)释慧皎:《高僧传》卷七《宋东阿释慧静传》,陕西人民出版社2010年版,第412页。
⑦ (梁)释慧皎:《高僧传》卷七《宋吴兴小山释法瑶传》,陕西人民出版社2010年版,第457页。
⑧ 汤用彤:《汉魏两晋南北朝佛教史》,昆仑出版社2006年版,第536页。
⑨ 汤用彤:《汉魏两晋南北朝佛教史》,昆仑出版社2006年版,第577页。

义。道猷与对手辩论,机锋精彩处,宋文帝拍手称快,"帝乃抚几称快"①。宋文帝驾崩后,其第三子宋武帝刘骏又敕令释法瑶进京,"与道猷同止新安寺,使顿、渐二悟义各有宗"②。可见,释法瑶是作为渐悟派的代表人物而被召入新安寺的。释法瑶主张渐悟,恐怕与他的学术思想成熟于北方,受慧静影响所致。具体而言,释法瑶与竺道生的思想有着微妙差异,此处就不赘述了。

据《宋书·王僧达传》所载,吴郡太守王僧达曾派主簿顾旷带人劫夺了释法瑶的财物,得数百万之巨,可见释法瑶为沙门中的富者。但是,"瑶年虽栖暮,而蔬苦弗改,戒节清白,道俗归焉"③。可见,释法瑶是深得佛门清规与禅茶之精洁的。汤用彤评价他"或者瑶虽受施甚厚,而其自奉则甚薄也"④。在这一意义上,视释法瑶为禅茶第一人,也是说得过去的。

---

① (梁)释慧皎:《高僧传》卷七《宋京师新安寺释道猷传》,陕西人民出版社 2010 年版,第458 页。
② (梁)释慧皎:《高僧传》卷七《宋吴兴小山释法瑶传》,陕西人民出版社 2010 年版,第457 页。
③ (梁)释慧皎:《高僧传》卷七《宋吴兴小山释法瑶传》,陕西人民出版社 2010 年版,第457 页。
④ 汤用彤:《汉魏两晋南北朝佛教史》,昆仑出版社 2006 年版,第 587 页。

高僧藏茶，王子直呼甘露

　　陆羽在《茶经·七之事》中提到的第三位高僧为南朝刘宋时期的昙济："《宋录》：'新安王子鸾、豫章王子尚，诣昙济道人于八公山。道人设茶茗。子尚味之曰：'此甘露也，何言茶茗？'"

　　据梁宝唱所撰《名僧传抄》，昙济是河东人，13岁就出家了，住在八公山的东寺。前来拜访昙济的可不是一般人物，而是两位王爷，都是刘宋孝武帝刘骏（430—464）的儿子。在孝武帝28个儿子中，这两位也算重要人物了。

　　刘子鸾（456—465），字孝羽，是孝武帝第八子，5岁时就封襄阳王，后改封新安王。先后任吴郡太守、南徐州刺史、南琅邪太守、司徒、中书令等职。刘子鸾成为宠遇有加的人物，得之于生母殷淑仪为皇上的爱妃，"宠倾后宫，子鸾爱冠诸子，凡为上所盼遇者，莫不入子鸾之府、国"①。

　　刘子鸾备受宠爱，甚至让刘骏产生过废太子的念头。据《宋书》袁顗本传载："大明末，新安王子鸾以母嬖有盛宠，太子在东宫多过失，上微有废太子，立子鸾之意。"②多亏袁顗"盛称太子好学，有日新之美"。刘骏才打消了废太子的念头，前废帝刘子业继位后，一方面感谢袁顗的恩情，升他为吏部尚书，一方面对夺宠日久的刘子鸾怀恨在心，将他免为庶人，不久将其赐死。"子鸾临死，谓左右曰：'愿身不复生王家。'"③

　　豫章王刘子尚（450—465），字孝师，是孝武帝刘骏的二儿子。刘子尚的同胞兄长就是前废帝刘子业。刘子尚六岁封西阳王，后改封豫章王，担任

---

①　（梁）沈约撰：《宋书》卷八十《孝武十四王传》，中华书局1974年版，第2063页。

②　（梁）沈约撰：《宋书》卷八十四《袁顗传》，中华书局1974年版，第2149页。

③　（梁）沈约撰：《宋书》卷八十《孝武十四王传》，中华书局1974年版，第2065页。

过都督南徐、兖二州诸军事,北中郎将,南兖州刺史,扬州刺史,都督扬州江州之鄱阳、晋安、建安三郡诸军事,会稽太守,开府仪同三司,尚书令等职。起初,因为是太子的弟弟,又是皇后所生,刘骏对刘子尚还是多有留心。后来因宠幸殷贵妃,便将父爱转移到了刘子鸾身上,刘子尚自然就不如以前得宠了。也许正因如此,刘子尚便有点自暴自弃,"既长,人才凡劣,凶愚有废帝风"①。宋明帝刘彧杀掉刘子业后,便以太皇后的名义,下令刘子尚在家自尽,16 岁就结束了生命。

子鸾、子尚兄弟,是宋、齐两朝皇室成员疯狂自相残杀的血光之灾中的牺牲品。而当他们一道拜访昙济时,还是风光无限的少年王爷。昙济拿出了最好的茶来招待两位王爷,刘子尚品著后感觉甚好,以至于问昙济:"这不就是传说中的甘露嘛,怎么会是茶呢?"

可见,昙济的茶是多么地让人回味了。

昙济不仅有好茶,还有非常高深的学问,其师为鸠摩罗什的弟子僧导。昙济"读成实,论涅槃,以夜继日,未常安寝"②。《成实论》为中天竺僧诃梨跋摩所作,探讨佛教苦、集、灭、道"四谛"的成因,译者鸠摩罗什门下,形成了以僧导、僧嵩为核心的寿春、彭城两大成实学流派。昙济刻苦勤学,学业大进,加上口才非凡,为成实师寿春系的一代宗师,"年始登立,誉流四海"③。孝武帝刘骏于大明二年(458)将昙济请到京师,昙济便在中兴寺弘法。

刘宋时期,佛教般若学成为显学,对于般若学流传入中土而形成的"六家七宗",昙济也颇有研究。唐释元康《肇论疏》说:"梁朝释宝唱,作《续法论》一百六十卷云,宋庄严寺释昙济作《六家七宗论》。论有六家,分成七宗。第一本无宗,第二本无异宗,第三即色宗,第四识含宗,第五幻化宗,第六心无宗,第七缘会宗。本有六家,第一家分为二宗,故成七宗也。"④昙济

---

① (梁)沈约撰:《宋书》卷八十《孝武十四王传》,中华书局 1974 年版,第 2059 页。

② (梁)释宝亮:《名僧传抄》,载《卍新纂续藏经》第 77 册。

③ (梁)释宝亮:《名僧传抄》,载《卍新纂续藏经》第 77 册。

④ (唐)释元康:《肇论疏》卷上,[日]大正一切经刊行会:《大正新修大藏经》第 45 册,第 163 页。

对六家七宗的辨别,成为日后研究般若学流派不可回避的一环。

《名僧传抄》还留下了昙济论述本无宗的珍贵材料:

> 著《七宗论》,第一本无立宗,曰:如来兴世,以本无弘教,故《方等》深经,皆备明五阴本无。本无之论,由来尚矣。何者?夫冥造之前,廓然而已,至于元气陶化,则群像禀形,形虽资化,权化之本,则出于自然,自然自尔,岂有造之者哉?由此而言,无在元化之先,空为众形之始,故称本无,非谓虚豁之中,能生万有也。夫人之所滞,滞在未有,苟宅心本无,则斯累豁矣。夫崇本可以息末者,盖此之谓也。[1]

可惜的是,昙济的《六家七宗论》已湮没不存,后人只能从只鳞片爪中去探寻般若学历史的点滴了。

昙济作为一名高僧,他的茶能被贵为皇子的王爷兄弟所叹赏,可见他的品位之高。当然,昙济有好茶可能亦得地利之便,八公山邻近寿州,"寿州黄芽"即为茗茶。

谢灵运的《山居赋》,还留下了昙济选择山水之美的情趣。"昙济道人住孟山,名曰孟埭,芋薯之畷田。清溪秀竹,回开巨石,有趣之极。此中多诸浦涧,傍依茂林,迷不知所通,嵚崎深沉,处处皆然,不但一处。"[2]

选择如此秀邃、幽美的所在研习佛法,昙济的品位自然非比常人,他爱品茗,且藏有茶中极品,我们也就无须惊奇了。

上述与高僧有关的饮茶记载,显示了僧人在茶文化的推广中扮演的重要角色。饮茶之风在唐代日益兴盛,禅宗可谓居功厥伟。而茶能广泛流行于北方,不能不提到一个幕后推手:泰山降魔藏禅师。《封氏闻见记》载:

> 开元中,泰山灵岩寺有降魔师大兴禅教,学禅务于不寐,又不夕食,皆许其饮茶。人自怀挟,到处煮饮。从此转相仿效,逐成风俗。自邹、齐、沧、棣,渐至京邑。城市多开店铺煎茶卖之,不问道俗,投钱取饮。其茶自江、淮而来,舟车相继,所在山积,色额甚多。[3]

开元是唐玄宗隆基的年号,起自713年,终于741年,茶圣陆羽即诞生于此

---

① (梁)释宝亮:《名僧传抄》,载《卍新纂续藏经》第77册。

② 《山居赋》,(梁)沈约撰《宋书》卷六十七《谢灵运传》,中华书局1974年版,第1759页。

③ (唐)封演撰,赵贞信校注:《封氏闻见记校注》卷六《饮茶》,中华书局2005年版,第51页。

间。正是在开元盛世期间,泰山灵岩寺降魔藏禅师让茶在参禅打坐的修行活动中扮演了重要角色,使得民间俗人纷纷效仿,饮茶之风遂在北方地区大行其道,河南河北,齐鲁大地,乃至东西两京,茶饮流行蔓延,催生了一门经营煎茶的新生意,而南茶北运,使得大运河上舟船相继,蔚为盛景。

这则记载,让降魔藏禅师以幕后推手的角色成为南茶北入历史中的重要人物。从这一记录中透露的信息,我们可以看到,禅师之所以要饮茶,"不寐"是一重要原因,也就是说,不能在坐禅时昏昏入睡,而茶正好是绝佳的帮手。

《封氏闻见记》这则记载还说禅师"不夕食",也就是过午不食,这意味着也需要茶来提振精神。

《茶经·七之事》所引《本草·木部》还说:"秋采之苦,主下气消食。"秋天采的茶味苦,能通气,助消化。而久坐不利消化,禅师正好需要茶来帮忙尽快消去腹中积食。

由此,防瞌睡、促消化、助入定,使得茶成为坐禅不可或缺的神奇灵物,茶在禅宗中流行,自然是顺理成章的事情。

降魔藏禅师之所以能成为南茶北上的重要推手,是因为其在北禅宗中乃不可小觑的高僧。

降魔藏禅师在《宋高僧传》和《景德传灯录》中均有传。降魔藏禅师是赵郡人(今河北赵县),俗姓王,父亲是亳州掾吏。降魔藏七岁出家,他的法号来历,有点传奇色彩:"藏七岁,只影闲房,孤形迥野,尝无少畏。至年长,弥见挺拔,故号降魔藏欤。"①后来皈依广福院明赞禅师出家,明赞禅师让他诵《法华经》,一个月之后,竟然能把整部经背诵下来。

随着五祖弘忍的弟子神秀开创的北禅宗开始盛行,降魔藏禅师立誓参学北宗禅法,投奔神秀,如愿成为神秀的弟子。

后来,降魔藏来到了泰山灵岩寺弘传北宗禅法。"数稔,学者云集。"②没几年就弟子如云,可见降魔藏在泰山行禅的影响力。降魔藏在泰山弘法,

① (宋)赞宁:《宋高僧传》卷第八《唐兖州东岳降魔藏师传》,中华书局 1987 年版,第 190 页。
② (宋)道原著,顾宏义译注:《景德传灯录译注》卷第四《兖州降魔藏禅师》,上海书店出版社 2009 年版,第 241 页。

直至 91 岁示灭。

　　降魔藏在北禅宗算得上颇具实力和地位的宗教领袖，以他的影响力在禅门中推行茶饮，自然会相当有效。

茶,怀想的滋味

陆羽《茶经·七之事》摘引了南朝宋时的诗人王微的《杂诗》:"寂寂掩高阁,寥寥空广厦。待君竟不归,收领今就槚。"诗中的主人公孤独寂寥,守望远征夫君未果,只好以茶解闷。可见,诗人王微已发觉了茶能解忧,这是从精神层面上发掘茶的功效,使得茶附加了丰富的人文意涵。茶之所以具有经久不息的魅力,其秘密恐怕也在此中。

王微,字景玄,琅邪临沂人。《宋书》为王微立传,云:"微少好学,无不通览,善属文,能书画,兼解音律、医方、阴阳术数。"①除了文才诗才,王微还擅长书法、绘画,懂音乐,会医药,还通晓阴阳方术。宋太祖刘义隆因为王微擅长卜筮,给他赐名为著。以上种种,可知王微算得上是通才。

王微16岁时成为州举秀才,起家司徒祭酒,曾任太子中舍人等职。父亲去世后,王微守孝去官,服除之后,也没兴致继续做官,朝廷的各种任命,一概推辞。

王微在给何偃的信中,自称"吾真庸性人耳"②,王微举例说:"小儿时尤粗笨无好,常从博士读小小章句,竟无可得,口吃不能剧读,遂绝意于寻求。至二十左右,方复就观小说。"③王微说自己小时候跟着博士读章句,实在应付不过来,只好放弃。到了20岁左右,才看看小说,也只是在床头放了几册书而已。这是自谦还是实情,只好诸君自行判断了。

王微重点提及了自己服药和学医的经历,"至于生平好服上药,起年十

---

① (梁)沈约撰:《宋书》卷六十二《王微传》,中华书局1974年版,第1664页。
② (梁)沈约撰:《宋书》卷六十二《王微传》,中华书局1974年版,第1669页。
③ (梁)沈约撰:《宋书》卷六十二《王微传》,中华书局1974年版,第1669页。

二时病虚耳。所撰服食方中,粗言之矣。自此始信摄养有征,故门冬昌术,随时参进。寒温相补,欲以扶护危羸,见冀白首。"①因为从小身体虚弱的关系,王微久病成医,服食药物,注意保养,食物温补,希望能活到发白之年。因为家里穷,王微每于春秋时节,带着两三个门生上山采草药。"吾实倦游医部,颇晓和药,尤信《本草》,欲其必行,是以躬亲,意在取精。"②

王微喜欢《本草》,亲自做各种药物试验。但王微的医术,却不敢恭维。他有个弟弟叫僧谦,也以才华著称于时,担任太子舍人。王僧谦得了一场病,王微亲自为他治疗,没想到弟弟服药失度,竟一病不起。王微对此愧疚不已,从此生病不再自己处置。王微还写了一篇哀悼文,文中追忆了兄弟之情,"一字之书,必共咏读;一句之文,无不研赏"③。和弟弟的诗酒酬唱,相互慰藉,是王微穷而不忧的精神支柱。但偏偏是自己医术不精把弟弟给害了。"吾素好医术,不使弟子得全,又寻思不精,致有枉过,念此一条,特复痛酷。痛酷奈何! 吾罪奈何!"④

王微的自责之情,可谓深入肺腑。

王微淡泊荣利,不喜欢拍人马匹,对于权贵,采取敬而远之的态度。安于贫穷的王微,"常住门屋一间,寻书玩古,如此者十余年"⑤。

书虫,古玩迷,以如此身份过了十余年自由散淡的光景后,王微于宋文帝元嘉三十年告别人世,离弟弟去世才40天。王微病危时,把平时所弹的古琴放在床上,何偃来看他,就把琴给了何偃。家贫无子的王微,希望自己薄葬了事,只留下自己的十卷文集,流传于人世,今仅存诗五首。宋世祖刘骏即位后,下诏追赠王微为秘书监。

《茶经》所引王微《杂诗》共28句,陆羽仅录4句。该诗写采桑女丈夫阵亡疆场,独自怀思,空房寂寥,唯有以茶解忧。《玉台新咏》卷三所载全诗如下:

① (梁)沈约撰:《宋书》卷六十二《王微传》,中华书局1974年版,第1669页。
② (梁)沈约撰:《宋书》卷六十二《王微传》,中华书局1974年版,第1669页。
③ (梁)沈约撰:《宋书》卷六十二《王微传》,中华书局1974年版,第1670页。
④ (梁)沈约撰:《宋书》卷六十二《王微传》,中华书局1974年版,第1671页。
⑤ (梁)沈约撰:《宋书》卷六十二《王微传》,中华书局1974年版,第1670页。

桑妾独何怀,倾筐未盈把。

自言悲苦多,排却不肯舍。

妾悲亘陈诉,填忧不销冶。

寒雁归所从,半途失凭假。

壮情抍驱驰,猛气捍朝社。

常怀云汉惭,常欲复周雅。

重名好铭勒,轻躯愿图写。

万里度沙漠,悬师蹈朔野。

传闻兵失利,不见来归者。

奚处埋旄麾,何处丧车马?

拊心悼恭人,零泪覆面下。

徒谓久别离,不见长孤寡。

寂寂掩高阁,寥寥空广厦。

待君竟不归,收领今就楖。

期待意中人的出现,却再也无法相见,只好泡上一壶茶,在茶中,在杯光波影中,依稀可见,那时光,那温暖,那生命的灵动不会磨灭。

鲍令晖：望君君不归，孤影对香茗

陆羽《茶经·七之事》说："鲍昭妹令晖著《香茗赋》。"

鲍照为南朝宋时的文学大家，与谢灵运、颜延之并称"元嘉三大家"。鲍照之妹鲍令晖，也诗才横溢，为南朝著名女诗人。左思与其妹左棻、鲍照与其妹鲍令晖，兄妹皆以文学见长。钟嵘《诗品》载，鲍照曾对宋孝武帝刘骏说："臣妹才自亚于左棻，臣才不及太冲尔。"①

鲍照（414—466），字明远，"文辞赡逸。尝为古乐府，文甚遒丽"②。鲍照以诗献临川王刘义庆（《世说新语》即为他所编），被刘义庆赏识，擢为国侍郎，后迁秣陵令，宋文帝任为中书舍人。临海王刘子顼镇荆州时，鲍照任前军参军，掌书记之任。孝武帝死后，太始二年（466），武陵王刘彧杀死前废帝刘子业自立，是为宋明帝。刘子顼响应了晋安王刘子勋反对刘彧的斗争。刘子勋战败后，刘子顼被赐死，鲍照亦为乱兵所杀。

对于鲍照文学才华的评价，胡应麟《诗薮》称其"上挽曹、刘之逸步，下开李、杜之先鞭"。沈德潜《古诗源》亦称："明远乐府，如五丁凿山，开人世所未有。后太白往往效之。"

鲍令晖也擅长诗赋，钟嵘《诗品》说："令晖歌诗，往往崭绝清巧，拟古尤胜，唯《百愿》淫矣。"③鲍令晖诗留传于今者，为《玉台新咏》所录诗七首。

---

① （梁）钟嵘：《诗品·齐鲍令晖》，中国社会科学出版社2007年版，第162页。
② （唐）李延寿撰：《南史》卷十三《鲍照传》，中华书局1975年版，第360页。
③ （梁）钟嵘：《诗品·齐鲍令晖》，中国社会科学出版社2007年版，第162页。

鲍照兄妹出自寒门士族,鲍照自称"身地孤贱",曾"束菜负薪,期与相毕"①。贫寒之家,兄妹相伴,自然感情至深。

宋文帝永嘉十六年(439),刘义庆出镇江州,鲍照在建康告别家人前往江州,在大雷岸(今安徽望江县)给妹妹写信,说自己经过十天跋涉,"严霜惨节,悲风断肌,去亲为客,如何如何!"②一路思亲之情、行役之苦可以想见。这篇《登大雷岸与妹书》在描绘了九江、庐山一代的奇瑰景色后,鲍照叮嘱妹妹:"寒暑难适,汝专自慎。夙夜戒护,勿我为念。"③

鲍令晖的《自君之出矣》一诗,可窥见妹妹独自在家的思兄之情:"自君之出矣,临轩不解颜。砧杵夜不发,高门昼常关。"守于空闺的胞妹,期待暮冬早尽,"除春待君还",希望哥哥早日还家相聚。

然而,春天到了,哥哥依旧在任未归,鲍令晖故写《寄行人》以发胸臆:

> 桂吐两三枝,兰开四五叶。
>
> 是时君不归,春风徒笑妾。

桂已吐枝,兰已开花,兄长却未回家,只好让春风一笑自己的思念落空。鲍令晖的拟古诗,词凄婉,意真切,从中也不难体会她对鲍照的牵挂,如《拟青青河畔草》:"人生谁不别,恨君早从戎。"《拟客从远方来》:"木有相思文,弦有别离音。"

《古意赠今人》:"月月望君归,年年不解綖。"其中恐不乏鲍令晖借思妇之口发一己之思。

鲍令晖死后,鲍照痛失与自己"天伦同气"的妹妹,"私怀感恨,情痛兼深"④。鲍照请假赶回家时,登上南山,徒见那埋葬了妹妹的一抔黄土了。鲍照伤怀难已,写下《伤逝赋》以记悼妹之悲苦:"凄怆伤心,悲

① (南朝宋)鲍照著,钱仲联增补集说校:《鲍参军集注》卷一《拜侍郎上疏》,上海古籍出版社1980年版,第60页。
② (南朝宋)鲍照著,钱仲联增补集说校:《鲍参军集注》卷二《登大雷岸与妹书》,上海古籍出版社1980年版,第83页。
③ (南朝宋)鲍照著,钱仲联增补集说校:《鲍参军集注》卷二《登大雷岸与妹书》,上海古籍出版社1980年版,第83页。
④ (南朝宋)鲍照著,钱仲联增补集说校:《鲍参军集注》卷二《请假启又》,上海古籍出版社1980年版,第81页。

如之何!"①

鲍照兄妹的诗书往还中,亲情之深,肺腑之情,让人动容。

可以想见,鲍令晖在寂寥的空闺怀想亲人时,所能寄托的,当为一盏清茶。茶香起处,溢满了思念的滋味。而一篇《香茗赋》,也就在她的明眸扬起时,灵感不期而至了。可惜的是,对于散佚不存的《香茗赋》,我们只能从一杯热茶中,去追寻她那附着了心香的意蕴了。

---

① (南朝宋)鲍照著,钱仲联增补集说校:《鲍参军集注》卷一《伤逝赋》,上海古籍出版社 1980 年版,第 9 页。

齐武帝萧赜遗诏与茶

南齐武帝萧赜(440—493),字宣远,小名龙儿,是南齐开国皇帝萧道成的长子。

萧赜在齐高帝建元四年(482)继位,次年改元永明,这一年号此后伴随他直至生命的尽头,"永明"这一延续了11年的年号,最著名的当为在此期间,诞生了中国文学史上的辉煌一幕:永明体。《南齐书·陆厥传》载:"永明末,盛为文章。吴兴沈约、陈郡谢朓、琅邪王融以气类相推毂。汝南周颙善识声韵。约等文皆用宫商,以平上去入为四声,以此制韵,不可增减,世呼为'永明体'。"①永明体新诗强调声韵格律,以创四声、避八病之说,开启了唐代格律诗的先声。

萧赜统治下的11年,也一度出现了相对繁荣的景象:"永明之世,十许年中,百姓无鸡鸣犬吠之警,都邑之盛,士女富逸,歌声舞节,衻服华妆,桃花绿水之间,秋月春风之下,盖以百数。"②

萧赜带来的短暂繁荣的政绩,恐怕和他的经历有关。萧赜在刘宋时期便开始做官,政治上,当过县令,做过太守,直至尚书仆射,东宫太子;军事上,中兵参军、越骑校尉、抚军长史、宁朔将军、都督、领军将军、中军大将军等名号,印证了他辗转征战的历程。有过久经沙场、领军治民经验的萧赜,当上皇帝后,自然能有所作为。

陆羽《茶经·七之事》说:"南齐世祖武皇帝《遗诏》:'我灵座上慎勿以

---

① (梁)萧子显撰:《南齐书》卷五十二《陆厥传》,中华书局1972年版,第898页。
② (梁)萧子显撰:《南齐书》卷五十三《良政传序》,中华书局1972年版,第913页。

牲为祭,但设饼果、茶饮、干饭、酒脯而已'"。

齐武帝的茶缘,因写进遗书中而载入史册。我们不妨从他的遗书来一窥驾崩前的皇帝与茶饮的奥秘。

萧赜的《遗诏》载于《南齐书》卷三《武帝纪》中,在濒死之际,萧赜下过三份遗诏,第一份遗诏是关于接班人的,确定萧长懋之子萧昭业继承大统,点名萧子良、萧鸾等一干文武大臣相辅弼,自不待言。而第二份遗诏,则和自己的后事有关,要点如下:

一是对死后身上所穿衣服,详细做了说明,此不赘述。

二是陪葬品不用宝物和丝织品,平常所佩戴的长、短二刀和铁环,带入梓宫。

三是自己取陵园名为"景陵",以"奢俭之中"的原则来建设陵园殿宇。而葬礼,则保持节俭,"丧礼每存省约,不须烦民"①。

四是对祭祀品的要求:

> 祭敬之典,本在因心,东邻杀牛,不如西家禴祭。我灵上慎勿以牲为祭,唯设饼、茶饮、干饭、酒脯而已。天下贵贱,咸同此制。未山陵前,朔望设菜食。②

萧赜这段话表达的意思很清楚:祭祀重在孝敬之心,而不在祭品;灵前的祭品不用三牲,只摆饼、茶饮、干饭和酒脯,一则从简,二则以素斋为主;下葬前,初一十五以菜食祭奠,依旧谢绝用牲畜祭祀。最关键的是,萧赜还将自己对祭品的要求加以制度化推行:不仅仅自己,全天下的人死后,不论贫富贵贱,都不得杀生祭祀。

古时祭品的选择以身份的高下而有着严格的区分,如天子祭祀社稷,可用猪羊牛,谓之"太牢",而其他人是不得僭越的。而贵为天子的萧赜,在遗书中放弃以牲为祭,而统一要求全天下以素斋为祭品,这又有何玄妙呢?

原来,萧赜早在刘宋末举义兵时,就和佛教结缘,曾在避难揭阳山时,累石为佛图。萧赜当上皇帝后,以释法献、玄畅为僧主,两位高僧开创了与皇

---

① (梁)萧子显撰:《南齐书》卷三《武帝纪》,中华书局1972年版,第62页。
② (梁)萧子显撰:《南齐书》卷三《武帝纪》,中华书局1972年版,第62页。

帝对话时,不必自称贫道,而自称名号的先例。齐武帝允许僧人在帝王面前白称名号,从此成为惯例。

萧赜对佛教戒律的发展,也尽了幕后推手之力。除了兴造佛像、建造寺庙,萧赜还规定"御膳不宰牲"①,这对佛教不杀生的戒律无疑是强力支持。永明年间,萧衍与沈约、谢朓、王融、萧琛、范云、任昉、陆倕游于竟陵王萧子良门下,号为八友。除了崇信佛教的萧子良,萧赜的素食主义,当对这位日后的梁武帝影响颇深。梁武帝可以说是萧赜推行素食主义的接棒人。

这样一来,萧赜在遗诏中将茶饮请上天子祭礼的舞台,原来和推崇佛教戒律有着深刻的渊源。

当然,萧赜对于佛教,也是有所节度的。比如,针对僧众中鱼龙混杂的现象,萧赜曾派两位僧正前往三吴沙汰僧尼。而在遗诏中,萧赜对佛教也做了很理性的规定:

> 显阳殿玉像诸佛及供养,具如别牒,可尽心礼拜供养之。应有功德事,可专在中。自今公私皆不得出家为道,及起立塔寺,以宅为精舍,并严断之。②

看来,萧赜一方面提倡尽心礼敬佛教,一方面又禁止朝廷文武大臣不得出家,不得建佛塔寺庙,不得将自家宅院变为精舍,显示了他在佛教面前所表现的谨慎与中庸之道。

萧赜的第三份遗诏是在临崩嘱咐的,内容是:"凡诸游费,宜从休息。自今远近荐献,务存节俭,不得出界营求,相高奢丽。金粟缯纩,弊民已多,珠玉玩好,伤工尤重,严加禁绝,不得有违准绳。"③

《南齐书》说萧赜统治时期,"市朝晏逸,中外宁和"④。这是否为溢美之词,姑且不论。至少,萧赜带头要求以茶饮代替杀生,对于佛教戒律的推行,是有积极作用的。而茶与佛的结缘,也悄然在此间,生根发芽了。

① (梁)萧子显撰:《南齐书》卷四十九《王奂传》,中华书局1972年版,第848页。
② (梁)萧子显撰:《南齐书》卷三《武帝纪》,中华书局1972年版,第62页。
③ (梁)萧子显撰:《南齐书》卷三《武帝纪》,中华书局1972年版,第62页。
④ (梁)萧子显撰:《南齐书》卷三《武帝纪》,中华书局1972年版,第63页。

宫中赐茶往事:萧纲与刘孝绰

陆羽《茶经·七之事》列举梁代有茶缘者,只有两人:"梁:刘廷尉,陶先生弘景。"

陶弘景为著名的"山中宰相",归隐茅山的道教宗主。刘廷尉,即刘孝绰,在梁代也是赫赫有名的文人。

刘孝绰,彭城人(今江苏徐州),本名冉。《梁书》说:"孝绰幼聪敏,七岁能属文。"[1]刘孝绰的舅舅王融,"竟陵八友"之一,是东晋宰相王导的六世孙。王融很赏识这个外甥,经常带着他会见亲友,称他为神童。王融经常说:"天下文章,如果没有我,阿士就是最出色的了。"阿士,是刘孝绰的小名。刘孝绰的父亲刘绘,南齐时负责皇帝的诏诰,经常让刘孝绰代为起草。刘绘的朋友圈中不乏沈约、任昉、范云这样的大文豪,竟然都慕名前来造访,任昉尤其叹赏刘孝绰的才华。梁武帝天监初,刘孝绰起家著作佐郎后,曾写《归沐诗》赠任昉,任昉作诗相和。范云还让儿子范孝才和刘孝绰拜为兄弟。可见,刘孝绰自小便为名流所重。

不仅如此,刘孝绰还有机会出入梁武帝萧衍左右,得到皇帝的垂青。"高祖雅好虫篆,时因宴幸,命沈约、任昉等言志赋诗,孝绰亦见引。尝侍宴,于坐为诗七首,高祖览其文,篇篇嗟赏,由是朝野改观焉。"[2]刘孝绰任秘书丞时,梁武帝对周舍说:"第一官当用第一人。"[3]于是便让刘孝绰居此职,可见萧衍对刘孝绰可谓刮目相看。

---

① (唐)姚思廉撰:《梁书》卷三十三《刘孝绰传》,中华书局1973年版,第479页。
② (唐)姚思廉撰:《梁书》卷三十三《刘孝绰传》,中华书局1973年版,第480页。
③ (唐)姚思廉撰:《梁书》卷三十三《刘孝绰传》,中华书局1973年版,第480页。

萧衍的弟弟萧绎,在出镇荆州时,还与刘孝绰书信往返,刘孝绰后来担任过安西湘东王谘议参军等职,与未来的梁元帝萧绎也过从甚密。

刘孝绰还担任过太子洗马、太子仆等职,是昭明太子萧统的"东宫十学士"之一。"时昭明太子尚幼,武帝敕锡与秘书郎张缵使入宫,不限日数。与太子游狎,情兼师友。又敕陆倕、张率、谢举、王规、王筠、刘孝绰、到洽、张缅为学士,十人尽一时之选。"①萧统建了一个乐贤堂,顾名思义,网罗的为当时贤才。萧统让画师第一个将刘孝绰的画像挂在乐贤堂里。"太子文章繁富,群才咸欲撰录,太子独使孝绰集而序之。"②萧统最著名的文化工程是编撰大部头的《文选》,据《文镜秘府论》载:"至如梁昭明太子萧统与刘孝绰等,撰集《文选》。"③又清代王应麟《玉海》引《中兴书目》录《文选》并注曰:"与何逊、刘孝绰等选集。"《梁书》卷四十九《何逊传》:"初,逊文章与刘孝绰并见重于世,世谓之'何刘'"④。从上述材料可以想见,刘孝绰为《文选》的主要编撰者之一。

《梁书》卷三十三《王筠传》载:"昭明太子爱文学士,常与筠及刘孝绰、陆倕、到洽、殷芸等游宴玄圃,太子独执筠袖抚孝绰肩而言曰:'所谓左把浮丘袖,右拍洪崖肩。'其见重如此。"⑤这一细节,也可窥萧统对刘孝绰的器重,视为左膀右臂。

《茶经·七之事》载:"梁刘孝绰《谢晋安王饷米等启》:'传诏李孟孙宣教旨,垂赐米、酒、瓜、笋、菹、脯、酢、茗八种。气苾新城,味芳云松。江潭抽节,迈昌荇之珍。疆场擢翘,越茸精之美。羞非纯束野麕,裹似雪之驴;鲊异陶瓶河鲤,操如琼之粲。茗同食粲,酢类望柑。免千里宿舂,省三月粮聚。小人怀惠,大懿难忘。'"

晋安王即萧纲,昭明太子萧统的弟弟,浮艳绮靡的"宫体诗"一哥,其《诫当阳公大心书》宣称:"立身先须谨重,文章且须放荡。"萧纲馈赠刘孝绰

① (唐)李延寿撰:《南史》卷二十三《王彧传》附《王锡传》,中华书局1975年版,第641页。
② (唐)姚思廉撰:《梁书》卷三十三《刘孝绰传》,中华书局1973年版,第480页。
③ [日]遍照金刚撰,卢盛江校笺:《文镜秘府论校笺·南·集论》,中华书局2019年版,第457页。
④ (唐)姚思廉撰:《梁书》卷四十九《何逊传》,中华书局1973年版,第693页。
⑤ (唐)姚思廉撰:《梁书》卷三十三《王筠传》,中华书局1973年版,第485页。

米、酒及茗等八物,当是对太子身边人的示好之举。这里的茗,就是指茶。萧统死后,萧纲被立为太子,后来继位为帝,是为简文帝。看来,刘孝绰与梁代的三位皇帝、两位太子都有深度交游。

但是,性格决定命运。尽管刘孝绰得到萧衍兄弟与萧统兄弟两代人的赏识与优渥,还是没能官居高位。其中的原因之一就在其个性。"孝绰少有盛名,而仗气负才,多所陵忽,有不合意,极言诋訾。"①

名气一大,加上恃才傲物,刘孝绰便经常有瞧不起人的举动,甚至"毁人不倦",结果遭到了报复。刘孝绰与到洽本来同为东宫十学士,但在萧统举办的文人酒会上,到洽的文章总是遭到刘孝绰的鄙视与嗤笑,结果一对好友反目为仇。刘孝绰担任廷尉卿时,曾携带小妾进了官府,母亲则留在家里,时任御史中丞的到洽便以此事弹劾刘孝绰,指责他"携少妹于华省,弃老母于下宅"②。萧衍看到奏折,为了刘孝绰的名声不至于太烂,便将"妹"字改为"妹"。

刘孝绰免职后,萧衍屡屡让徐勉去宣旨抚慰,还经常让他参加朝廷宴会。徐勉的二儿子徐悱娶了刘孝绰最有才华的妹妹刘令娴,让徐勉去安慰,自然是最佳人选。"孝绰兄弟及群从诸子姪,当时有七十人,并能属文,近古未之有也。"③由此看来,刘孝绰堪称家族式的文学爱好者。同为文学爱好者的梁武帝,便惺惺相惜,借奉诏作《籍田诗》的机会,以刘孝绰作诗尤工,再作启用。事实上,梁武帝先将自己的诗作让徐勉给刘孝绰看过了,此事当为皇上亲自作弊。但刘孝绰好不容易一步步升迁至黄门侍郎、尚书吏部郎,又因受贿而被贬官。

刘孝绰郁闷的是,自己因"在职颇通赃货"④,还被为官清正无私的堂弟刘览弹劾免官。刘孝绰禁不住抱怨道:"犬啮行路,览噬家人。"⑤

孝绰辞藻为后进所宗,世重其文,每作一篇,朝成暮遍,好事者咸讽诵传

---

① (唐)姚思廉撰:《梁书》卷三十三《刘孝绰传》,中华书局 1973 年版,第 483 页。
② (唐)姚思廉撰:《梁书》卷三十三《刘孝绰传》,中华书局 1973 年版,第 481 页。
③ (唐)姚思廉撰:《梁书》卷三十三《刘孝绰传》,中华书局 1973 年版,第 484 页。
④ (唐)姚思廉撰:《梁书》卷四十一《刘览传》,中华书局 1973 年版,第 592 页。
⑤ (唐)姚思廉撰:《梁书》卷四十一《刘览传》,中华书局 1973 年版,第 592 页。

写,流闻绝域。文集数十万言,行于世。①

才华归才华,却没有为刘孝绰带来显贵与高位,这与他不拘言行的个性不无关系,如果说他怀才不遇,就有点冤枉萧衍父子了。

不过,萧纲送茶给刘孝绰喝,应该是投其所好,说明刘孝绰是爱喝茶的性情中人。刘孝绰能得到贵为王爷的萧纲送来的茶礼,也算不愧对自己满身的才气了。

---

① (唐)姚思廉撰:《梁书》卷三十三《刘孝绰传》,中华书局 1973 年版,第 484 页。

山中宰相陶弘景，透露了长生不老的秘密

陆羽《茶经·七之事》云："梁：刘廷尉，陶先生弘景。"梁代只举两人，陶弘景居其一。

陶弘景，字通明，谥贞白，丹阳秣陵人。《南史》陶弘景本传说他"幼有异操，年四五岁，恒以荻为笔，画灰中学书"①。这是一个爱学习的励志故事，"读书万余卷。善琴棋，工草隶"②。琴棋书画无所不能的陶弘景，十岁的时候读葛洪的《神仙传》，便没日没夜地研读，"便有养生之志"③。陶弘景后来成为道教大师，自然也是养生专家，他的《养性延命录》，今天的人们读了，依然可以了解延年益寿的秘密。

实现了养生之志的陶弘景，与茶结缘，乃情理中之事。

陶弘景曾被萧道成推荐为诸王侍读，除奉朝请，但他对朝廷政治兴趣不大，读书似乎更有吸引力。南齐永明十年，陶弘景将一袭朝服挂在神武门外，辞官归隐于句容之句曲山，因汉代时咸阳三茅君在此得道，又叫茅山。陶弘景在茅山立馆，自号华阳隐居。"始从东阳孙游岳受符图经法。遍历名山，寻访仙药。"④陶弘景成了茅山道士，过起了神仙日子。"永元初，更筑三层楼，弘景处其上，弟子居其中，宾客至其下，与物遂绝，唯一家僮得侍其旁。特爱松风，每闻其响，欣然为乐。有时独游泉石，望见者以为仙人。"⑤

---

① （唐）李延寿撰：《南史》卷七十六《陶弘景传》，中华书局 1975 年版，第 1897 页。
② （唐）姚思廉撰：《梁书》卷五十一《陶弘景传》，中华书局 1973 年版，第 742 页。
③ （唐）姚思廉撰：《梁书》卷五十一《陶弘景传》，中华书局 1973 年版，第 742 页。
④ （唐）姚思廉撰：《梁书》卷五十一《陶弘景传》，中华书局 1973 年版，第 742 页。
⑤ （唐）姚思廉撰：《梁书》卷五十一《陶弘景传》，中华书局 1973 年版，第 743 页。

啸吟松风，流连泉石，寻医问药，著书立说，"尤明阴阳五行，风角星算，山川地理，方图产物，医术本草"①。陶弘景在茅山成为了一代宗师。

陶弘景出自贫穷人家，在南齐时，曾想当个县长，不过这一愿望都没有实现。陶弘景挂冠而去，可能和不得其志也有点关系。不过，陶弘景和梁代君主萧衍父子，似乎更有缘分。当萧衍兵临城下，在建康城外的新林集结，准备扫平京城后行禅代之举时，陶弘景派弟子戴猛之奉表劝进。为了给萧衍改朝换代制造舆论，弘景援引图谶，所有的祥瑞都指向"梁"字。在那个谶纬能够被相信的年代，陶弘景作为宗教领袖所制造的图谶，对宣扬梁朝的政权合法性，自然功劳不小。梁武帝萧衍顺利接手政权后，对陶弘景确实是不错的。"武帝既早与之游，及即位后，恩礼愈笃，书问不绝，冠盖相望。"②

作为道教大师，陶弘景一直在茅山研究炼丹。炼丹需要原料，梁武帝便利用皇帝的权力，为陶弘景提供黄金、朱砂、曾青、雄黄等物。陶弘景炼丹并不顺利，屡屡失败，不过照《南史》的说法，最后还是成功了。"后合飞丹，色如霜雪，服之体轻。及帝服飞丹有验，益敬重之。"③萧衍敢服陶弘景炼就的仙丹，真是勇气可嘉。不仅如此，陶弘景的书信送来时，梁武帝要先烧香拜读，以表敬重之意。

梁武帝还亲自写信请陶弘景出山做官，但屡屡使者聘问，都没能将他请出山门。梁武帝只收到了陶弘景的一幅画，上面画着两头牛，一斗自由自在地水草间漫步，另一头则戴着金笼头被人拿绳子拽着，任由棍杖驱使。梁武帝看到图后，不禁一笑："这家伙想学摇着尾巴在水里自由游走的鱼儿，怎么会出来做官呢。"不过，梁武帝还是将陶弘景作为国师相待："国家每有吉凶征讨大事，无不前以谘询。月中常有数信，时人谓为山中宰相。"④

陶弘景擅长辟谷导引之法，加上喝茶养生，隐居茅山四十多年，"年逾八十而有壮容"⑤。

① （唐）姚思廉撰：《梁书》卷五十一《陶弘景传》，中华书局1973年版，第743页。
② （唐）姚思廉撰：《梁书》卷五十一《陶弘景传》，中华书局1973年版，第743页。
③ （唐）李延寿撰：《南史》卷七十六《陶弘景传》，中华书局1975年版，第1899页。
④ （唐）李延寿撰：《南史》卷七十六《陶弘景传》，中华书局1975年版，第1899页。
⑤ （唐）李延寿撰：《南史》卷七十六《陶弘景传》，中华书局1975年版，第1899页。

梁武帝是菩萨皇帝,崇信佛教,还致力于建立政教合一的国家。陶弘景作为道教宗师,竟然跑到阿育王塔前自誓,受五大戒,皈依了佛教。此事颇有蹊跷,迎合梁武帝恐怕是个中缘由之一。陶弘景为了自圆其说,给出的原因是,"曾梦佛授其菩提记云,名为胜力菩萨"①。

不过,梁武帝萧衍也是儒释道思想兼具的皇帝,陶弘景自小读的也是儒家经典,在三教融合的时代,作为"山中宰相",将佛教思想引入道教之中,其实也是陶弘景那个时代的应有之义。

陶弘景以图谶预言了梁朝的诞生,也以谶诗预见了梁朝的灭亡:"夷甫任散诞,平叔坐论空。岂悟昭阳殿,遂作单于宫。"②陶弘景以王衍、何晏的任诞、玄谈影射梁代大同末年玄风复扇的局面,当时,"人士竞谈玄理,不习武事"③。结果,侯景南下,果然攻陷了台城,梁武帝将自己建立的萧梁政权又亲自断送掉。

察见渊鱼者不祥,陶弘景的谶诗自然不敢在生时泄露天机,而是让弟子藏了起来,等自己死后才公开。

陶弘景懂得保护自己的生命,更懂得爱养自己的生命,活到了八十多岁。这个寿命,在当时已然很长寿了。陆羽《茶经·七之事》引陶弘景《杂录》:"苦茶,轻身换骨,昔丹丘子、黄山君服之。"仙人丹丘子、黄山君之所以成仙,其长生不老的秘密,原来和茶有关。看来,陶弘景作为道教一代宗师,是深明喝茶可以"轻身换骨"的功效的。

---

① (唐)李延寿撰:《南史》卷七十六《陶弘景传》,中华书局 1975 年版,第 1899 页。
② (唐)李延寿撰:《南史》卷七十六《陶弘景传》,中华书局 1975 年版,第 1900 页。
③ (唐)李延寿撰:《南史》卷七十六《陶弘景传》,中华书局 1975 年版,第 1900 页。

茶和奶酪的战斗

陆羽《茶经·七之事》列举好茶者,北魏只举了一个人:"后魏:琅邪王肃。"

王肃(464—501),字恭懿,琅邪临沂人,出自名门世族,为东晋丞相王导之后,南齐尚书左仆射王奂之子。

在南齐时,王肃在第二任皇帝齐武帝萧赜的朝廷中做官,历任著作郎、太子舍人、司徒主簿、秘书丞。太和十七年,王肃因父兄被萧赜杀害,便投奔北魏,先后担任辅国将军、大将军长史、豫州刺史、扬州大中正、散骑常侍、持节都督淮南诸军事、扬州刺史等职。

"肃少而聪辩,涉猎经史,颇有大志。"①来到北魏后,得到了孝文帝元宏的亲自接见。王肃陈说的治国之道,切中了孝文帝的下怀。孝文帝对王肃赞叹不已,两人促膝而谈,时光飞转,而孝文帝倦意毫无。王肃列举萧齐政权的种种危机,这恰恰给了北魏以可乘之机,在王肃的力劝下,孝文帝图谋江南的决心更加坚定,开始了对南齐连续不断的进攻,最后元宏死在了与南齐作战的亲征路上。

王肃和孝文帝的关系非同一般,孝文帝对王肃的器重和礼遇与日俱增,即便是自己最信任的宗亲贵族和肱骨旧臣,也难以离间孝文帝对王肃的厚爱。孝文帝经常屏退左右,和王肃一起讨论国家大事,往往一聊就聊到深夜。王肃也尽忠竭力,把自己的智慧毫无保留地贡献出来,说自己遇到孝文帝,犹如诸葛亮受到了刘备的礼遇。士为知己者死,王肃不遗余力

---

① (北齐)魏收撰:《魏书》卷六十三《王肃传》,中华书局1974年版,第1407页。

地为北魏效劳,攻义阳、援涡阳、讨合肥、下小岘,对阵未来的齐明帝萧鸾、梁代开国皇帝萧衍的兄弟萧懿,王肃不断奔突于前线,虽有为父兄报仇的私怨,也有为主尽忠的义气在。王肃驰骋边境,对将士悉心安抚,使得远近归心,亲附者日众,弄得孝文帝不得不征王肃入朝,且在亲笔信中写道:"不见君子,中心如醉,一日三岁,我劳如何?饰馆华林,拂席相待,卿欲以何日发汝坟也?"①堂堂皇帝以怨妇的口吻给王肃写信以表思念之情,可见其感情之深。为了给王肃报仇,在汉阳一役俘获萧鸾辅国将军黄瑶起后,孝文帝发诏告诉王肃,杀父仇人已经被抓,"寻当相付,微望纾泄,使吾见卿之日,差得缓怀"②。

孝文帝驾崩前,遗诏中任命王肃为尚书令,将他与咸阳王元禧等人列为托孤之臣。

王肃在江南时,娶了同为名门的谢庄之女为妻。到了北朝后,又做了公主的驸马。原配谢氏作五言诗赠之:"本为箔上蚕,今作机上丝。得路逐胜去,颇忆缠绵时。"公主代王肃答诗:"针是贯线物,目中恒任丝。得帛缝新去,何能衲故时。"③两个妻子的争宠,让王肃有点不好意思,便为谢氏女建造了正觉寺。

至于王肃与茶的渊源,陆羽《茶经·七之事》载:"《后魏录》:琅邪王肃仕南朝,好茗饮、莼羹。及还北地,又好羊肉、酪浆。人或问之:'茗何如酪?'肃曰:'茗不堪与酪为奴'。"

王肃在江南做官时,就喜欢喝茶,莼菜羹也是他的至爱。到了北方后,又喜欢上了羊肉和奶酪。有人让王肃将茶和奶酪作一比较,王肃答说:"茶做不了奶酪的奴仆。"

王肃的好茶,《洛阳伽蓝记》有一则资料:"肃初入国,不食羊肉及酪浆等物,常饭鲫鱼羹,渴饮茗汁。京师士子,道肃一饮一斗,号为'漏

---

① (北齐)魏收撰:《魏书》卷六十三《王肃传》,中华书局1974年版,第1408页。

② (北齐)魏收撰:《魏书》卷六十三《王肃传》,中华书局1974年版,第1409页。

③ (北魏)杨衒之撰,范祥雍校注:《洛阳伽蓝记校注》卷三《正觉寺》,上海古籍出版社2011年版,第147页。

厄'。"①看来,真实情况是,王肃一开始是不喜欢吃羊肉和奶酪的,而茶则是真爱,而且好牛饮,甚至被起了个外号"漏厄"。显然,饮食习惯的改变,是入乡随俗的结果。《太平御览》卷八六七引南朝宋刘义庆《世说新语》:"晋司徒王濛好饮茶,人至辄命饮之,士大夫皆患之。每欲往候,必云:'今日有水厄。'"②王濛堪称嗜茶如命,还发动身边的士大夫饮茶,以至于每次见王蒙前,都会嘀咕:"今天要遭水厄了。"唐代诗人卢仝《客谢竹》诗中则有"煎茶厄"之说:"扬州驳杂地,不辨龙蜥蜴。客身正干枯,行处无膏泽。太山道不远,相庇实无力。君若随我行,必有煎茶厄。"③

王肃比较茶与奶酪的故事,《洛阳伽蓝记·正觉寺》记载了当时的细节:

> 经数年已后,肃与高祖殿会,食羊肉酪粥甚多。高祖怪之,谓肃曰:"卿中国之味也。羊肉何如鱼羹? 茗饮何如酪浆?"肃对曰:"羊者是陆产之最,鱼者乃水族之长。所好不同,并各称珍。以味言之,甚是优劣。羊比齐鲁大邦,鱼比邾莒小国。唯茗不中与酪作奴。"高祖大笑。④

原来,孝文帝出了两道,一道题是比较羊肉和鱼羹,一道题是比较奶酪和名饮。王肃说茶不配做奶酪之奴,恐怕是为了得到孝文帝的欢心。试想想,孝文帝为鲜卑游牧民族的领袖,不仅仅他习惯了吃羊肉喝羊奶,他的群臣特别是武官,多为鲜卑人,在鲜卑武将与中原士人的文化矛盾无法避免的时代,王肃只好降低茗茶的地位。终究,犯不着在这样的小事上彼此翻脸。由此,在北朝,茗饮就慢慢被称为酪奴了。

事实上,据《洛阳伽蓝记》的记载,王肃在北魏不仅喝茶之习未改,还

---

① (北魏)杨衒之撰,范祥雍校注:《洛阳伽蓝记校注》卷三《正觉寺》,上海古籍出版社 2011 年版,第 147 页。

② (宋)李昉等撰:《太平御览》卷八六七《饮食部二五·茗》,中华书局 1960 年版,第 3844 页下。

③ (唐)卢仝:《客谢竹》,(清)彭定求等编:《全唐诗》卷三百八十七,中华书局 1960 年版,第 4374 页。

④ (北魏)杨衒之撰,范祥雍校注:《洛阳伽蓝记校注》卷三《正觉寺》,上海古籍出版社 2011 年版,第 147 页。

带动了北方的喝茶之风,朝中不少人仿效他,如"时给事中刘缟慕肃之风,专习茗饮"①。刘缟受王肃影响爱上了喝茶,被讥为东施效颦。在鲜卑人的抗拒下,"自是朝贵宴会虽设茗饮,皆耻不复食,唯江表残民远来降者好之"②。尽管为了面子,在朝廷宴会上鲜卑贵族以喝茶为耻,但朝宴上依旧备好了茶饮,好茶者依旧大有人在,特别是从江南来的朝士。

① (北魏)杨衒之撰,范祥雍校注:《洛阳伽蓝记校注》卷三《正觉寺》,上海古籍出版社 2011 年版,第 148 页。
② (北魏)杨衒之撰,范祥雍校注:《洛阳伽蓝记校注》卷三《正觉寺》,上海古籍出版社 2011 年版,第 148 页。

隋唐英雄徐世勣，为何写入茶史？

陆羽是唐朝人，他在《茶经》中只记了本朝一位与茶有缘的人物，这就是《七之事》所载的："皇朝：徐英公勣。"

徐英公勣，也就是唐朝开国元勋、凌烟阁二十四功臣之一徐世勣，字懋功，唐高宗李渊赐他姓李，因避李世民讳而改名为李勣。

李勣是曹州离狐人（今山东菏泽东明县东南），出生于富豪之家，"家多僮仆，积粟数千钟"①。17 岁时，参加了翟让的瓦岗军，随后劝说翟让奉李密为主。李密被王世充打败，归顺了李唐，李勣被李渊封为曹国公，赐姓李氏。李勣跟着李世民平定窦建德，降王世充，唐高祖李渊论功行赏，李世民拜为上将，李勣拜为下将。

李勣在唐太宗的率领下平定四方，又大败突厥。唐太宗即位后，拜李勣为并州都督，后改封英国公。"勣在并州凡十六年，令行禁止，号为称职。"②李世民对侍臣说，自己委任李世勣在并州将突厥赶走，胜过了远筑长城。李世民与李勣的君臣情谊，从下面的细节可以管窥：李勣突然得了一种严重的急性病，医生开出的方子说，要用胡须烧成的灰来治疗。唐太宗一听，马上把自己的胡须剪下来，还亲自为李勣和药。李勣感动得频频行顿首礼，把脑袋都磕出血了，泣泪谢恩。唐太宗说："我是为社稷考虑才这么做的，不用这么客气！"

李治立为皇太子后，李勣被委以托孤之任，李世民对他曰："朕将属以

---

① （后晋）刘昫等撰：《旧唐书》卷六十七《李勣传》，中华书局 1975 年版，第 2485 页。
② （后晋）刘昫等撰：《旧唐书》卷六十七《李勣传》，中华书局 1975 年版，第 2486 页。

幼孤,思之无越卿者。"①一席话让李勣感动得痛哭流涕,把手指都咬出血来,喝醉之后,李世民把自己的衣服脱下来盖在李勣身上。唐太宗病危时,对李治说:"你对李勣没有恩情,我找个借口把他外放出去做地方官,等我死后,你给他授以仆射之职,他就会对你感恩戴德,一定会拼死为你效力。"父子俩依计而行,李治先后拜李勣为尚书左仆射、司空。李勣曾跟随唐太宗亲征高丽,攻破数城。在李治时期,75 岁的李勣又帅军征讨高丽,攻陷平壤,设安东都护府。一年后,李勣离世,自然备极哀荣。正史评价如此评价他:"每行军用师,颇任筹算,临敌应变,动合事机。与人图计,识其臧否,闻其片善,扼腕而从,事捷之日,多推功于下,以是人皆为用,所向多克捷。"②

前文所叙,多为武功。其实,李勣还主持了一项重大的文化工程,就是与苏敬等人编撰、修定的《新修本草》,也就是《唐本草》,这是世界上最早的一部药典,比欧洲纽伦堡药典还早 800 年。

正是这部《唐本草》,让陆羽把李勣写进了《茶经》。在《一之源》讨论"茶"字的起源时说:"其字,或从草,或从木,或草木并。(原注:从草,当作'茶',其字出《开元文字音义》。从木,当作'槚',其字出《本草》。草木并,作'荼',其字出《尔雅》。)"陆羽说木部的"槚"字出自《本草》,这里所说的《本草》,就是李勣组织修撰的《新修本草》。

《茶经·七之事》还摘录了《唐本草》对"茶"字的细解:"《本草·菜部》:'苦茶,一名茶,一名选,一名游冬,生益州川谷,山陵道旁,凌冬不死。三月三日采,干。'"

《茶经·七之事》还节选了《本草·木部》对"茗"的记载:"茗:苦茶。味甘苦,微寒,无毒。主瘘疮,利小便,去痰渴热,令人少睡。秋采之苦,主下气消食。《注》云:'春采之。'"

李勣主持修撰的《唐本草》,不仅梳理了"茶"字的源流,解释了意思,还记载了茶的茶性、功效与采摘季节等信息,特别是对茶能利尿、去痰、解渴、解热、提神、助消化的功能,描写得如此准确,至今还经得起科学的检验。

---

① (后晋)刘昫等撰:《旧唐书》卷六十七《李勣传》,中华书局 1975 年版,第 2486 页。
② (后晋)刘昫等撰:《旧唐书》卷六十七《李勣传》,中华书局 1975 年版,第 2489 页。

《茶经》说:饮茶有何功效?

茶的功效,因人而异,故先要搞清楚,什么样的人适宜喝茶。

陆羽《茶经·一之源》说:"茶之为用,味至寒,为饮,最宜精行俭德之人。"中医讲食物与药物之五性,即寒、凉、温、热、平。性寒之物,又分微寒、寒、极寒等程度性描述,而陆羽认为茶作为饮品,其味"至寒",乃寒性程度极高的饮食。

物性通人性,故陆羽认为茶"最宜精行俭德之人"。即砥砺精神、清静无为、生活简朴、为人谦逊者,与茶性最为相配。陆羽将茶性与社会所须推崇的君子人格相提并论,相互呼应,将茶品与人品相激荡,赋予了茶高洁、俭朴、率真与自然的精神内涵,使得茶的魅力从自然之妙品升格为人文之雅品,显然提升了茶之二味:食味与品味。

因茶性寒,故能对性热相关的一切生理不适,能给予调和,而使人处于通体舒泰的状态。故《茶经》接着说茶之功效:"若热渴、凝闷、脑疼、目涩、四肢烦、百节不舒,聊四五啜,与醍醐、甘露抗衡也。"如果干热口渴、胸闷、头疼、眼睛干涩、四肢疲劳、关节不畅,喝上四五口茶,便能明显好转,与饮品中的醍醐、甘露功效相当。醍醐即精炼的奶酪,佛家以之譬喻佛性,如《大般涅槃经·圣行品》:"譬如从牛出乳,从乳出酪,从酪出生酥,从生酥出熟酥,从熟酥出醍醐,醍醐最上……佛亦如是。"①而甘露,由天地阴阳二气之精者凝结而成,自古乃人们心目中的至圣饮品。北宋李昉《太平御览》卷十

---

① (北凉)昙无谶译:《大般涅槃经》卷第十四《圣行品第七之四》,《大正新修大藏经》第12册,第374页上。

二引《白虎通》曰："甘露者,美露也,降则物无不盛。"①该卷又引《瑞应图》曰："甘露者,美露也,神灵之精,仁瑞之泽。其凝如脂,其甘如饴,一名膏露,一名天酒。"②

醍醐为奶酪之至纯至正至美之味,甘露为天降之至醇之饮,陆羽将茶饮与之相提并论,可见对茶之推崇备至。

但陆羽之智慧,绝非对茶的非理性膜拜,而是有着理性的态度。故《茶经·一之源》提醒:"采不时,造不精,杂以卉莽,饮之成疾。"如果采摘不合时节,造茶不够精细,还有野草夹杂其中,这样的茶喝了反而会得病。

《茶经·七之事》引《本草·木部》的记载:"茗:苦荼,味甘苦,微寒,无毒,主瘘疮,利小便,去痰渴热,令人少睡。秋采之苦,主下气消食。"《本草》说茶味道是甘苦合一的,性微寒,无毒,和陆羽说的"性至寒"有点不一致。《本草》说茶的功效包括:主治瘘疮,利尿,祛痰,解渴,解热,还提神,容易让人兴奋而睡不着觉。秋天采的茶味苦,能通气,帮助消化。关于如何治疗瘘病,《茶经·七之事》还找到了一剂偏方,《枕中方》说:"疗积年瘘,苦荼、蜈蚣并炙,令香熟,等分,捣筛,煮甘草汤洗,以敷之。"《枕中方》是孙思邈写的,他给出的治疗多年瘘疾的方法是,用苦荼和蜈蚣一起炙烤,等到烤熟香味溢出后,分成两份,捣碎筛末,一份加甘草煮水,将患处擦洗干净,然后将另一份药粉外敷上去。

茶能提神的功效,在《茶经》中多次提到。如《茶经·六之饮》说:"至若救渴,饮之以浆;蠲忧忿,饮之以酒;荡昏寐,饮之以茶。"解口渴,靠喝水;浇忧愁,靠喝酒;而提精神解瞌睡,就得靠喝茶了。关于茶能解乏、振奋精神的功效,其他典籍也多有涉及,如《七之事》引《神农食经》的说法:"荼茗久服,令人有力悦志。"长期饮茶,使人精力充沛,心情愉悦。《七之事》又引《广雅》所云:"其饮醒酒,令人不眠。"喝茶可解酒,不犯困。《七之事》又引《桐君录》所说:"又巴东别有真茗茶,煎饮令人不眠。"给曹操治过病的三国名医华佗,进一步说到,既然茶能清醒头脑,自然促进脑部的活动,能增强思维能力,这就是《七之事》所引华佗《食论》所说:"苦荼久食,益意思。"

① (宋)李昉等撰:《太平御览》卷十二,中华书局 1960 年版,第 62 页下。
② (宋)李昉等撰:《太平御览》卷十二,中华书局 1960 年版,第 62 页下。

茶能解悃、清神的功效，唐诗中屡见描写。胡峤《飞龙涧饮茶》诗称：
"沾牙旧姓余甘氏，破睡当封不夜侯。"①余甘氏的称谓和不夜侯封号，都指
的是茶，说的是茶的回甘特点和醒脑作用。

温庭筠诗中也说："岚翠暗来空觉润，涧茶余爽不成眠。"②白居易诗中
说："午茶能散睡，卯酒善销愁。"③其《赠东邻王十三》亦云：

> 携手池边月，开襟竹下风。
>
> 驱愁知酒力，破睡见茶功。
>
> 居处东西接，年颜老少同。
>
> 能来为伴否，伊上作渔翁。④

关于饮茶能提振精神，杜荀鹤有诗《题德玄上人院》：

> 刳得心来忙处闲，闲中方寸阔于天。
>
> 浮生自是无空性，长寿何曾有百年。
>
> 罢定磬敲松罅月，解眠茶煮石根泉。
>
> 我虽未似师披衲，此理同师悟了然。⑤

不仅禅僧在坐禅时需要饮茶来提神，隐士也多以茶清神。李中《宿青
溪米处士幽居》诗云：

> 寄宿溪光里，夜凉高士家。
>
> 养风窗外竹，叫月水中蛙。
>
> 静虑同搜句，清神旋煮茶。
>
> 唯忧晓鸡唱，尘里事如麻。⑥

---

① （唐）胡峤：《飞龙涧饮茶》，《全唐诗补编》上，转引自钱时霖、姚国坤、高菊儿编：《历代茶
　诗集成》（唐代卷），上海文化出版社 2000 年版，第 120 页。
② （唐）温庭筠：《和赵碬题岳寺》，（清）彭定求等编：《全唐诗》卷五百八十二，中华书局 1960
　年版，第 6749 页。
③ （唐）白居易：《府西池北新葺水斋即事招宾偶题十六韵》，（清）彭定求等编：《全唐诗》卷
　四百五十一，中华书局 1960 年版，第 5100 页。
④ （唐）白居易：《赠东邻王十三》，（清）彭定求等编：《全唐诗》卷二百五，中华书局 1960 年
　版，第 2140 页。
⑤ （唐）杜荀鹤：《题德玄上人院》，（清）彭定求等编：《全唐诗》卷六百九十二，中华书局 1960
　年版，第 7955 页。
⑥ （唐）李中：《宿青溪米处士幽居》，（清）彭定求等编：《全唐诗》卷七百四十九，中华书局
　1960 年版，第 8532 页。

柳宗元茶诗《巽上人以竹间自采新茶见赠酬之以诗》云：

芳丛翳湘竹，零露凝清华。

复此雪山客，晨朝掇灵芽。

蒸烟俯石濑，咫尺凌丹崖。

圆方丽奇色，圭璧无纤瑕。

呼儿爨金鼎，馀馥延幽遐。

涤虑发真照，还源荡昏邪。

犹同甘露饭，佛事薰毗耶。

咄此蓬瀛侣，无乃贵流霞。①

诗中的"涤虑发真照，还源荡昏邪"，指的是饮茶能排除私心杂念，回归真如佛性，在去除昏昧不明时还原初心。

晋朝时的刘琨（271—318），是西汉中山靖王刘胜之后，在晋惠帝时，是独揽大权的贾后外甥贾谧"二十四友"之一。我们知道祖逖"闻鸡起舞"，在这个典故中，刘琨是和祖逖一同起舞的配角。擅长音乐的刘琨还留下了胡笳退敌的故事，凭借一曲《胡笳五弄》，刘琨让南侵的胡人军队心怀故乡，竟然撤围而去。《茶经·七之事》引用了刘琨《与兄子南兖州史演书》，他给侄子的信中说："吾体中愦闷，常仰真茶，汝可致之。"

刘琨是文武全才，故生活挺讲究。《晋书》本传说他"素奢豪，嗜声色，虽暂自矫励，而辄复纵逸"②。所以，在战乱频仍的年代，刘琨不忘写信给侄子要点特产。时时处于征战中的刘琨，心情之烦闷可想而知，而一壶好茶，刚好可一浇胸中块垒。刘琨致信求茶的故事，刚好验证了茶可宽心的功效。

皎然《饮茶歌送郑容》诗云：

丹丘羽人轻玉食，采茶饮之生羽翼。

名藏仙府世空知，骨化云宫人不识。

云山童子调金铛，楚人茶经虚得名。

霜天半夜芳草折，烂漫缃花啜又生。

---

① （唐）柳宗元：《巽上人以竹间自采新茶见赠酬之以诗》，（清）彭定求等编：《全唐诗》卷三百五十一，中华书局1960年版，第3930页。

② （唐）房玄龄等撰：《晋书》卷六十二《刘琨传》，中华书局1974年版，第1681页。

　　　　赏君此茶祛我疾,使人胸中荡忧栗。

　　　　日上香炉情未毕,醉踏虎溪云,高歌送君出。①

皎然此诗中提到饮茶有减肥("生羽翼")、去病("祛我疾")、解忧("荡忧栗")的功效。

　　韦应物《喜园中茶生》诗云:

　　　　洁性不可污,为饮涤尘烦。

　　　　此物信灵味,本自出山原。

　　　　聊因理郡馀,率尔植荒园。

　　　　喜随众草长,得与幽人言。②

韦应物诗中也写到了饮茶能荡涤烦恼,正合《茶经》说茶能去"四支烦"之意。诗中说高洁之性不可玷污,以茶为饮可以荡涤尘世中的烦恼。《唐国史补》卷下说:"韦应物立性高洁,鲜食寡欲,所居芬香扫地而坐。"③如此,则人茶之性若合符契。韦应物称茶实为天地灵物,本来生长在山岭之上,自己在担任刺史治理州郡之时,不假思索地把茶树种植在园子里。很高兴看到茶树和园中的草木一起长大,自己也能把心中的喜悦分享给山林幽隐的高士。

　　施肩吾也在诗中说:"茶为涤烦子,酒为忘忧君。(见《说郛》)"④

　　虽说"心宽体胖",但喝茶后心可宽,却不会带来体胖之虞。恰恰相反,喝茶是减肥妙招之一。《茶经·七之事》引壶居士《食忌》云:"苦荼久食,羽化。与韭同食,令人体重。"壶居士就是壶公,东汉时期的卖药翁。据说他在市肆中悬挂一壶,卖完药,便跳入壶中,"悬壶济世"的主角便是他。壶公说了,长期饮茶,能身轻如燕,羽化登仙。不过,如果与韭菜同食,就让人四肢沉重。南朝齐梁时期的道教上清派宗师陶弘景,所著的《杂录》也说:"苦荼,轻身换骨,昔丹丘子、黄山君服之。"丹丘子、黄山君

① (唐)皎然:《饮茶歌送郑容》,(清)彭定求等编:《全唐诗》卷八百二十一,中华书局1960年版,第9262页。

② (唐)韦应物:《喜园中茶生》,(清)彭定求等编:《全唐诗》卷一百九十三,中华书局1960年版,第1994页。

③ (唐)李肇撰,聂清风校注:《唐国史补校注》卷中,中华书局2021年版,第256页。

④ (清)彭定求等编:《全唐诗》卷四百九十四,中华书局1960年版,第5610页。

修炼仙道,离不了喝茶,应该也是因为喝茶可减轻体重,登仙时更显体态飘逸吧。

前饮皎然诗《饮茶歌送郑容》中即说到:"丹丘羽人轻玉食,采茶饮之生羽翼。"①

李涉《春山三竭来三首之二》诗云:

山上竭来采新茗,新花乱发前山顶。

琼英动摇钟乳碧,丛丛高下随崖岭。

未必蓬莱有仙药,能向鼎中云漠漠。

越瓯遥见裂鼻香,欲觉身轻骑白鹤。②

诗中的"身轻",亦指向饮茶的减肥效果。

陆羽《茶经》中所引列仙,不仅体态轻盈,还多长寿。茶能抗氧化,故饮之有延年益寿之效。包佶《抱疾谢李吏部赠诃黎勒叶》诗云:

一叶生西徼,赍来上海查。

岁时经水府,根本别天涯。

方士真难见,商胡辄自夸。

此香同异域,看色胜仙家。

茗饮暂调气,梧丸喜伐邪。

幸蒙祛老疾,深愿驻韶华。③

李白,字太白,十岁通诗书,喜纵横术、击剑,为人任侠,轻财重施。天宝初,南入会稽,与吴筠善,后随吴筠至长安,贺知章读其《蜀道难》,叹为谪仙人,言于玄宗,召见金銮殿,有赐食、亲为调羹之宠,李白遂供奉翰林,后浮游四方。安禄山反,唐玄宗亡蜀,永王李璘节度东南,辟卧于庐山的李白为府僚佐。李璘起兵反叛失败,李白被捕当诛,郭子仪请解官以赎,有诏长流夜郎。《唐才子传》说:"白晚节好黄、老,度牛渚矶,乘酒捉月,

---

① (唐)皎然:《饮茶歌送郑容》,(清)彭定求等编:《全唐诗》卷八百二十一,中华书局 1960 年版,第 9262 页。

② (唐)李涉:《春山三竭来三首之二》,(清)彭定求等编:《全唐诗》卷四百七十七,中华书局 1960 年版,第 5426 页。

③ (唐)白居易:《赠东邻王十三》,(清)彭定求等编:《全唐诗》卷四百四十八,中华书局 1960 年版,第 5044 页。

沉水中。"①文宗时,诏以白歌诗、裴旻剑舞、张旭草书为"三绝"。

李白传世茶诗二首,其一为《答族姪僧中孚赠玉泉仙人掌茶》,并有序,兹引如下:

> 余闻荆州玉泉寺近清溪诸山,山洞往往有乳窟,窟中多玉泉交流。其中有白蝙蝠,大如鸦。按《仙经》,蝙蝠一名仙鼠,千岁之后,体白如雪,栖则倒悬,盖饮乳水而长生也。其水边处处有茗草罗生,枝叶如碧玉。惟玉泉真公常采而饮之,年八十余岁,颜色如桃李。而此茗清香滑熟,异于他者,所以能还童振枯,扶人寿也。余游金陵,见宗僧中孚,示余茶数十片,拳然重叠,其状如手,号为"仙人掌茶"。盖新出乎玉泉之山,旷古未觌。因持之见遗,兼赠诗,要余答之,遂有此作。后之高僧大隐,知仙人掌茶发乎中孚禅子及青莲居士李白也。②

荆州玉泉寺,在今湖北省当阳市城西南的玉泉山东麓,隋开皇年间,天台宗创始人智顗大师在此创建玉泉寺,为天台宗祖庭之一。唐朝时,五祖弘忍弟子、禅宗北宗领袖神秀在此驻锡传法。依李白诗序,玉泉寺附近清溪山的山洞里多钟乳石,洞窟中有流泉,白蝙蝠栖止洞中,因饮钟乳泉而长寿。洞窟前的泉水边,茶树随处可见,枝繁叶茂,色如碧玉。玉泉寺真和尚经常采茶煮饮,面色灿若桃李。这里的茶清香宜人,口感爽滑,有返老还童、延年益寿的功效。

李白游金陵时,同宗族姪、僧人中孚给他展示了数十片采自钟乳洞附近的茶叶,干茶拳曲重叠,形状如手,被称为"仙人掌茶"。可能是因为产自清溪山的新茶,为罕见珍品,中孚便拿来送给李白,还赠诗一首,请李白酬答。盛情难却,李白便作此答诗,以期后世的高僧和隐士,都知道仙人掌茶源于禅僧中孚和青莲居士李白的这段茶缘。李白答诗如下:

> 常闻玉泉山,山洞多乳窟。
>
> 仙鼠如白鸦,倒悬清溪月。

① (元)辛云芳撰,孙映逵校注:《唐才子传校注》卷第二《李白》,中国社会科学出版社2013年版,第131页。
② (唐)李白:《答族姪僧中孚赠玉泉仙人掌茶》,(清)彭定求等编:《全唐诗》卷一百七十八,中华书局1960年版,第1818页。

> 茗生此中石,玉泉流不歇。
>
> 根柯洒芳津,采服润肌骨。
>
> 丛老卷绿叶,枝枝相接连。
>
> 曝成仙人掌,似拍洪崖肩。
>
> 举世未见之,其名定谁传。
>
> 宗英乃禅伯,投赠有佳篇。
>
> 清镜烛无盐,顾惭西子妍。
>
> 朝坐有余兴,长吟播诸天。①

这首诗大意是:我常常听说玉泉山的山洞,多是石钟乳丛生的洞窟。洞中的蝙蝠又名仙鼠,体色如白鸦,倒悬于石壁,闪亮如清溪山上之月。茶树生长在洞窟前的乱石间,旁边泉水淙淙,涌流不歇。茶树的根茎流出汁液,服之可润泽皮肤和骨骼。丛生的老枝上茶芽吐绿,茶叶把枝条连接在一起。采下茶叶,日晒萎凋,制成的茶叶形如仙人手掌,仿佛正在拍仙人洪崖的肩膀。这种茶举世罕见,仙人掌的名称由谁来传扬呢? 中孚乃禅林高僧,亦吾宗门英才,赠我此茶,兼赋诗篇佳作。尽管丑女无盐照着明镜时顾影自怜,惭愧自己不如西施长得好看,然而早起闲坐时,我忽然来了雅兴,苦苦沉吟,答诗一首,也想传播于三十二天之外。

　　李白诗序中的"还童振枯,扶人寿",说的是饮茶长寿;诗中"采服润肌骨",说的是喝茶能美容。

　　李华,字遐叔,唐玄宗开元进士,官监察御史、右补阙、检校吏部员外郎,与萧颖士齐名。其诗《云母泉诗》中写道:"泽药滋畦茂,气染茶瓯馨。饮液尽眉寿,餐和皆体平。琼浆驻容发,甘露莹心灵。"②诗中亦写茶有长寿养颜之效。

　　宋人钱易所撰《南部新书》记唐宣宗时事:

　　大中三年,东都进一僧,年一百二十岁。宣皇问:"服何药而至此?"

---

① (唐)李白:《答族侄僧中孚赠玉泉仙人掌茶》,(清)彭定求等编:《全唐诗》卷一百七十八,中华书局1960年版,第1818页。

② (唐)李华:《云母泉诗》,(清)彭定求等编:《全唐诗》卷一百五十三,中华书局1960年版,第1587页。

僧对曰:"臣少也贱,素不知药性。本好茶,至处唯茶是求。或出,亦日遇百余椀;如常日,亦不下四五十椀。"因赐茶五十斤,令居保寿寺。①

这位洛阳僧人因喜欢喝茶,而高寿120岁,得到了唐宣宗赐茶之恩。

《茶经·七之事》还引述了《孺子方》的一则偏方:"疗小儿无故惊蹶,以苦茶、葱须煮服之。"小儿惊厥时神经紊乱,呈突然抽搐症状,治疗这种急症,可以用苦茶和葱须一起煎水服用。看来,茶叶还是治疗一些疑难杂症的对症配料。

古代医方中涉及饮茶功能的还可列举如后:

《尔雅·释木》"苦荼"条注云:

树小如栀子,冬生叶,可煮作羹饮。今呼早采者为荼,晚取者为茗,一名荈,蜀人名之苦荼,生山南汉中山谷。

唐代孟诜撰《食疗本草》:

茗叶:利大肠,去热解痰。煮取汁,用煮粥良。又,茶主下气,除好睡,消宿食,当日成者良。蒸、捣经宿,用陈故者,即动风发气。市人有用槐、柳初生嫩芽叶杂之。②

唐苏敬编撰《新修本草》卷第十三"茗、苦荼"条:

茗,味甘、苦,微寒,无毒。主疮,利小便,去痰、热渴,令人少睡,秋采之。苦荼,主下气,消宿食,作饮加茱萸、葱、姜等,良。③

唐陈藏器撰《本草拾遗》:

茗,苦,寒,破热气,除瘴气,利大小肠,食宜热,冷即聚痰,是茗嫩叶,捣成饼,并得火良,久食令人瘦,去人脂,使不睡。

唐药王孙思邈《备急千金要方》:

茗叶:味苦咸酸冷,无毒。可久食,令人有力,悦志,微动气。黄帝云:不可共韭食,令人身重。④

① (宋)钱易撰:《南部新书·辛》,中华书局2002年版,第132页。
② (唐)孟诜、张鼎撰:《食疗本草》卷上《茗》,中华书局2011年版,第57页。
③ (唐)苏敬编撰:《新修本草》卷第十三《茗、苦荼》,山西科学技术出版社2013年版,第293页。
④ (唐)孙思邈著,李景荣等校释:《备急千金要方校释》卷第二十六《食治·果蔬》,人民卫生出版社2014年版,第908页。

孙思邈《千金翼方》：

茗苦茶茗：味甘苦微寒，无毒。主瘘疮，利小便，去痰热渴，令人少睡。春采之。

苦茶：主下气，消宿食，作饮加茱萸葱姜等良。[1]

唐代中药学家陈藏器撰有《本草拾遗》十卷，称："诸药为各病之药，茶为万病之药"，陈藏器提出"本草茶疗"概念，唐玄宗赐其"茶疗鼻祖"。

说到茶的功效，我们以卢仝那首著名的茶诗《走笔谢孟谏议寄新茶》收尾吧：

日高丈五睡正浓，军将打门惊周公。口云谏议送书信，白绢斜封三道印。开缄宛见谏议面，手阅月团三百片。闻道新年入山里，蛰虫惊动春风起。天子须尝阳羡茶，百草不敢先开花。仁风暗结珠琲瓃，先春抽出黄金芽。摘鲜焙芳旋封裹，至精至好且不奢。至尊之馀合王公，何事便到山人家。柴门反关无俗客，纱帽笼头自煎吃。碧云引风吹不断，白花浮光凝碗面。一椀喉吻润，两椀破孤闷。三椀搜枯肠，唯有文字五千卷。四椀发轻汗，平生不平事，尽向毛孔散。五椀肌骨清，六椀通仙灵。七椀吃不得也，唯觉两腋习习清风生。蓬莱山，在何处。玉川子，乘此清风欲归去。山上群仙司下土，地位清高隔风雨。安得知百万亿苍生命，堕在巅崖受辛苦。便为谏议问苍生，到头还得苏息否。[2]

---

① （唐）孙思邈著，李景荣等校释：《千金翼方校释》卷第三《本草中·木部中品》，人民卫生出版社2014年版，第86页。

② （唐）卢仝：《走笔谢孟谏议寄新茶》，（清）彭定求等编：《全唐诗》卷三百八十八，中华书局1960年版，第4379页。

《茶经》中的饮茶史 1:从神农氏到扬雄

中国人何时开始饮茶,茶又是如何流行开来的?

陆羽《茶经》中留下了不少线索,将这些线索连缀起来,也许就是一部唐前饮茶史。

《茶经·六之饮》云:"茶之为饮,发乎神农氏,闻于鲁周公,齐有晏婴,汉有扬雄、司马相如。"

炎帝神农氏是野生茶树的发现者。中国第一部药物学专著《神农本草经》,就记载说:"神农尝百草,一日遇七十二毒,得荼而解之。"这里的"荼",就是茶。《正字通》引《魏了翁集》曰:"茶之始,其字为荼。"意思是"茶"字最初当为"荼"。神农氏被中国人视为茶祖,他发现了茶,无意中体验了茶最初的药用价值:中毒之后,饮茶而解毒,起死而回生。

西汉淮南王刘安主编的《淮南子》卷十九《修务训》也说:"古者,民茹草饮水,采树木之实,食蠃蠬之肉。时多疾病毒伤之害,于是神农乃始教民播种五谷,相土地宜,燥湿肥墝高下,尝百草之滋味,水泉之甘苦,令民知所辟就。当此之时,一日而遇七十毒。"[1]

如果神农氏是第一个饮茶的人,他所饮还不是今天意义上的茶饮,而是一种汤药。而早期的茶,相当一段时间内是以药饮而非饮料流传于世的。值得一提的是,《汉书·地理志》中西汉的荼陵,包括酃县,而神农氏崩葬于荼乡之尾,今天酃县仍有炎帝陵。而荼陵、荼乡,今天称为茶陵、茶乡。

《茶经·一之源》云:"其字,或从草,或从木,或草木并。(原注:从草,

---

① 刘文典撰:《淮南鸿烈集解》卷十九《修务训》,中华书局 1989 年版,第 630 页。

当作'荼',其字出《开元文字音义》。从木,当作'槚',其字出《本草》。草木并,作'荼',其字出《尔雅》。)"陆羽又说:"其名,一曰荼,二曰槚,三曰蔎,四曰茗,五曰荈。(原注:周公云:'槚,苦荼。')"《尔雅》有言周公所作,故注以《尔雅》对"槚"的释义,说成是周公所言。以上就是周公与茶的缘分。陆羽说"闻于鲁周公",看来肯定的更多的是周公《尔雅》对茶字、茶名的记录之功。

《周礼·地官》载:"掌荼,掌以时聚荼,以共丧事。"①郑玄注:"共丧事者,以著物也。《既夕礼》曰:'茵著用荼。'"②贾公彦疏:"案《既夕礼》,为茵之法,用缁翦布。谓浅黑色之布各一幅,合缝,著以荼。柩未入圹之时,先陈于棺下,缩二于下,横三于上,乃下棺于茵上是也。"③

有专家认为这里的"荼"指的是茶,如果此说为真,说明周代时,茶已开始用于丧葬,而且有专门的官员负责。可能是因为茶有香味,且可去毒。

《茶经·七之事》引《晏子春秋》:"婴相齐景公时,食脱粟之饭,炙三弋、五卵,茗菜而已。"晏婴在担任齐景公相国时,晏婴吃的是糙米饭,三五样肉蛋,茶和蔬菜而已。《说文解字》"新附字"中说:"茗,荼芽也。"看来,晏婴是把茶当成菜来吃的。今天,在云南临沧等茶叶产区,当地的少数民族依旧有把茶叶做成菜的习惯。

顾炎武《日知录》卷七中说:"自秦人取蜀而后始有茗饮之事。"④

到了西汉,陆羽提到了扬雄和司马相如两位与饮茶相关的人物。陆羽之所以提到扬雄,是因为,陆羽所总结的茶的五个名称:荼、槚、蔎、茗荈,其中的"蔎",就是扬雄记载的。"杨执戟云:'蜀西南人谓荼曰蔎。'"杨执戟,就是西汉大文豪扬雄,蜀人称荼为蔎,出现在扬雄的《方言》中。

---

① (汉)郑玄注,(唐)贾公彦疏:《周礼注疏》卷第十六,北京大学出版社1999年版,第422页。
② (汉)郑玄注,(唐)贾公彦疏:《周礼注疏》卷第十六,北京大学出版社1999年版,第422页。
③ (汉)郑玄注,(唐)贾公彦疏:《周礼注疏》卷第十六,北京大学出版社1999年版,第422页。
④ (清)顾炎武著,黄汝成集释:《日知录集释》卷七《茶》,上海古籍出版社2006年版,第449页。

司马相如抚琴而挑动卓文君情思，以至双双私奔，卓文君当垆卖酒之际，是否也煮茗相悦呢？司马相如的《凡将篇》仅 38 字，"荈诧"（即茶）就占其二字，所以陆羽要将司马相如载入茶史。

扬雄（前 53—18）和司马相如（约前 179—前 118）的记载说明，茶在西汉已经广为人知了。

当然，西汉时期不得不提的还有一位人物：王褒（前 90—前 51），字子渊，是西汉宣帝时的文学家，任过谏大夫，与扬雄齐名。王褒的《僮约》中记载了这样一个故事：蜀郡人王子渊因事寄宿于成都寡妇杨惠的家里，杨惠丈夫生前买来一位奴仆，名叫便了。王子渊请这个便了去打酒，没想到便了没去酤酒，反倒提着根大棒来到杨惠丈夫的坟上，高声叫道："你当初买我的时候，只说为你死后守坟，没说要给别的男人买酒啊！"王子渊一听，很生气，就问杨惠："你家奴才能卖吗？"杨惠说："他很粗鲁，没人要啊！"王子渊当即就要把这个奴仆买下，奴仆说："你要买我，就得把要干的活都写在契约里，没写进去的事情，我是不会干的。"王子渊说："好！"

王子渊便写了一纸券文，上面把仆人每天从早到晚、从春到冬要做的事情写得清清楚楚，还有相应的惩处条例，估计照着干下去，不是累死就是被揍死。便了读完，吓得连连叩头，涕泪如雨，两手拼命扇自己耳光，求饶说："照您所说去做的话，还不如先下黄泉算了！早知如此，我一定会给您买酒去！哪敢作恶啊！"

在《僮约》中，王褒给仆人吩咐的任务中，就包括"烹茶尽具"和"武阳买茶"。武阳县，汉置县名，在今四川彭山县。说明在当时，喝茶已经成为士大夫日常生活中不可缺少的东西，武阳可能还是当时的茶叶市场所在。

由此看来，从神农氏到西汉时的扬雄，从约公元前 5 千年到公元初，这五千年时间里，茶经历了从药用、礼用、食用到饮用的过程。到了西汉，开始形成了士大夫饮茶的风气。

《汉书·地理志》载，长沙国属县中有"荼陵"，即今茶陵县。《茶经·七之事》引《茶陵图经》："茶陵者，所谓陵谷生茶茗焉。"因产茶而取县名，由此而有了中国第一个以茶命名的县。

四川雅安蒙顶山上的皇茶园为宋孝宗淳熙十三年（1186）颁赐，相传为甘露道人吴理真于西汉甘露三年(前53)手植,共七株。吴里真是中国有文字记载的最早的种茶人,这一传说显示,在西汉时期,蜀人已经种植茶园。

《茶经》中的饮茶史 2：三国两晋茶事

三国时代，孙权之孙孙皓（242—284）被迎立为吴主，是历史上臭名昭著的统治者之一。但孙皓却是茶史上不可不提的人物之一。《茶经·七之事》引南朝宋史学家山谦之所撰《吴兴记》："乌程县西二十里，有温山，出御荈。"乌程县即今湖州，温山御荈的记载，说明湖州在南朝时期既已出贡茶。而孙皓恰恰为乌程侯，乌程是孙皓的封地。

孙皓好酒，经常举办酒会，喜欢把群臣灌醉后让侍臣揭发他们的私短，激发其酒后怒气上冲，从而言语有失，孙皓便借机施加刑戮。不过，在杀机四起的朝宴上，孙皓总是对韦曜法外开恩，陆羽《茶经·七之事》引《吴志·韦曜传》："孙皓每飨宴，坐席无不悉以七升为限，虽不尽入口，皆浇灌取尽。曜饮酒不过二升，皓初礼异，密赐茶荈以代酒。"参加孙皓的酒宴，得有七升的酒量，喝不完的，酒就会浇到脑袋上，自然很狼狈。而孙皓却帮韦曜作弊，偷偷赐以茶水，免得他在酒席上不小心就送了命。这就是史传最早的"以酒代茶"的记载。

这说明，在三国时期的江南，茶已经进入了王侯的深宫了。

在西晋，饥荒年代百姓纷纷饿死，晋惠帝一句"何不食肉糜"，让他史上留名。不过，晋惠帝和茶的缘分，可不是在温柔富贵的宫中，而是在内乱中单车走洛阳的饥寒交迫时刻，陆羽《茶经·七之事》引《晋四王起事》："惠帝蒙尘，还洛阳，黄门以瓦盂盛茶上至尊。"晋惠帝因北讨成都王司马颖而军败荡阴，黄门郎买粗米饭，用瓦盆盛着给惠帝吃，还用陶碗喝了茶。显然，没有这一陶碗茶，那盆粗饭是难以下咽的。晋惠帝以陶碗饮茶的史事，说明当时饮茶之风已深入北方民间，而那碗茶，正好慰藉安顿了司马衷那颗惊慌失

191

措的心。

在西晋的宫廷里,也上演过和茶有关的一桩奇事。《茶经·七之事》引宋《江氏家传》,说江统在担任太子洗马时,曾上疏劝谏愍怀太子:"今西园卖醯、面、蓝子、菜、茶之属,亏败国体"。

西园为皇家园林,深得惠帝喜爱的愍怀太子司马遹(278—300),在宫中玩起了农贸市场的游戏,亲自卖茶作乐,结果被太后贾南风算计,被害致死。太子模仿当时的集市贸易在宫中卖茶,说明在晋惠帝时期,卖茶已成洛阳的一种行业。

晋惠帝时,贾后专权,外甥贾谧当政,其党羽号为"二十四友",刘琨就是其中之一。攀附权贵的刘琨虽有污点,但后来在抗击匈奴中,又表现了他忠勇的一面。任并州刺史时,刘琨联合鲜卑猗卢大败刘粲,而自己父母双双遇害。刘琨又冒险亲率大军进击石勒,中了石勒的埋伏,全军覆没。

刘琨因与祖逖一起"闻鸡起舞"而留名青史。陆羽《茶经·七之事》记载了刘琨写给侄子南兖州刺史刘演的一封家书,信中说:"吾体中愦闷,常仰真茶,汝可致之。"四处征战中的刘琨,为了一解心中烦闷,浇胸中块垒,写信给亲人要茶喝,可见,在西晋时,人们就发现了茶可宽心的功效。

在当时的文人眼里,茶又是何等形象呢?

左思是西晋文坛的翘楚,"洛阳纸贵"足以说明他的影响力。陆羽《茶经·七之事》摘录了左思的《娇女诗》,这首诗中,左思描述自家娇女"心为茶荈剧,吹嘘对鼎鑺"。说明左思一家不仅爱喝茶,还以煮茶为乐,以至于黛眉丹唇的娇娇女,也挽袖上场,动手烹茶煮茶。看来,喝茶已然成为当时的文人雅趣。

晋代知名文学家张载,虽形貌丑怪,却"博学有文章"[1],被房玄龄封为"当代文宗"[2]。陆羽《茶经·七之事》载张孟阳《登成都楼诗》后十六句,其中一句就如此写茶:"芳茶冠六清,溢味播九区。"依郑玄《周礼》注:"六清,水、浆、醴、凉、醫、酏。"[3]在张载看来,茶香已远超这六种饮品。张载诗中还

---

① (唐)房玄龄等撰:《晋书》卷五十五《张载传》,中华书局1974年版,第1516页。
② (唐)房玄龄等撰:《晋书》卷五十五《张载传》,中华书局1974年版,第1525页。
③ (汉)郑玄注,(唐)贾公彦疏:《周礼注疏》卷第四,北京大学出版社1999年版,第79页。

透露了这样的信息：在当时，蜀茶已经畅行全国很多地区。孙楚是西晋时才藻卓绝的大文豪，写给孙皓的劝降书就出自他的手笔。陆羽《茶经·七之事》引了孙楚的《歌》诗，其中说"姜、桂、茶荈出巴蜀"，也说明当时巴蜀地区的茶叶已经名闻天下。

茶叶的流播，需要市场的推动。而西晋大儒傅玄之子傅咸，就曾经对西晋当时市场上出现的"城管"大肆讨伐，陆羽《茶经·七之事》引用了傅咸《司隶教》中的一段话："闻南方有蜀妪作茶粥卖，为廉事打破其器具，后又卖饼于市，而禁茶粥以因蜀妪何哉？"身为司隶校尉的傅咸，在其职务行为的指令性文件《司隶教》中，对廉事禁茶粥的行为深表不满。摆摊卖茶的老太太得到了一向敢于犯言直谏、刚正直率的傅咸的声援，傅咸可能是中国第一个反对城管的官员。

这一细节说明，西晋首都洛阳的市场里，出现了卖茶粥的小生意，而个体户是来自蜀地的老妇女，看来四川一带的茶叶和茶饮生活方式已经蔓延到了洛阳，可见当时茶饮茶食已进入寻常市井生活。

我们今天喜欢以茶待客，在晋代，是否已经如此？

陆羽追尊曾任吴兴太守的陆纳为远祖，我们知道，陆羽就是在吴兴隐居终老的。陆羽《茶经·七之事》援引《晋中兴书》，讲述了陆纳在吴兴的一件轶事。当时，赫赫有名的大人物卫将军谢安大驾光临，陆纳是这样招待的："安既至，所设唯茶果而已。"谢安驾到，陆纳只摆了点茶和水果招待他。而陆纳的侄子陆俶却自作聪明，私下准备了一顿山珍海味，结果被陆纳打了40大棍。看来，在东晋时期，士大夫已经将茶作为招待客人的饮品了。

唐代虞世南主编的《北堂书钞》引东晋裴渊《广州记》："西平县出皋卢，茗之别名，叶大而涩，南人以为饮。"西平县即为后之归善县，古属惠州。说明东晋时期，茶已传播至南部沿海地区。

《茶经》中的饮茶史3：南北朝茶事

五胡乱华,晋室南渡,从公元420年刘裕代晋到公元589年隋灭陈再次江山一统,近两百年南北对峙的分裂,是为南北朝。在南朝,宋、齐、梁、陈走马灯似的政权更迭。在北朝亦上演类似的剧本,北魏分裂为东魏、西魏,进而分别被北齐、北周取代,北周灭北齐,又由杨坚夺了外孙的宝座,隋朝终结了南北朝的分裂。

乱世之中,茶又给人们带来了怎样的慰藉?

佛门为避世一大去处,而佛门中饮茶,在晋代已见端倪。陆羽《茶经》记载了三位僧人的饮茶故事,其中一位叫单道开,即为晋代时的敦煌人。《七之事》援引《艺术传》的记载,说单道开"常服小石子,所服药有松、桂、蜜之气,所饮茶苏而已"。每天喝多少茶呢?《晋书·单道开传》说单道开一天的饮茶量有一二升,也算是嗜茶如命了。单道开在后赵首都邺城的寺中造了八九丈高的阁楼,又在其间用菅草编织了一个禅室,经常坐在里面修炼。单道开建禅室,饮茶苏,似已露禅茶之端倪。

到了南朝,宋时的高僧释法瑶,则被人视为禅茶第一人。

释法瑶俗姓杨,当出自名门望族。宋文帝刘义隆元嘉年间南渡江左,栖止于武康(今浙江湖州市德清县境)小山寺。《茶经·七之事》援引《续名僧传》,说释法瑶"年垂悬车,饭所饮茶"。悬车,原意为黄昏前,用以指老人70岁退休致仕。释法瑶一直到老都爱喝茶,喜欢以茶代饭。

同为刘宋时高僧的昙济,《茶经·七之事》引《宋录》所载,说孝武帝的儿子新安王子刘鸾、豫章王刘子尚,两位王子去八公山上的东寺拜访昙济。"道人设茶茗。子尚味之曰:'此甘露也,何言茶茗?'"

昙济拿出了最好的茶来招待两位王爷,刘子尚品茗后感觉甚好,以至于问昙济："这不就是传说中的甘露嘛，怎么会是茶呢？"

可见，昙济的茶是多么的让人回味了。昙济作为一名高僧，他的茶能被贵为皇子的王爷兄弟所叹赏，可见他不仅爱品茗，且藏有茶中极品。

高僧在禅修之际，品茶静心，慢慢成为风气。而南朝的诗人们，饮茶也成了一种激发性灵的雅趣。

宋时诗人王微《杂诗》写采桑女丈夫阵亡疆场，独自怀思，空房寂寥，唯有以茶解忧："寂寂掩高阁，寥寥空广厦。待君竟不归，收领今就槚。"槚，即茶。诗中的主人公孤独寂寥，守望远征夫君未果，茶成了解闷的最好选择。诗人王微已发觉了茶能解忧，从精神层面上发掘了茶的功效，使得茶附加了丰富的人文意涵和魅力。

南朝诗人中，左思与其妹左棻、鲍照与其妹鲍令晖，兄妹皆以文学见长。陆羽《茶经·七之事》说鲍令晖著有《香茗赋》。

鲍照兄妹出自寒门士族，贫寒之家，兄妹相伴，自然感情至深。哥哥在任未归，鲍令晖写《寄行人》以发胸臆：

桂吐两三枝，兰开四五叶。

是时君不归，春风徒笑妾。

桂已吐枝，兰已开花，兄长却未回家，只好让春风一笑自己的思念落空。鲍令晖的拟古诗，词凄婉，意真切，从中也不难体会她对鲍照的牵挂，如《拟青青河畔草》："人生谁不别，恨君早从戎。"《拟客从远方来》："木有相思文，弦有别离音。"

可以想见，鲍令晖在寂寥的空闺怀想亲人时，所能寄托的，当为一盏清茶。茶香起处，溢满了思念的滋味。而一篇《香茗赋》，也就在她的明眸扬起时，灵感不期而至了。可惜的是，对于散佚不存的《香茗赋》，我们只能从一杯热茶中，去追寻她那附着了心香的意蕴了。

在南朝，茶与皇帝、大臣的缘分也在继续上演。

南朝宋时，刘善明出任海陵太守时，"郡境边海，无树木，善明课民种榆槚杂果，遂获其利"[1]。说明当时茶已成为经济作物由官方推广种植。

---

[1] （梁）萧子显：《南齐书》卷二十八《刘善明传》，中华书局 1972 年版，第 523 页。

南齐开国皇帝萧道成的长子、武帝萧赜(440—493),他治理时期不仅相对繁荣,还出现了中国文学史上的一大亮点"永明体"。

陆羽《茶经·七之事》说:"南齐世祖武皇帝《遗诏》:'我灵座上慎勿以牲为祭,但设饼果、茶饮、干饭、酒脯而已'"。

齐武帝要求自己去世后祭祀不杀生,且祭品中要有茶,还希望向全社会推广成为制度。

萧赜、萧子良、萧衍,两位皇帝,一位丞相,是南朝素食运动的倡导者,而茶,很少有人想到,茶对素食运动也有其独到的贡献。

梁武帝萧衍时期,很器重文人刘孝绰,说"第一官当用第一人"。第一官,指的是秘书丞。而第一人,说的就是刘孝绰。刘孝绰还是昭明太子萧统的"东宫十学士"之一。当然,作为文人,刘孝绰和宫廷文学的领袖萧纲关系也不错,《茶经·七之事》引刘孝绰《谢晋安王饷米等启》,其中提到,晋安王萧纲送给刘孝绰的八种礼物,其中就有茗茶。这说明,在当时,茶的用途已经包括"茶礼"了,而且还是王子的送礼佳品。当然,萧纲送给太子身边人礼物,应该是刘孝绰喜欢的,也许,刘孝绰很爱喝茶,萧纲才以茶相赠。

梁武帝作为深信佛教的菩萨皇帝,对上清派道教宗师陶弘景也格外垂青,奉为国师:"国家每有吉凶征讨大事,无不前以谘询。月中常有数信,时人谓为山中宰相。"[1]

陶弘景深谙喝茶养生之道,八十多岁看起来还像青壮年。陆羽《茶经·七之事》引陶弘景《杂录》:"苦茶,轻身换骨,昔丹丘子、黄山君服之。"陶弘景从亲身经历发现,喝茶可以减肥,要不丹丘子、黄山君这样的仙人也爱喝茶呢。

南朝陈时,陈世祖文皇帝陈蒨天嘉六年(565),茶已进入了国家重要礼仪大典中:

> 至六年十一月,侍中尚书左仆射、建昌侯徐陵,仪曹郎中沈罕,奏来年元会仪注,称舍人蔡景历奉敕,先会一日,太乐展宫悬、高絙、五案于殿庭。客入,奏《相和》五引。帝出,黄门侍郎举麾于殿上,掌故应之,

_____

① (唐)李延寿撰:《南史》卷七十六《陶弘景传》,中华书局1975年版,第1899页。

举于阶下，奏《康韶》之乐。诏延王公登，奏《变韶》。奉珪璧讫，初引下殿，奏亦如之。帝兴，入便殿，奏《穆韶》。更衣又出，奏亦如之。帝举酒，奏《绥韶》。进膳，奏《侑韶》。帝御茶果，太常丞跪请进舞《七德》，继之《九序》。①

在陆羽的《茶经·七之事》中，北朝有茶缘的人，举了北魏的王肃。王肃本来来自南方，因父兄被齐武帝萧赜所害，便转投北魏，得到了北魏孝文帝元宏的器重，还做了驸马。

陆羽《茶经·七之事》记载了一个故事，说王肃在江南喜欢喝茶，到了北方后又喜欢喝奶酪。到底哪个更好？王肃说："茶做不了奶酪的奴仆。"当然，这是为了投北方人所好而说的。事实上，《洛阳伽蓝记》说，王肃刚到北魏时不喜欢喝奶酪，依旧保持喝茶的习惯，而且一次能喝一斗，外号"漏卮"。多年以后，和孝文帝一起吃饭多了，喝奶酪才多起来。当孝文帝让他比较茶和奶酪的优劣时，他不得不说茶配不上做奶酪的奴隶，也许这是一种自谦：我王肃，不堪皇上您驱使啊！这样说，自然能得孝文帝的欢心。事实上，在当时，鲜卑武士和汉族文人一直在朝廷上关系紧张，王肃主动降低茗茶的身份，也是韬光养晦的表现。但没想到，茶饮竟然因此被称为酪奴了。

不过，《洛阳伽蓝记》中说，王肃喝茶的习惯也影响了北朝的大臣和民众，如"时给事中刘缟慕肃之风，专习茗饮"②。而且朝廷和贵族们举办宴会时，也会摆上茗饮，虽然大多是江南来的朝士喝了，但终究，茶在北方朝野也慢慢盛行起来了。

---

① （唐）魏徵等撰：《隋书》卷十三《音乐志上》，中华书局 1973 年版，第 309 页。
② （北魏）杨衒之撰，范祥雍校注：《洛阳伽蓝记校注》卷三《正觉寺》，上海古籍出版社 2011年版，第 148 页。

《茶经》中的饮茶史4:唐朝茶事

　　《茶经》中的《七之事》,记载历代茶人茶事,可其中陆羽记本朝人物,只写了一人:李勣。李勣主持编撰、修定的《新修本草》,即《唐本草》。这部世界上最早的药典,述"茶"字源头,载一"槚"字。该书《菜部》释"苦茶"一名"茶",《木部》释"茗"乃"苦茶","主瘘疮,利小便,去痰渴热,令人少睡。秋采之苦,主下气消食。"这些信息陆羽摘入了《茶经》。

　　看来,《唐本草》的编定,在陆羽眼中,亦为茶文化史上值得一提的大事。唐代诗人温庭筠,所著《采茶录》,存世佚文中记载了白居易和刘禹锡两位诗人的一则轶事:"白乐天方斋,禹锡正病酒。禹锡乃馈菊苗、虀、芦菔、鲊,换取乐天六班茶二囊,以自醒酒。"[①]刘禹锡喝酒醉得不浅,便以菊苗、碎咸菜、萝卜和腌鱼,找白居易换得茶来醒酒。此事说明,唐人以茶醒酒的做法开始流行了。

　　我们从陆羽的经历和《茶经》中写就的内容,足可一窥唐时制茶饮茶的景象。

　　《茶经·六之饮》中说:"滂时浸俗,盛于国朝,两都并荆渝间,以为比屋之饮。"从陆羽所述可知,随着饮茶风气的不断浸润扩散,在唐朝进入了饮茶的兴盛期,在长安、洛阳东西两督和荆州、巴渝等地,几乎家家户户饮茶。在唐朝,茶成了"比屋之饮"。

　　从饮茶风气看,《新唐书》和《唐才子传》的陆羽本传均称,随着《茶经》

---

① （唐）温庭筠:《采茶录》,方健汇编校证:《中国茶书全集校证》,中州古籍出版社2015年版,第218页。

的传播，"天下益知饮茶矣"①。亦可见唐代饮茶已经蔚然成风。唐代裴汶的《茶述》亦说："茶起于东晋，盛于今朝。"②唐杨晔《膳夫经手录》说："茶，古不闻食之。近晋宋以降，吴人采其叶煮，是为茗粥。至开元、天宝之间，稍稍有茶；至德、大历遂多；建中已后盛矣。茗丝盐铁，管榷存焉。今江夏以东，淮安以南皆有之。"③建中为唐德宗李适的年号，自公元780年正月至783年，杨晔指出了唐朝饮茶兴盛的具体时间点。此时，顾渚贡茶院已兴办十余年，《膳夫经手录》成书于唐宣宗大中十年（856），当可采信。据《膳夫经手录》，当时北方地区饮茶也已蔚然成风："饶州浮梁茶，今关西、山东间阎村落皆吃之，累日不食犹得，不得一日无茶也。"④

《封氏闻见记》载，陆羽著《茶论》，创煎茶炙茶之法，造茶具二十四事，加上常伯熊"又因鸿渐之论广润色之，于是茶道大行，王公朝士无不饮者"⑤。

王公朝士好茶，从唐朝中央政府机构如下细节可见一斑：《因话录》载，御史台有三院，一为台院，二为殿院，三为察院。"察常主院中茶，茶必市蜀之佳者，贮于陶器，以防暑湿。御史躬亲缄启，故谓之'茶瓶厅'。"⑥御史台察院诸厅，有专门的茶瓶厅，主管茶叶的采办和存储，可见茶在唐朝中枢机构中也是不可或缺之物。

不仅王公朝士，即便奴婢也饮茶成风。晚唐诗人李昌符《婢仆诗》中描写：

不论秋菊与春花，个个能噇空腹茶。

---

① （元）辛云芳撰，孙映逵校注：《唐才子传校注》卷第三《陆羽传》，中国社会科学出版社2013年版，第212页。
② （唐）裴汶：《茶述》，方健汇编校证：《中国茶书全集校证》，中州古籍出版社2015年版，第196页。
③ （唐）杨晔：《膳夫经手录·茶》，方健汇编校证：《中国茶书全集校证》，中州古籍出版社2015年版，第211页。
④ （唐）杨晔：《膳夫经手录·茶》，方健汇编校证：《中国茶书全集校证》，中州古籍出版社2015年版，第211页。
⑤ （唐）封演撰，赵贞信校注：《封氏闻见记校注》卷六《饮茶》，中华书局2005年版，第51页。
⑥ （唐）赵璘撰，黎泽湖校笺：《因话录校笺》卷第五《徵部》，合肥工业大学出版社2013年版，第83页。

无事莫教频入库，一名闲物要些些。①

曾任湖州刺史的杜牧，在《上李太尉论江贼书》中报告了劫江贼在船上劫杀商旅，得异色财物后入山博茶的现象。文中可窥当时茶山盛况之一斑："盖以异色财物，不敢货于城市，唯有茶山可以销受。盖以茶熟之际，四远商人，皆将锦绣缯缬、金钗银钏，入山交易，妇人稚子，尽衣华服，吏见不问，人见不惊。"②因茶山繁荣而催生的市场，竟然引起了盗贼的注意，将茶山当作销赃的好去处。杜牧还有诗《入茶山下题水口草市绝句》写到水口草市：

倚溪侵岭多高树，夸酒书旗有小楼。

惊起鸳鸯岂无恨，一双飞去却回头。③

顾渚贡茶院就在湖州长兴县水口镇境内，所谓草市，当是人们在此以茅草盖屋，而形成的茶叶集贸市场。

陆羽被祀为茶神，商家烧制陆羽陶人像，买十个茶器，赠一个陶人。为了生意亨通，卖茶者还给陆羽陶像上淋茶水，亦证唐朝的茶叶贸易开始盛行。

唐诗中不时透露出当时茶叶商贸流行的盛况。最知名的自然是白居易的《琵琶行并序》，其中有一段写到琵琶女色衰之后的命运："门前冷落鞍马稀，老大嫁作商人妇。商人重利轻别离，前月浮梁买茶去。去来江口守空船，绕船月明江水寒。夜深忽梦少年事，梦啼妆泪红阑干。"④浮梁，今属江西景德镇，唐玄宗天宝元年(742)，新昌县更名为浮梁县。浮梁在唐代为茶叶核心产区之一，且为重要的茶叶集散中心。《元和郡县图志》载："每岁出茶七百万驮，税五十余万贯。"⑤刘津《婺源诸县都制置新城记》中说："太和

① (唐)李昌符：《婢仆诗》，(清)彭定求等编：《全唐诗》卷八百七十，中华书局1960年版，第9864页。

② (清)董诰编：《全唐文》卷第七百五十一，中华书局1983年版，第3451页。

③ (唐)杜牧：《入茶山下题水口草市绝句》，载吴在庆校注：《杜牧集系年校注》，中华书局2013年版，第206页。

④ (唐)白居易：《琵琶引并序》，(清)彭定求等编：《全唐诗》卷四百三十五，中华书局1960年版，第4822页。

⑤ (唐)李吉甫撰：《元和郡县图志》卷第二十八《江南道四·浮梁》，中华书局1983年版，第672页。

中，以婺源、浮梁、祁门、德兴四县茶货实多，兵甲且众，甚殷户口，素是奥区。"①

和陆羽同时代的诗人王建在《寄汴州令狐相公》中说：

三军江口拥双旌，虎帐长开自教兵。

机锁恶徒狂寇尽，恩驱老将壮心生。

水门向晚茶商闹，桥市通宵酒客行。

秋日梁王池阁好，新歌散入管弦声。②

汴州在今河南开封。令狐相公为令狐楚，唐穆宗李恒长庆四年（824）九月任礼部检校尚书、汴州刺史、充宣武军节度使。诗中王建描述了令狐楚的武将威风后，笔锋转向了汴梁水门夜市中茶商经营的热闹场面和桥市酒客通宵不散的繁荣情形。西汉时汉景帝之子梁孝王刘武修建的梁园，在入秋之际风景甚好，管弦声中，隐隐传来新歌的婉转。

诗中可见，在江河的重要渡口，茶叶运转和交易已蔚然成风。

许浑《送人归吴兴》诗：

绿水棹云月，洞庭归路长。

春桥悬酒幔，夜栅集茶樯。

箬叶沉溪暖，蘋花绕郭香。

应逢柳太守，为说过潇湘。③

诗中所写"茶樯"，即专门运输茶叶的茶船。

杨晔《膳夫经手录》中说："蒙顶（自此以降言少而精者），始蜀茶得名蒙顶于元和之前，束帛不能易一斤先春蒙顶。是以蒙顶前后之人，竞栽茶以规厚利。不数十年间，遂新安草市岁出千万斤。虽非蒙顶，亦希颜之徒。"④这则材料透露了如下信息：其一，蒙顶茶因少而精，成为当时的茶中奢侈品，价

---

① （清）董诰编：《全唐文》卷第八百七十一，中华书局 1983 年版，第 4041 页。

② （唐）王建：《寄汴州令狐相公》，（清）彭定求等编：《全唐诗》卷三百，中华书局 1960 年版，第 3406 页。

③ （唐）许浑：《送人归吴兴》，（清）彭定求等编：《全唐诗》卷五百三十一，中华书局 1960 年版，第 6069 页。

④ （唐）杨晔：《膳夫经手录·茶》，方健汇编校证：《中国茶书全集校证》，中州古籍出版社 2015 年版，第 212 页。

格昂贵;其二,蒙顶茶的炙手可热,带动了周边地区的茶叶种植和产量激增,也催生了仿制之风,这似乎也成了茶叶仿冒名山之风的始作俑者。

《新唐书》的陆羽本传还说:"其后尚茶成风,时回纥入朝,始驱马市茶。"①陆羽时代,不仅饮茶成风,茶马古道也开始起步了。《封氏闻见记》说茶"始自中地,流于塞外。往年回鹘入朝,大驱名马,市茶而归,亦足怪焉"②。唐太宗贞观十五年(641),松赞干布迎娶文成公主,文成公主随行嫁妆中就有岳州名茶"邕湖含膏"。茶叶,遂随文成公主入藏。《藏史》载:"藏王松冈布之孙时,始自中国输入茶叶,为茶叶输入西藏之始。"

唐中宗李显景龙四年(710),金城公主入藏,陪嫁中也有茶叶。公元743年,唐蕃会盟,立碑于赤岭(今青海日月山),建立茶马互市。吐蕃专人经营汉地五商茶,唐朝则设立"茶马司",管理汉地与吐蕃的茶马贸易。

茶叶入藏之品类丰富,从下面这则材料可见一斑:

> 常鲁公使西蕃,烹茶帐中,赞普问曰:"此为何物?"鲁公曰:"涤烦疗渴,所谓茶也。"赞普曰:"我此亦有。"遂命出之,以指曰:"此寿州者,此舒州者,此顾渚者,此蕲门者,此昌明者,此㵉湖者。"③

明代时达仓宗巴·班觉桑布所著《汉藏史集》中,《茶叶和碗在吐蕃出现的故事》《茶叶的种类》两章记录茶叶在吐蕃的传播情况。其中说道:"卖茶叶的以及喝茶的人数目很多,但是对于饮茶最为精通的是汉地的和尚,此后噶米王向和尚学会了烹茶,米札衮布向噶米王学会了烹茶,这以后依次传了下来。"④

就饮茶习俗而言,陆羽记载当时民间有在茶里加入葱、姜、枣、橘子皮、茱萸、薄荷等一起烹煮的习惯,陆羽对此煮茶法并不苟同。

陆羽烹茶已经晋级到讲究的阶段,他煮茶时会"调之以盐味",要求茶味"隽永",已经将茶从实用性向精神享受上靠拢。陆羽还"始创煎茶法",

① (宋)欧阳修、宋祁撰:《新唐书》卷一百九十六《隐逸·陆羽传》,中华书局1975年版,第5612页。
② (唐)封演撰,赵贞信校注:《封氏闻见记校注》卷六《饮茶》,中华书局2005年版,第52页。
③ (唐)李肇撰,聂清风校注:《唐国史补校注》卷下,中华书局2021年版,第309页。
④ (明)达仓宗巴·班觉桑布著,陈庆英译:《汉藏史集》,青海人民出版社2017年版,第127页。

可见其烹茶的品位与创造力。

在《茶经·三之造》中，陆羽记载了制茶的七大工序："采之、蒸之、捣之、焙之、穿之、封之、茶之干矣。"可见，唐人采茶制茶储茶已经很形成了相对成熟的工艺流程。

茶、水、火，三者和合，方成至味。煮茶之火，陆羽要求活火。煮茶之水，陆羽《茶经·五之煮》说："其水，用山水上，江水中，井水下。"山水，"拣乳泉、石池慢流者上。"江水，"取去人远者"。

陆羽是识水大师。唐代张又新《煎茶水记》，记载了陆羽对天下好水前20名的排行榜。排名前三位的为：庐山康王谷水帘水第一；无锡县惠山寺石泉水第二；蕲州兰溪石下水第三。

以火煮水，火候的把握也很微妙。陆羽《茶经·五之煮》主张只取前三沸：一沸如鱼目，二沸缘边如涌泉连珠，三沸如腾波鼓浪。

茶汤，陆羽重视沫饽："沫饽，汤之华也。"关于茶汤的品鉴，唐人苏廙《十六汤品》，分别依水之老嫩、注之缓急、器之材质、薪之出火，而形成了十六汤之细微之别，唐人品评茶汤优劣，已然出神入化。

陆羽判读好茶的标准为"啜苦咽甘"，即苦而回甘，也许正是这一特点，使得茶最宜精行俭德之人。《茶经·五之煮》所列炙茶、碾末、炭火、择水、加盐、入末、育汤华、酌茶、饮茶之法，显示了唐代煮茶工序之精致入微。

《茶经·四之器》详细介绍了风炉、灰承、筥、炭挝、火筴、鍑、交床、夹、纸囊、碾、罗合、则、水方、漉水囊、瓢、竹夹、鹾簋、熟盂、碗、畚、札、涤方、滓方、巾、具列、都篮等28种煮茶和饮茶器具，涉及生火、煮茶、烤茶、碾茶、量茶、盛水、滤水、取水、盛盐、取盐、饮茶、盛茶、摆设和清洁用具等。《封氏闻见记》说陆羽所叙茶器，"远远倾慕，好事者家藏一副"[1]。这一细节足见唐朝人饮茶的讲究与品位。

随着唐代茶艺的发展，还出现了所谓的"汤戏"，即以茶汤沫饽作画成诗。精通茶艺的僧人福泉，在其《汤戏（注汤幻茶）》一诗并序中，描绘了自己的独门绝技：

① （唐）封演撰，赵贞信校注：《封氏闻见记校注》卷六《饮茶》，中华书局2005年版，第51页。

馔茶而幻出物象于汤面者,茶匠通神之艺也。沙门福全生于金乡,长于茶海,能注汤幻茶成一句诗,并点四瓯,共一绝句,泛乎汤表,小小物类,唾手办耳。檀越日造门求观汤戏,全自咏曰:

生成盏里水丹青,巧画工夫学不成。

却笑当时陆鸿渐,煎茶赢得好名声。①

唐朝的饮茶之风,还刮向了朝鲜半岛和日本列岛。

唐文宗大和年间(827—835),新罗使者大廉把茶籽带回种植,开启了朝鲜半岛茶叶的兴盛时代。《三国史记·新罗本纪》"兴德王三年"条记载:"冬十二月,遣使入唐朝贡,文宗召对于麟德殿,宴赐有差。入唐回使大廉持茶种子来,王使命植于地理山。茶自善德王时有之,至于此盛焉。"②地理山即今韩国庆尚南道智异山。此前,新罗第二十七代善德女王时,已有茶。善德女王公元632—647年在位,说明唐初朝鲜半岛已由僧人将茶传入。

值得一提的还有从新罗入唐的崔致远。

崔致远,字孤云,号海云,谥文昌,韩国汉文学的开山鼻祖,有"东国儒宗""东国文学之祖"之誉,传世《桂苑笔耕集》二十卷。唐懿宗咸通九年(868),12岁的崔致远随商乘船入唐,求学于长安、洛阳。唐僖宗乾符元年(874),以宾贡身份进士及第,出任溧水县尉,后入淮南节度使高骈幕府。

崔致远嗜茶,其《谢新茶状》申谢获赐科茶,"始兴采撷之功,方就精华之味。所宜烹绿乳于金鼎,泛香膏于玉瓯"。③ 谢状中所写的便是唐代流行的煎茶法。

唐僖宗中和四年(884),入唐16年之久的崔致远东归新罗,带回了中国茶和中药。

日本的茶文化,也源于中国。

威廉·乌克斯在《茶叶全书》中说:"日本神话中称中国茶树起源于达摩。据传达摩为了免除坐禅时的瞌睡,就把自己的眼皮割下扔在地上,结果

① (唐)福全:《汤戏(注汤幻茶)》,《全唐诗补编》上,转引自钱时霖、姚国坤、高菊儿编:《历代茶诗集成》(唐代卷),上海文化出版社2000年版,第160页。
② (高丽)金富轼等撰:《三国史记》卷第十《新罗本纪第十·兴德王》。
③ (新罗)崔致远:《桂苑笔耕集》卷第十八《谢新茶状》,中华书局2007年版,第663页。

眼皮在地上生根发芽长成了茶树。"①对于茶叶传入日本的时间,威廉·乌克斯说:"在圣德太子时期(593)左右,茶的知识与艺术、佛教及中国文化同时传入日本。"②

森本司朗说:"距今一千二百年前的奈良时代,作为生活文化之一的饮茶风尚,由鉴真和尚和传教大师带到了日本。"③

藤原清辅(1104—1177)在《奥仪抄》中记载:"天平元年四月,圣武天皇在禁中召僧百人讲《大般若经》,其后有赐茶仪式。"《茶叶全书》说:"根据日本权威历史记录《古事根源》和《奥仪抄》二书,日本圣武天皇于天平元年(729)召集僧侣百人在宫中奉颂佛经四日。诵经完毕后,赏赐给每位僧侣茶粉,大家都把它当做珍贵的饮品来收藏,由此逐渐引发了自行种茶的兴趣。书中记载日本高僧行基(658—749)一生建寺院 49 所,并在各寺院中种植茶树,这应该是日本种植茶树的首次记录。"④

据滕军《中日茶文化交流史》,公元 775 年,日本永忠和尚随第十五次遣唐使团来唐,在长安的西明寺生活达 30 年之久。回日本后,主持崇福寺和梵释寺的永忠和尚在嵯峨天皇巡幸时亲手煎茶奉献。《日本书纪》弘仁六年(815)的记载显示,4 月癸亥,"幸近江国滋贺韩崎,便过崇福寺。大僧都永忠、护命法师等率众僧奉迎于门外。皇帝降舆,升堂礼佛。更过梵释寺,停舆赋诗。皇太弟及群臣奉和者众。大僧都永忠手自煎茶奉御。施御被,即御船泛湖"。这则史料中,"煎茶"一词最早出现于日本正史,"写下了日本饮茶史的第一页"⑤。

随后,嵯峨天皇下令在日本的关西地区植茶。

最澄(762—822)和空海(774—835),也是引入中国茶的日本高僧。

最澄,日本近江国滋贺郡人,在永忠和尚返回日本的前一年,即公元804 年,最澄以"天台法华宗还学僧"的身份随遣唐使团乘船抵达宁波,前往

---

① [美]威廉·乌克斯:《茶叶全书》,东方出版社 2011 年版,第 11 页。
② [美]威廉·乌克斯:《茶叶全书》,东方出版社 2011 年版,第 11 页。
③ [日]森本司朗:《茶史漫话·前言》,农业出版社 1983 年版,第 1 页。
④ [美]威廉·乌克斯:《茶叶全书》,东方出版社 2011 年版,第 11 页。
⑤ 滕军:《日本茶道文化概论》,东方出版社 1992 年版,第 10 页。

天台山,师从天台宗十祖道邃学习天台教义。最澄还受学于天台山佛陇寺座主行满,获授牛头禅法。天台山华顶山产茶,相传东汉末葛玄既已在此植茶,建葛仙茶圃,而行满曾是智者塔院的茶头,为寺庙中的茶叶专家。为此,最澄当在天台山有习茶可能。

公元 805 年,最澄返国前,台州刺史陆淳举办茶会为最澄饯行。台州司马吴颛《送最澄上人还日本国诗序》中说:"三月初吉,遐方景浓,酌新茗以饯行,对春风以送远。"除了吴颛,陆淳、行满等当地名流十人为最澄赠诗饯别。

回到日本后,最澄在京都比睿山大兴天台教义,成为日本天台宗初祖。最澄把从天台山带回的茶籽播种在比睿山麓的日吉神社,这里至今尚存日吉茶园,树有"日吉茶园之碑",碑文中称:"此为日本最早茶园。"

空海是日本佛教真言宗创始人,著有《文镜秘府论》等书。空海和最澄同船入唐,到长安后,师从青龙寺密宗高僧惠果,学习密宗典籍和教义仪轨。公元 806 年,空海归国,将带回的茶籽和佛经、佛像等物献给嵯峨天皇。空海返日后主持的第一个寺院奈良佛隆寺,至今保存着空海带回的茶碾。空海归国后,余生 30 年里一直坚持传播茶文化,经常和嵯峨天皇一起品茗论道。嵯峨天皇《与海公饮茶送归山》诗云:"道俗相分经数年,今秋晤语亦良缘。茶香酌罢日云落,稽首伤离望云烟。"天皇与空海,俗世王者与空门领袖,一起相聚饮茶谈玄,黄昏向晚,茶之香与云之美都有尽时,离别之际竟然有一丝挥之不去的黯然神伤。

滕军说:"嵯峨天皇在位的弘仁年间(810—824),饮茶活动最盛,形成'弘仁茶风'"。[1]

---

[1]　滕军:《中日茶文化交流史》,人民出版社 2004 年版,第 26 页。

唐代的茶税与榷茶

陆羽写出《茶经》，推动了唐代饮茶之风的盛行。随着茶产业的发展，朝廷把茶叶纳入了征税对象，唐代的茶税和榷茶等制度便应运而生。

茶与税相联系，始于唐朝。征税原因，一是安史之乱后，藩镇割据，朝廷控制的征税区域大为缩水，财政收入捉襟见肘；二是随着饮茶之风日盛，茶叶加工和贸易激增，茶叶成为征税对象也就在所难免。

《旧唐书》载，建中三年（782），"判度支赵赞上言，请为两都、江陵、成都、扬、汴、苏、洪等州署常平轻重本钱，上至百万贯，下至十万贯，收贮斛斗匹段丝麻，候贵则下价出卖，贱则加估收籴，权轻重以利民。从之。赞乃于诸道津要置吏税商货，每贯税二十文，竹木茶漆皆什一税一，以充常平之本"①。唐德宗李适准户部侍郎赵赞所奏，对商人财货收税。《旧唐书·食货志》亦载此事："计钱每贯税二十，天下所出竹、木、茶、漆，皆十一税之，以充常平本。"②此被视为中国税茶之始，茶被纳入征税对象，税率为10%。《旧唐书》所记这一新政开始的时间不一，又记为建中四年："四年，度支侍郎赵赞议常平事，竹、木、茶、漆尽税之。茶之有税，肇于此矣。"③

唐朝征收茶税，屡有变故，反复于废、立之间。在德宗时，即有取缔茶税之举。唐德宗兴元元年（784），因四镇之乱，勤王士兵发生泾原兵变，叛军以不收房产税（间架）、交易税（除陌）为口号争取长安民众支持，仓皇出逃的唐德宗不得不紧急取缔一些苛捐杂税，其中就包括茶税："于是间架、除

---

① （后晋）刘昫等撰：《旧唐书》卷十二《德宗本纪》，中华书局1975年版，第335页。
② （后晋）刘昫：《旧唐书》卷第四十九《食货志下》，中华书局1975年版，第2125页。
③ （后晋）刘昫：《旧唐书》卷第四十九《食货志下》，中华书局1975年版，第2118页。

陌、竹、木、茶、漆、铁之税皆罢。"①

茶税肇始,还有唐德宗贞元九年(793)之说。当时,因水灾导致财政收入锐减,"张滂奏立税茶法"②。张滂奏章的核心内容为:"伏请于出茶州县,及茶山外商人要路,委所由定三等时估,每十税一。"③收税对象是茶农和商户,仍为十税一的税制。"癸卯,初税茶,岁得钱40万贯,从盐铁使张滂所奏。茶之有税,自此始也。"④张滂税茶后,每年有40万贯的税收,说明茶税收入还是很可观的。

再来看唐宪宗李纯(805—820年在位)时的茶税情形:

元和十三年(818),盐铁使程异上奏说:"应诸州府先请置茶盐店收税。"⑤也就是说,当时地方政府曾设置茶盐店收取茶税和盐税,程异认为这是一种临时性的举措,所收财赋旨在赡济军镇,为权宜之计,应该叫停。唐宪宗禁断茶盐税显然出于遏制地方藩镇财政实力的考虑。故于元和十五年(820),以国用不足为由,重启税茶。

唐穆宗(820—824年在位)时期,因两镇用兵,帑藏空虚,加上穆宗在宫城大兴土木,费资甚巨:"盐铁使王播图宠以自幸,乃增天下茶税,率百钱增五十。江淮、浙东西、岭南、福建、荆襄茶,播自领之,两川以户部领之。天下茶加斤至二十两,播又奏加取焉。"⑥这意味着王播把税率从10%增加到15%,茶的斤两数从16两增加到20两,随后上奏继续追加。显然,穆宗时期,茶农和茶商的税负明显加重了。《旧唐书》亦载,唐穆宗长庆元年五月,"壬子,加茶榷,旧额百文,更加五十文,从王播奏。拾遗李珏上参论其不可,疏奏不报。"⑦

反对增收茶税的李珏,字待价,赵郡人。进士擢弟后,累官至右拾遗。李珏在上疏中说:

① (宋)欧阳修、宋祁撰:《新唐书》卷第五十二《食货志二》,中华书局1975年版,第1353页。
② (后晋)刘昫:《旧唐书》卷第四十九《食货志下》,中华书局1975年版,第2119页。
③ (后晋)刘昫:《旧唐书》卷第四十九《食货志下》,中华书局1975年版,第2128页。
④ (后晋)刘昫等撰:《旧唐书》卷十三《德宗本纪》,中华书局1975年版,第376页。
⑤ (后晋)刘昫:《旧唐书》卷第四十九《食货志下》,中华书局1975年版,第2108页。
⑥ (宋)欧阳修、宋祁撰:《新唐书》卷第五十四《食货志四》,中华书局1975年版,第1382页。
⑦ (后晋)刘昫等撰:《旧唐书》卷十六《穆宗本纪》,中华书局1975年版,第489页。

榷率救弊,起自干戈,天下无事,即宜蠲省。况税茶之事,尤出近年,在贞元元年中,不得不尔。今四海镜清,八方砥平,厚敛于人,殊伤国体。其不可一也。茶为食物,无异米盐,于人所资,远近同俗。既祛竭乏,难舍斯须,田间之间,嗜好尤切。今增税既重,时估必增,流弊于民,先及贫弱。其不可二也。且山泽之饶,出无定数,量斤论税,所冀售多。价高则市者稀,价贱则市者广,岁终上计,其利几何? 未见阜财,徒闻敛怨。其不可三也。①

但李珏的建议没有被采纳。

唐文宗(826—840 年在位)时期,唐朝的茶政再次出现反复。

太和八年(834),唐文宗听从大臣郑注的建议,实行榷茶政策,把百姓茶园收归官有,实行政府榷茶使主管下的茶叶专卖制度。郑注长袖善舞,始以药术游于长安权豪之门,曾得到时为襄阳节度使李愬的厚遇,后与宰相李训双双得宠,"是时,训、注之权,赫于天下"②。《旧唐书》载郑注推榷茶发之事如下:

训、注天资狂妄,偷合苟容,至于经略谋猷,无可称者。初浴堂召对,访以富人之术,乃以榷茶为对。其法,欲以江湖百姓茶园,官自造作,量给直分,命使者主之。帝惑其言,乃命王涯兼榷茶使。③

太和九年,盐铁使、扬州节度使王涯兼任榷茶史,"表请使茶山之人移植根本,旧有贮积,皆使焚弃。天下怨之"④。"王涯献榷茶之利,乃以涯为榷茶使。茶之有榷税,自涯始也。"⑤王涯所为,实则"国进民退",将茶叶的生产收归国有,茶农的茶树必须移栽到国有茶场,茶农所存之茶也必须焚烧毁弃。王涯此举,通过政府垄断来获利,侵犯了茶农和茶商的利益,自然天怒人怨,结果他自己也死于非命。

郑注和王涯都因李训为诛杀宦官而策划的"甘露之变"失败而遭横死。

---

① (后晋)刘昫等撰:《旧唐书》卷一百七十三《李珏传》,中华书局 1975 年版,第 4504 页。
② (后晋)刘昫等撰:《旧唐书》卷一百六十九《郑注传》,中华书局 1975 年版,第 4400 页。
③ (后晋)刘昫等撰:《旧唐书》卷一百六十九《郑注传》,中华书局 1975 年版,第 4400 页。
④ (后晋)刘昫:《旧唐书》卷第四十九《食货志下》,中华书局 1975 年版,第 2121 页。
⑤ (后晋)刘昫等撰:《旧唐书》卷十七《文宗本纪》,中华书局 1975 年版,第 561 页。

郑注是甘露之变的主谋之一,当时担任凤翔节度使,和李训约好里应外合,铲除宦官势力。李训发动甘露之变后,郑注从凤翔率亲兵五百余人赶往长安,军行至扶风,得知李训政变失败,便回军凤翔。"监军使张仲清已得密诏,迎而劳之,召至监军府议事。注倚兵卫即赴之,仲清已伏兵幕下。注方坐,伏兵发,斩注,传首京师,部下溃散。注家属屠灭,靡有孑遗。"①《资治通鉴》载:"仇士良等使人赍密敕授凤翔监军张仲清令取注,仲清惶惑,不知所为。押牙李叔说仲清曰:'叔和为公以好召注,屏其从兵,于坐取之,事立定矣!'仲清从之,伏甲以待注。注恃其兵卫,遂诣仲清。叔和稍引其从兵,享之于外,注独与数人入。既啜茶,叔和抽刀斩注,因闭外门,悉诛其亲兵。"②郑注在喝茶时被杀,不能不说是绝妙的讽刺。

王涯在"甘露之变"中的遭遇如下:"李训事败,文宗入内。涯与同列归中书会食,未下箸,吏报有兵自阁门出,逢人即杀。涯等苍惶步出,至永昌里茶肆,为禁兵所擒,并其家属奴婢,皆系于狱。"③王涯在茶肆中被捕,实在有点因果报应的意味。被拘系后,王涯受不了皮肉之苦,只好自诬与李训同谋,结果被处死:"先赴郊庙,徇两市,乃腰斩于子城西南隅独柳树下。涯以榷茶事,百姓怨恨诟骂之,投瓦砾以击之。"④王涯本来和甘露之变并无干系,"涯之死也,人以为冤"⑤。但王涯在担任盐铁使、节度使、榷茶史期间,积累了大量财富,"涯积家财钜万计,两军士卒及市人乱取之,竟日不尽"⑥。搜刮民脂民膏如此之多,其死也不算太冤。最冤的是蜚声中外的茶诗《走笔谢孟谏议寄新茶》的作者卢仝:"玉川先生,卢仝也。仝亦涯客,性僻面黑,常闭于一室中,凿壁穴以送食。大和九年十一月二十日夜,偶宿涯馆。明日,左军屠涯家族,随而遭戮。"⑦

① (后晋)刘昫等撰:《旧唐书》卷一百六十九《郑注传》,中华书局1975年版,第4401页。
② (宋)司马光编著,(元)胡三省音注:《资治通鉴》卷二百四十五《唐纪六十一·文宗太和九年》,中华书局1956年版,第7919页。
③ (后晋)刘昫等撰:《旧唐书》卷一百六十九《郑注传》,中华书局1975年版,第4404页。
④ (后晋)刘昫等撰:《旧唐书》卷一百六十九《王涯传》,中华书局1975年版,第4405页。
⑤ (后晋)刘昫等撰:《旧唐书》卷一百六十九《王涯传》,中华书局1975年版,第4405页。
⑥ (后晋)刘昫等撰:《旧唐书》卷一百六十九《王涯传》,中华书局1975年版,第4405页。
⑦ (宋)钱易撰:《南部新书·壬》,中华书局2002年版,第140页。

　　唐文宗大和九年（835），左仆射令狐楚主盐铁使、扬州节度使，上奏批评王涯茶政："岂有令百姓移茶树就官场中栽，摘茶叶于官场中造？有同儿戏，不近人情。"①"十二月壬申朔，诸道盐铁转运榷茶使令狐楚奏榷茶不便于民，请停，从之。"②令狐楚代榷茶使期间，废除了王涯的国有化，让州县征税，根据茶叶等级来收费，恢复茶商和茶农的积极性。

　　开成元年（836），"李石以中书侍郎判收茶法，复贞元之制也"③。宰相李石取消了榷茶使，茶税恢复到10%，使得政府的茶税收入反而增加了。开成元年，全国归属于州县的山泽开采之利不过7万余缗，还比不上一个县的茶税。

　　唐武宗李炎（840—846年在位）时期，茶叶再次进入重税时代。

　　武宗即位后，盐铁转运使崔珙增加江淮茶税，所增税率不详。不仅如此，"是时茶商所过州县有重税，或掠夺舟车，露积雨中，诸道置邸以收税，谓之'搨地钱'，故私贩益起"④。也就是说，茶叶贸易过程中所经州县坐地新征运输环节的杂税，被形象地称为"搨地钱"，不堪重负的茶商被逼铤而走险，成为茶叶走私者。裴休后来在上奏中描述："诸道节度、观察使，置店停上茶商，每斤收搨地钱，并税经过商人，颇乖法理。"⑤

　　为了打击茶叶走私，开成五年（840）十月，盐铁司分别上《禁园户盗卖私茶奏》《禁商人盗贩私茶奏》，针对茶农私卖茶叶："其园户私卖茶犯十斤至一百斤，徵钱一百文，决脊杖二十。至三百斤，决脊杖二十，徵钱如上。累犯累科，三犯已后，委本州上历收管，重加徭役，以戒乡闾。"针对茶商走私："自今后应轻行贩私茶，无得杖伴侣者，从十斤至一百斤，决脊杖十五。其茶并随身物并没纳，给纠告及捕捉所繇。其囚牒送本州县置历收管，使别营生。再犯不问多少，准法处分。三百斤已上，即是恣行凶狡，不惧败亡。诱扇愚人，悉皆屏绝，并准法处分。其所没纳，亦如上例。"⑥茶税之重，到了逼

①　（后晋）刘昫：《旧唐书》卷第四十九《食货志下》，中华书局1975年版，第2129页。
②　（后晋）刘昫等撰：《旧唐书》卷十七《文宗本纪》，中华书局1975年版，第563页。
③　（后晋）刘昫：《旧唐书》卷第四十九《食货志下》，中华书局1975年版，第2121页。
④　（宋）欧阳修、宋祁撰：《新唐书》卷第五十四《食货志四》，中华书局1975年版，第1382页。
⑤　（后晋）刘昫：《旧唐书》卷第四十九《食货志下》，中华书局1975年版，第2129页。
⑥　（清）董诰编：《全唐文》卷第九六七，中华书局1983年版，第10043页。

民走私且靠严刑峻法来维系的程度,实在令人扼腕。

唐宣宗李忱(846—859 年在位)时期,裴休主导的茶税整顿登上历史舞台。

裴休是晚唐名相、书法家、居士,号称"河东大士",是禅宗临济宗奠基者黄檗希运禅师的在俗弟子。

裴休,字公美,河内济源(今河南济源)人,祖籍河东闻喜(今山西运城闻喜)。裴休自小好学,"休经年不出墅门,昼讲经籍,夜课诗赋"①。故裴休得以进士及第,先后担任过监察御史、尚书郎、户部侍郎、盐铁转运使、兵部侍郎、御史大夫等职,唐宣宗李忱大中六年(852),以本官同平章事,任宰相期间,裴休改革漕运,整顿茶税,蜚声政界:"举新法凡十条,奏行之,又立税茶法二十条,奏行之,物议是之。"②裴休以中书侍郎兼礼部尚书,在相位五年,政绩可圈可点。大中十年罢相后,裴休担任过检校户部尚书、汴州刺史、御史大夫、宣武军节度使、潞州大都督府长史、昭义节度、潞磁邢洺观察使、太原尹、北都留守、河东节度观察、凤翔尹、凤翔陇州节度使、户部尚书等职,卒于吏部尚书、太子少师任上,享年 74 岁。

裴休先后主政江西、湖南,两地都是产茶区,也是禅宗重要的发源地和流行地,茶区与禅门,制茶与饮茶,裴休因此对茶应该是相当熟悉的。

唐宣宗大中初,"诸道盐铁使于惊每斤增税钱五,谓之'剩茶钱'"③。这就意味着茶税的横征暴敛再次升级,税率增加了一倍。裴休主持茶政,可谓按的是烫手山芋。

《旧唐书》载,大中六年(852),"又立税茶之法,凡十二条,陈奏。上大悦。诏曰:'裴休兴利除害,深见奉公。'尽可其奏。"④《新唐书·裴休传》载:"又立税茶十二法,人以为便……时方镇设邸阁居茶取直,因视商人它货横赋之,道路苦扰。休建言:'许收邸直,毋擅赋商人。'"⑤

---

① (后晋)刘昫:《旧唐书》卷第一百七十七《裴休传》,中华书局 1975 年版,第 4594 页。
② (后晋)刘昫:《旧唐书》卷第一百七十七《裴休传》,中华书局 1975 年版,第 4594 页。
③ (宋)欧阳修、宋祁撰:《新唐书》卷第五十四《食货志四》,中华书局 1975 年版,第 1383 页。
④ (后晋)刘昫:《旧唐书》卷第四十九《食货志下》,中华书局 1975 年版,第 2121 页。
⑤ (宋)欧阳修、宋祁撰:《新唐书》卷第一百八十二《裴休传》,中华书局 1975 年版,第 5372 页。

裴休提出改革茶税的十二条办法,得到唐宣宗的首肯。裴休的奏章中,主要包括如下内容:

一是取缔"搨地钱",保证茶叶贸易途中舟船通畅、商旅平安,茶商利益得到保障,自然能增加税收。

二是针对茶叶走私损害合法茶商利益的情况,官方在茶叶出入的山口,以及庐州、寿州、淮南茶区,一方面全力捉拿走私茶商,鼓励自首,另一方面以减半征税的方法吸引走私者合法经营。

三是严厉打击茶叶走私买卖。"私鬻三犯皆三百斤,乃论死;长行群旅,茶虽少皆死;雇载三犯至五百斤、居舍侩保四犯至千斤者,皆死;园户私鬻百斤以上,杖背,三犯,加重徭;伐园失业者,刺史、县令以纵私盐论。"①

裴休经过一番整饬,茶叶生产流通秩序得以恢复,政府财政收入也大大增加:"天下税茶增倍贞元。"②

---

① (宋)欧阳修、宋祁撰:《新唐书》卷第五十四《食货志四》,中华书局1975年版,第1382页。
② (宋)欧阳修、宋祁撰:《新唐书》卷第五十四《食货志四》,中华书局1975年版,第1382页。

陆羽：唐朝贡茶的推手？

    陆羽把紫茶判定为茶中上品，以上品茶进贡朝廷，自然顺理成章。陆羽隐居地湖州，顾渚山的紫笋茶为当地名茶，陆羽称茶之品秩"紫者上"，恐源于对紫笋茶的品饮经验。不仅如此，陆羽还因之推动了贡茶院的建立。

    右《唐义兴县新修茶舍记》云："义兴贡茶非旧也。前此，故御史大夫李栖筠实典是邦，山僧有献佳茗者，会客尝之。野人陆羽以为芬香甘辣，冠于他境，可荐于上。栖筠从之，始进万两，此其滥觞也。"[1]

李栖筠，字贞一，"幼孤。有远度，庄重寡言，体貌轩特。喜书，多所能晓，为文章，劲迅有体要。不妄交游"[2]。进士及第后，李栖筠历任安西封常清节度府判官、殿中侍御史、吏部员外郎、山南防御观察使、河南令、绛州刺史、给事中、工部侍郎等职，在朝廷的声望日益隆重，招致宰相元载的猜忌，出为常州刺史。李栖筠的不得志，却成为贡茶院成立的机缘。在陆羽的举荐下，李栖筠向朝廷进贡万两紫茶，并在湖州长兴县（长城县）和常州义兴县（阳羡）交界处顾渚山的虎头岩设立贡茶院，湖州紫笋茶和阳羡紫笋茶自此愈发声名远播。

    宋代谈钥的《嘉泰吴兴志·土贡》说："大历五年，始于顾渚置茶贡院。"又记贡茶数量为"紫笋茶一万串"。贡茶院设置后，由刺史督造，成为唐朝官方的焙茶基地，这也是中国茶史上首次由政府焙制贡茶。据《嘉泰吴兴

---

[1] （宋）赵明诚撰，金文明校证：《金石录校证》卷第二十九《唐义兴县重修茶舍记》，中华书局 2019 年版，第 547 页。

[2] （宋）欧阳修、宋祁撰：《新唐书》卷一百四十六《李栖筠传》，中华书局 1975 年版，第 2937 页。

志·茶》引淳熙《吴兴志旧编》云："顾渚与宜兴接壤，唐代宗以其岁造数多，遂命长兴均贡。自大历五年，始分山析造，岁有客额，鬻有禁令，诸乡茶芽置焙于顾渚。以刺史主之，观察使总之。"

贡茶渊源有自。《华阳国志》卷一《巴志》载，周武王伐纣，巴蜀之师有功。"武王既克殷，以其宗姬封于巴，爵之以子……土植五谷，牲具六畜。桑、蚕、麻、苎、鱼、盐、铜、铁、丹、漆、茶、蜜，灵龟、巨犀、山鸡、白雉，黄润、鲜粉，皆纳贡之。"①说明周代时已有巴人贡茶之举。

晋代时，据宋寇宗奭《本草衍义》载："又温峤上表，贡茶千斤，茗三百斤。"

南朝刘宋时文学家山谦之《吴兴记》载："乌程县西二十里，有温山，出御荈。"②

《新唐书·地理志五》载，常州晋陵郡、湖州吴兴郡的"土贡"中有紫笋茶，"顾山有茶，以供贡"③。顾渚山的紫笋茶，即为贡茶。《新唐书·地理志》所载，当时全国有 16 个郡进贡茶叶，涉及今湖北、四川、陕西、江苏、浙江、福建、江西、湖南、安徽、河南 10 省。

> 唐制，湖州造茶最多，谓之"顾渚贡焙"。岁造一万八千四百八斤，焙在长城县西北。大历五年以后，始有进奉。至建中二年，袁高为郡，进三千六百串，并诗刻石在贡焙。故陆鸿渐与杨祭酒书云："顾渚山中紫笋茶两片，此物但恨帝未得尝，实所叹息。一片上太夫人，一片充昆弟同啜。"后开成三年，以贡不如法，停刺史裴充。④

大历五年，即公元 770 年，此当为顾渚山贡茶院肇始之年。杨祭酒，即唐朝名相杨绾。杨绾，字公权，华州华阴人。博通经史，尤工文辞。天宝十三年，玄宗制举试诗赋，绾为登科者三人之首，超授右拾遗。后肃宗拜起居舍人、知制诰，迁中书舍人、吏部侍郎。"会鱼朝恩死，载以朝恩尝判国子监

① （晋）常璩撰，汪启明、赵静译注：《华阳国志译注》卷一《巴志》，四川大学出版社 2007 年版，第 5 页。
② （唐）陆羽：《茶经·七之事》，中华书局 2010 年版，第 149 页。
③ （宋）欧阳修、宋祁撰：《新唐书》卷四十一《地理志五》，中华书局 1975 年版，第 1059 页。
④ （宋）钱易撰：《南部新书·戊》，中华书局 2002 年版，第 66 页。

事,尘污太学,宜得名儒,以清其秩,乃奏为国子祭酒,实欲以散地处之。"①
元载伏诛后,拜中书侍郎、同中书门下平章事、集贤殿崇文馆大学士。杨绾
任国子祭酒在大历五年,故陆羽给杨绾写信,对于顾渚山贡茶院的设立,当
起了积极作用。

顾渚山贡茶院岁造茶叶近两万斤,加上各州郡土贡茶叶,使得朝廷藏茶
数量可观。《册府元龟》卷 493 载,因讨伐吴元济,唐宪宗元和十二年
(817),"出内库茶三十万斤,付度支进其直"。当时内库所藏贡茶,显然远
超 30 万斤。

这则史料提及的刺史袁高,于唐德宗李适建中二年(781)任湖州刺史。
今天的顾渚山摩崖石刻上,仍留有袁高修贡题名:"大唐州刺史袁高奉诏修
贡茶院,至□山最高堂赋茶山诗,兴元甲子岁三春十日。"

袁高的《茶山诗》,为《全唐诗》所选,全诗如下:

> 禹贡通远俗,所图在安人。
>
> 后王失其本,职吏不敢陈。
>
> 亦有奸佞者,因兹欲求伸。
>
> 动生千金费,日使万姓贫。
>
> 我来顾渚源,得与茶事亲。
>
> 氓辍耕农未,采采实苦辛。
>
> 一夫旦当役,尽室皆同臻。
>
> 扪葛上欹壁,蓬头入荒榛。
>
> 终朝不盈掬,手足皆鳞皴。
>
> 悲嗟遍空山,草木为不春。
>
> 阴岭芽未吐,使者牒已频。
>
> 心争造化功,走挺麋鹿均。
>
> 选纳无昼夜,捣声昏继晨。
>
> 众工何枯栌,俯视弥伤神。
>
> 皇帝尚巡狩,东郊路多埋。

---

① (后晋)刘昫等撰:《旧唐书》卷一百一九《杨绾传》,中华书局 1975 年版,第 3435 页。

周回绕天涯,所献愈艰勤。

况减兵革困,重兹固疲民。

未知供御余,谁合分此珍?

顾省忝邦守,又惭复因循。

茫茫沧海间,丹愤何由申?①

从袁高的诗中,能看到贡茶采摘、捣茶、运输等各个环节的艰辛与不易,作为贡茶的督造者,身为刺史的袁高对茶人的艰难疲惫满怀同情,而自己却无力改变这一现实,不禁无奈而悲愤。卢仝《走笔谢孟谏议寄新茶》诗中也说:"天子须尝阳羡茶,百草不敢先开花。"②该诗结尾说:"安得知百万亿苍生命,堕在巅崖受辛苦。便为谏议问苍生,到头还得苏息否。"③

先后主政湖州的颜真卿、于頔、裴汶、张文规、杨汉公、杜牧等在此任刺史期间,也在顾渚山摩崖石刻上留下修贡题名。杜牧《春日茶山病不饮酒因呈宾客》诗云:

笙歌登画船,十日清明前。

山秀白云腻,溪光红粉鲜。

欲开未开花,半阴半晴天。

谁知病太守,犹得作茶仙。④

据缪钺《杜牧年谱》,杜牧于唐宣宗李忱大中五年(851)为湖州刺史时,曾到顾渚山督采春茶,此诗当为此年三月所作。诗中说,清明节前40天的日子里,自己在歌乐之声中踏上一条画舫前往茶山。茶山秀美如画,白云翻卷,船行水上,歌妓们鲜亮的彩服和粉嫩的面容映红了溪水。茶山的野花或含苞待放,或微绽花瓣,天色则时阴时晴,变幻莫测。谁知道茶山中的病太守,还能做个自在的茶仙呢。

杜牧自诩为"茶仙",可知其在湖州好茶的程度。因为喜欢品茶,杜牧

---

① (清)彭定求等编:《全唐诗》卷三百十四,中华书局1960年版,第3537页。

② (唐)卢仝:《走笔谢孟谏议寄新茶》,(清)彭定求等编:《全唐诗》卷三百八十八,中华书局1960年版,第4379页。

③ (唐)卢仝:《走笔谢孟谏议寄新茶》,(清)彭定求等编:《全唐诗》卷三百八十八,中华书局1960年版,第4379页。

④ (清)彭定求等编:《全唐诗》卷五百二十二,中华书局1960年版,第5970页。

对于督造贡茶一事,还是满心欢喜的。其《题茶山(在宜兴)》一诗云:

> 山实东吴秀,茶称瑞草魁。
>
> 剖符虽俗吏,修贡亦仙才。
>
> 溪尽停蛮棹,旗张卓翠苔。
>
> 柳村穿窈窕,松涧渡喧豗。
>
> 等级云峰峻,宽平洞府开。
>
> 拂天闻笑语,特地见楼台。
>
> 泉嫩黄金涌,牙香紫璧裁。
>
> 拜章期沃日,轻骑疾奔雷。
>
> 舞袖岚侵涧,歌声谷答回。
>
> 磬音藏叶鸟,雪艳照潭梅。
>
> 好是全家到,兼为奉诏来。
>
> 树阴香作帐,花径落成堆。
>
> 景物残三月,登临怆一杯。
>
> 重游难自克,俯首入尘埃。①

诗中之意,顾渚山为东吴秀邃之地,所产之茶乃仙草中的翘楚。本人接受朝廷颁赐的铜鱼符担任湖州刺史,虽然只是俗吏一个,但备办紫笋贡茶时还算有点茶仙之才。在溪流的尽头,停船靠岸,此时山上的茶叶已展开,翠绿的芽叶茶梗直立于茶树枝尖。水口镇的柳村里,春风吹拂,意境深邃,停船的渡口,松风与水声此起彼伏。顾渚山峰岭错落,高峻入云;峰峰相接处,则围成山麓中宽展平坦的洞天福地。山上楼台赫然可见,欢声笑语直达云霄。长城县啄木岭金沙泉,乃造茶之所,山泉涌注映沙色似金,紫芽茶则如紫玉裁成。向皇上呈上奏章,期待水上沐浴袚除不祥的袚日到来,此后当是采茶的时节了,疾驰的驿马奔突北上,疾如迅雷。舞动衣袖之际,茶山之气弥漫于山涧;咏歌欢唱之时,美妙歌声回荡于山谷。茶山上,叶鸟声如击磬,潭边梅花如雪般洁白。因喜欢顾渚茶山,故而全家出动,当然也因为奉诏督造贡茶而来。碧树成荫,茶香作帐;花树成径,落花如堆。登临顾渚茶山,已是三

---

① (清)彭定求等编:《全唐诗》卷五百二十二,中华书局 1960 年版,第 5970 页。

月下旬,一杯紫茶入喉,想到不知什么时候能重游此地,不仅心中怅然。于是,俯首前行,融入山光水色之中。

因顾渚山地接湖州、常州两地,贡茶制造期间,两州刺史均参与其中。《岁时广记》引《蔡宽夫诗话》:"紫笋生顾渚,在湖、常之二境间。当采时,两郡守并至,最为盛会。杜牧诗所谓:'溪尽停蛮棹,旗张卓翠苔,柳村穿窈窕,松涧渡喧豗。'又刘禹锡诗云:'何处人间似仙境,春山携妓采茶时。'又《图经》云:'顾渚涌金沙泉,每造茶时,太守已祭拜,然后水渐出。造茶毕,水稍减。至供堂茶毕,已减半。太守茶毕,遂涸。'"①

《茶谱》亦载:

> 湖州长兴县啄木岭金沙泉,即每岁造茶之所也。湖、常二郡,接界于此,厥土有境会亭。每茶节,二牧皆至焉。斯泉也,处沙之中,居常无水。将造茶,太守具仪注拜敕祭泉。顷之,发源,其夕清溢。造供御者毕,水即微减;供堂者毕,水已半之;太守造毕,即涸矣。②

贡茶院制茶时的盛况,从《元和郡县图志》所载可窥其一斑:"贞元以后,每岁以进奉顾山紫笋茶,役工三万人,累月方毕。"③3万人规模的采茶、制茶基地,在今天看来,也属于巨无霸级的茶叶加工厂。

贡茶的制造不仅产量大、质量高,还有时限的规定,这就是广受诟病的"急程茶"。宋代谈钥《嘉泰吴兴志·茶》引《郡国志》载:"岁贡凡五等,第一陆递,限清明到京,谓之急程茶。"杜牧的幕僚李郢《茶山贡焙歌》如此描述贡茶:

> 使君爱客情无已,客在金台价无比。春风三月贡茶时,尽逐红旌到山里。焙中清晓朱门开,筐箱渐见新芽来。陵烟触露不停探,官家赤印连帖催,朝饥暮匐谁兴哀?喧阗竞纳不盈掬,一时一饷还成堆。蒸之馥之香胜梅,研膏架动轰如雷,茶成拜表贡天子,万人争啖春山摧。驿骑

① (宋)陈元靓:《岁时广记》卷十七《清明》,中华书局2020年版,第335页。
② (五代前蜀)毛文锡:《茶谱》,方健:《中国茶书全集校证》第1册,中州古籍出版社2015年版,第230页。
③ (唐)李吉甫撰:《元和郡县图志》卷第二十五《江南道一·湖州》,中华书局1983年版,第606页。

鞭声春流电,半夜驱夫谁复见? 十日王程路四千,到时须及清明宴。吾君可谓纳谏君,谏官不谏何由闻? 九重城里虽玉食,天涯吏役长纷纷。使君忧民惨容色,就焙尝茶坐诸客。几回到口重咨嗟,嫩绿鲜芳出何力? 山中有酒亦有歌,乐营房户皆仙家。仙家十队酒百斛,金丝宴馔随经过。使君是日忧思多,客亦无言征绮罗。殷勤绕焙复长叹,官府例成期如何! 吴民吴民莫憔悴,使君作相期苏尔。①

从此诗中可以看到,到了三月春茶采制时节,茶山上人头攒动,红旗飘飘,一片繁忙景象。采茶、蒸茶、研膏,茶农从早上冒着露水采茶,一直忙到晚上,又累又饿,疲惫不堪,而官家的催逼却从未停过。到了大半夜,茶叶制成,驿站的骑手即刻启程,快马加鞭,疾如闪电,十天里要赶四千里路程,为的是让新制的茶叶能赶上宫中的清明宴。

宫中的茶宴自然高雅而欢愉,而主政湖州的刺史们,在督造贡茶的过程中,亲眼目睹贡茶给百姓带来的困苦,难免为之动容,故有袁高的《茶山诗》刺贡茶之弊,杨汉公也因"急程茶"的扰民,而上书皇帝表奏,恳请清明前必须到京的"急程茶"能延缓三五日,好在得到了皇帝的首肯。

陆羽向湖州刺史李栖筠建言进贡紫笋茶,此后中国第一家皇家茶厂顾渚贡茶院成为现实,使得顾渚山紫笋茶、阳羡紫笋茶声名鹊起。成为贡茶,往往便和名茶画上了等号。

唐宪宗元和六年(811)任湖州刺史、两年后徙常州刺史的裴汶,在其《茶述》中评贡茶等级:"今宇内为土贡者实众,而顾渚、蕲阳、蒙山为上,其次则寿阳、义兴、碧涧、榇湖、衡山,最下有鄱阳、浮梁。"②

陆羽《茶经·八之出》判各大茶区茗茶之高下,分上、次、下、又下四等,而湖州茶被列为上等:"浙西:以湖州上(原注:湖州,生长城县顾渚山谷,与峡州、光州同。)"③陆羽把顾渚山紫笋茶判为上等,之所以说顾渚山茶与峡

---

① (清)彭定求等编:《全唐诗》卷五百九十,中华书局 1960 年版,第 6847 页。

② (唐)裴汶:《茶述》,方健汇编校证:《中国茶书全集校证》,中州古籍出版社 2015 年版,第 196 页。

③ (唐)陆羽:《茶经·八之出》,中华书局 2010 年版,第 166 页。

州、光州同，是因为前文把此二州的茶叶列为上等："山南：以峡州上。"①"淮南：以光州上。"②被《茶经》评为上等的茶区，还有"剑南：以彭州上"；③"浙东，以越州上"④。

《唐国史补》叙当时茶中名品如下：

> 风俗贵茶，茶之名品益众。剑南有蒙顶石花，或小方，或散牙，号为第一。湖州有顾渚之紫笋，东川有神泉小团、昌明兽目，峡州有碧涧、明月、芳蕊、茱萸簝，福州有方山之露牙，夔州有香山，江陵有南木，湖南有衡山，岳州有瀀湖之含膏，常州有义兴之紫笋，婺州有东白，陆州有鸠坑，洪州有西山之白露，寿州有霍山之黄牙，蕲州有蕲门团黄，而浮梁之商货不在焉。⑤

李肇也把常州义兴紫笋和湖州顾渚紫笋茶列为名品，并把蒙顶列为第一。蒙顶茶也在贡茶之列。唐李吉甫《元和郡县图志》卷三十二载："蒙山，在县南一十里。今每岁贡茶，为蜀之最。"⑥唐杨晔《膳夫经手录》载："始蜀茶得名蒙顶于元和以之前，束帛不能易一斤先春蒙顶。"⑦宋谈钥《嘉泰吴兴志·茶》引李肇《唐国史补》称："蒙顶第一，顾渚第二，宜兴第三。"白居易《琴茶》诗中说："琴里知闻唯渌水，茶中故旧是蒙山。"⑧明黎阳王王越《蒙山白云岩茶诗》：

> 闻道蒙山风味佳，洞天深处饱烟霞。
>
> 冰绡剪碎先春叶，石髓香粘绝品花。
>
> 蟹眼不须煎活水，酪奴何敢问新芽。

---

① （唐）陆羽：《茶经·八之出》，中华书局2010年版，第161页。
② （唐）陆羽：《茶经·八之出》，中华书局2010年版，第164页。
③ （唐）陆羽：《茶经·八之出》，中华书局2010年版，第172页。
④ （唐）陆羽：《茶经·八之出》，中华书局2010年版，第176页。
⑤ （唐）李肇撰，聂清风校注：《唐国史补校注》卷下，中华书局2021年版，第285页。
⑥ （唐）李吉甫撰：《元和郡县图志》卷第三十二《剑南道中·雅州》，中华书局1983年版，第804页。
⑦ （唐）杨晔：《膳夫经手录·茶》，方健汇编校证：《中国茶书全集校证》，中州古籍出版社2015年版，第212页。
⑧ （唐）白居易：《琴茶》，（清）彭定求等编：《全唐诗》卷四百四十八，中华书局1960年版，第5038页。

　　若教陆羽持公论,应是人间第一茶。

　　顾渚、阳羡紫茶被陆羽推崇,占了近水楼台先得月的地利之便。不惟蒙山茶,若教陆羽持公论,普洱茶也应是人间第一茶,可惜陆羽当时无缘进入南诏,使得《茶经》缺失了对世界茶叶发源地云南茶区的记录。

唐宫里，那一缕茶香

陆羽力荐进贡紫笋茶，而贡茶早已有之，宫廷中的茶事，可申说者甚多。

小说家言者，以题为曹邺所作《梅妃传》为著。"梅妃，姓江氏，莆田人。父仲逊，世为医。妃年九岁，能诵《二南》，语父曰：'我虽女子，期以此为志。'父奇之，名之曰采蘋。开元中，高力士使闽、粤，妃异矣。见其少丽，选归，侍明皇，大见宠幸。"据《梅妃传》，唐玄宗李隆基自得梅妃，将四万宫女视如尘土。这位梅妃除了有沉鱼落雁之貌，还善属诗文，生性喜梅。梅妃与唐玄宗有宫中斗茶之事：

> 后上与妃斗茶，顾诸王戏曰："此梅精也。吹白玉笛，作《惊鸿舞》，一座光辉。斗茶今又胜我矣。"妃应声曰："草木之戏，误胜陛下。设使调和四海，烹任鼎鼐，万乘自有宪法，贱妾何能较胜负也。"上大喜。

虽然《梅妃传》不可采为信史，但斗茶之事，在唐朝确已出现。唐人冯贽编撰的《云仙杂记》载："建人谓斗茶为'茗战'。"①说明当时在建州已经出现了民间斗茶活动。

唐玄宗之孙代宗李豫，于大历五年(770)在顾渚山设贡茶院，此为最早的中国官营茶场。随着贡茶数量的逐年增加，宫中饮茶之风自然日盛一日。

李豫长子李适，为唐德宗，德宗首开茶税之举。而正因苛捐杂税之重，引发了二帝四王之乱、四镇之乱和泾原兵变相继发生，此为奉天之难，唐德宗被迫逃往奉天(今陕西乾县)。危难之际，唐德宗得到了韩滉的支持，"韩

---

① (唐)冯贽编：《云仙杂记》卷十《茗战》，《四部丛刊续编·子部》。

晋公滉闻奉天之难,以夹练囊缄盛茶末,遣健步以进御"①。后来唐德宗拜韩滉为相。李适在落难时刻,韩滉进奉大米和茶叶,可见李适是何等嗜茶。

唐德宗的吃茶习惯,李泌之子李繁《邺侯家传》"茶诗"条载:"皇孙奉节王煎茶,加酥、椒之类,求泌作诗。泌曰:'旋沫番成碧玉池,添酥散作琉璃眼。'奉节王即德宗也。"②这则史料所记,李适尚为皇孙,受封奉节郡王。李适喜欢在煎茶时加上酥、椒之类的配料,这恰恰是陆羽所批评的饮茶习气。

比李适年少十余岁的诗人王建,善于乐府诗,与张籍齐名,世称"张王乐府"。王建善作宫词,其《宫词一百首之七》云:

延英引对碧衣郎,江砚宣毫各别床。

天子下帘亲考试,宫人手里过茶汤。③

这首诗记载了唐朝皇帝亲自参加科举殿试时的情形,在大明宫中的延英殿考场,考生分曹角艺,各据一床,皇帝亲自主持考试。在殿试过程中,御赐茶汤,由宫人捧着给参加殿试的考生递上,可见皇帝对考生的礼遇之重。

王建诗中所写的场面当为不虚,唐文宗李昂就曾令宫女给学士奉茶:

文宗皇帝尚贤乐善,罕有伦比。每与宰臣学士论政事之暇,未尝不话才术文学之士。故当时以文进者,无不谔谔焉。于是上每视朝后,即阅群书,见无道之君行状,则必扼腕歔欷;读尧舜禹汤传,则欢呼敛衽,谓左右曰:"若不甲夜视事,乙夜观书,何以为人君耶?"每试进士及诸科举人,上多自出题目。及所司进所试,而披览吟诵,终日忘倦。常延学士于内廷,讨论经义,较量文章,令宫女已下侍茶汤饮馔。④

《唐语林》亦载:"试进士,上多自出题目,及所司试,览之终日忘倦。尝召学士于内庭论经,较量文章,宫人已下侍茶汤饮馔。"⑤

唐文宗还因爱惜民力,不逆物性,于太和七年正月,"罢吴、蜀冬

---

① (唐)李肇撰,聂清风校注:《唐国史补校注》卷上,中华书局2021年版,第88页。

② (唐)李繁:《邺侯家传·茶诗》,(宋)增慥:《类说》卷二,清文渊阁《四库全书》本。

③ (唐)王建:《宫词一百首之七》,(清)彭定求等编:《全唐诗》卷三百二,中华书局1960年版,第3439页。

④ (唐)苏鹗撰:《杜阳杂编》卷中,《四库全书·子部》。

⑤ (宋)王谠撰,周勋初校证:《唐语林校证》卷第二《文学》,中华书局2008年版,第149页。

贡茶。"①

宫廷中的煮茶场面，唐昭宗朝（889—904）文章供奉、僧人子兰在《夜直》诗有描写：

> 大内隔重墙，多闻乐未央。
>
> 灯明宫树色，茶煮禁泉香。
>
> 凤辇通门静，鸡歌入漏长。
>
> 宴荣陪御席，话密近龙章。
>
> 吟步彤庭月，眠分玉署凉。
>
> 欲黏朱绂重，频草白麻忙。
>
> 笔力将群吏，人情在致唐。
>
> 万方瞻仰处，晨夕面吾皇。②

茶会中，茶乃诗文之媒；禅院里，茶为入道之媒；朝廷中，茶又成了君臣之间恩宠与忠诚之媒。唐朝皇帝表达恩礼的方式之一，就是赐茶。《岁时广记》引《蔡宽夫诗话》曰："唐茶品虽多，亦以蜀茶为重。惟湖州紫笋入贡，每岁以清明日贡到，先荐宗庙，然后分赐近臣。"③这里透露三个信息：第一，紫笋茶作为贡茶，每年的清明节必须送至宫中；第二，贡茶作为清明节宗庙祭祀的祭品之一；第三，清明节除了举办盛大的宫廷茶会清明宴，皇帝随后还会将部分新到贡茶分赐近臣。

从常衮《谢进橙子赐茶表》中可知，时任潮州刺史的常衮因进贡太清宫圣祖殿前橙子，而获唐德宗赐茶百串。白居易《谢恩赐茶果等状》："今日高品杜文清奉宣进旨，以臣等在院进撰制问，赐茶果梨脯等。"④看来，在皇帝身边工作，也有获赐茶果的殊荣。

唐代宗永泰元年（765），鱼朝恩判国子监事，荣极一时："宰相引就食。

---

① （宋）欧阳修、宋祁撰：《新唐书》卷第八《文宗本纪》，中华书局1975年版，第234页。

② （唐）子兰：《夜直》，（清）彭定求等编：《全唐诗》卷八百二十四，中华书局1960年版，第9286页。

③ （宋）陈元靓：《岁时广记》卷十七《清明》，中华书局2020年版，第335页。

④ （清）董诰编：《全唐文》卷六百六十八，中华书局1983年版，第3010页。

奏乐,中使送酒及茶果,赐充宴乐,竟日而罢。"①宦官鱼朝恩所受恩荣,从此细节可见一斑。

得到皇帝恩赐贡茶,臣下自然欣喜不已,随即上表感恩申谢。

武元衡《谢赐新火及新茶表》记载自己获赐新茶:"中使至,奉宣圣旨,赐臣新茶二斤者。"受赐两斤新茶之后,武元衡自陈心情如下:"惊欢失图,荷戴无力。"②上表中无限感恩戴德之心,跃然纸上。武元衡另外两次受赐新茶各一斤,分别请刘禹锡和柳宗元代写谢茶表。刘禹锡《代武中丞谢新茶第一表》中写道:"伏以方隅入贡,采撷至珍。自远爰来,以新为贵。捧而观妙,饮以涤烦。顾兰露而惭芳,岂蔗浆而齐味。既荣凡口,倍切丹心。臣无任欢跃感恩之至。"③刘禹锡《代武中丞谢新茶第二表》中如此赞美御赐贡茶:"伏以贡自外方,名殊众品。效参药石,芳越椒兰。出自仙厨,俯颁私室。"④

韩翃,大历十才子之一,为唐德宗所赏识,官至中书舍人。韩翃曾任职于汴宋节度使田神玉幕府。唐代宗大历十年,田神玉与昭义节度使李承昭等犄角进军,讨伐魏博田承嗣,大破田承嗣军队。韩翃《为田神玉谢茶表》中记载了田神玉和诸将士因此受赐之事:"中使某至,伏奉手诏,兼赐臣茶一千五百串,令臣分给将士以下。"在谢表中,韩翃表达了赐茶带来的巨大精神激励:"荣分紫笋,宠降朱宫。味足蠲邪,助其正直;香堪愈病,沃以勤劳。饮德相欢,抚心是荷。"⑤

杜牧《又谢赐茶酒状》,亦可见赐茶的恩典在受赐者心中留下的激荡:"伏以大庆吉辰,荣沾锡宴,鸿恩继至,王人荐临。旨酒名茶,玉食仙果,来于御府,莫匪天慈。适口忘忧,已满小人之腹;杀身粉骨,难酬圣主之恩。臣无任感恩忭跃之至。"⑥

① (后晋)刘昫等撰:《旧唐书》卷二十四《礼仪志四》,中华书局1975年版,第924页。
② (清)董诰编:《全唐文》卷五百三十一,中华书局1983年版,第2386页。
③ (清)董诰编:《全唐文》卷六百二,中华书局1983年版,第2694页。
④ (清)董诰编:《全唐文》卷六百二,中华书局1983年版,第2694页。
⑤ (清)董诰编:《全唐文》卷四百四十四,中华书局1983年版,第2004页。
⑥ (清)董诰编:《全唐文》卷七百五十,中华书局1983年版,第3446页。

文臣武将和恩宠幸臣有如此礼遇，文人学士也不例外。"金銮故例，翰林当直学士，春晚困，则曰赐成象殿茶果。(《金銮密记》)"①又，"大忌，学士进名奉慰，其日尚食供素膳，赐茶十串"②。

唐朝皇帝的赐茶对象，还有僧人。贞元八年(792)，唐德宗让泛海来华的北天竺迦毕试国僧人释智慧在西明寺主持梵本佛经的翻译，"六月八日，欲创经题，敕右街功德使王希迁与右神策军大将军王孟涉、骠骑大将军马有邻等送梵经出内。缁伍威仪，乐部相间，士女观望，车骑交骈，迎入西明寺翻译。即日赐钱一千贯、茶三十弗、香一大合，充其供施。开名题曰《大乘理趣六波罗蜜多经》，成十卷"③。

开成五年(840)六月六日，唐文宗派遣的使者来到五台山大花岩寺，带来了御赐礼物，随日本遣唐使团来华的请益僧圆仁，目睹了当时的场面："敕使来，寺中众僧尽出迎候。常例每年敕送衣钵香花等，使送到山，表施十二大寺：细帔五百领，绵五百屯，袈裟一千端(青色染之)，香一千两，茶一千斤，手巾一千条。兼敕供巡十二大寺设斋。"④皇帝所赐为寺僧平时生活所需，其中就包括为数不少的茶。

在唐代，皇亲国戚也是赐茶的对象，最隆盛者莫过于唐懿宗李漼对同昌公主的恩赐。

同昌公主为唐懿宗长女，为宠妃郭淑妃所生。咸通十年(869)正月，同昌公主下嫁起居郎韦保衡，出降之日，礼仪甚盛，倾宫中珍玩以为赠送之资，堪称唐代最豪华的公主婚礼。《杜阳杂编》详细记载了礼物清单，读之让人叹为观止。其中写到汤饮之物时说："上每赐御馔汤物，而道路之使相属。其馔有灵消炙、红虬脯；其酒有凝露浆、桂花醑；其茶则绿华、紫英之号。"⑤

由此看来，带着黎民辛劳的汗血，来自各地州郡的贡茶，在唐朝的宫廷内外，发挥着诸多微妙的作用。茶，作为新增税种对象不仅缓解了中唐以后

① (唐)冯贽编：《云仙杂记》卷六《赐成象殿茶果》，《四部丛刊续编·子部》。
② (宋)钱易撰：《南部新书·壬》，中华书局2002年版，第140页。
③ (宋)赞宁撰：《宋高僧传》卷第二《唐洛京智慧传》，中华书局1987年版，第23页。
④ [日]圆仁：《入唐求法巡礼行记校注》，中华书局2019年版，第288页。
⑤ (唐)苏鹗撰：《杜阳杂编》卷下，《四库全书·子部》。

的中央政府财政危机,作为一种日益流行的饮品,还为皇室贵族带来了全新的生活方式,也成为君臣关系中颇有力量的润滑剂。缕缕茶香,氤氲于大唐宫廷,盛唐气象及其所表征的精神气质,也因宫廷煮茶、赐茶、茶宴等有着高尚格调的茶事,而得以传递和弘扬开去。

陆羽往事

饮茶不可不读《茶经》，不可不知其作者陆羽。

唐人陆羽(733—804)，复州竟陵人（今湖北天门），字鸿渐，一名疾，字季疵，自称"桑苎翁"，又号"竟陵子""东岗子"，被誉为"茶仙"，尊为"茶圣"，祀为"茶神"。《唐国史补》载："羽于江湖称竟陵子，于南越称桑苎翁。"①《太平寰宇记》："陆鸿渐宅在县东五里，《郡国志》云：'陆羽，字鸿渐，居吴兴号竟陵子，居此号东冈子。'"②

《新唐书》为陆羽立传，《唐才子传》《唐国史补》等著作亦散见有关陆羽的史料。

陆羽是个弃婴，被智积禅师在河边拾得，育为弟子。《陆文学自传》："始三岁，惸露，育于大师积公之禅院。"③《因话录》："竟陵龙兴寺僧，姓陆，于堤上得一初生儿，收育之，遂以陆为氏。"④龙兴寺，又作龙盖寺，现称西塔寺，在竟陵西湖的龙盖山上，晋代高僧支遁曾驻于此。唐代和王维隐居终南山相唱和的山水田园派诗人裴迪曾作《西塔寺陆羽茶泉诗》：

> 竟陵西塔寺，踪迹尚空虚。
>
> 不独支公住，曾经陆羽居。
>
> 草堂荒产蛤，茶井冷生鱼。

---

① （唐）李肇撰，聂清风校注：《唐国史补校注》卷中，中华书局 2021 年版，第 134 页。
② （宋）乐史撰：《太平寰宇记》卷一百七《信州·上饶县》，中华书局 2007 年版，第 2152 页。
③ （清）董诰编：《全唐文》卷三百三十三，中华书局 1983 年版，第 1957 页。
④ （唐）赵璘撰，黎泽湖校笺：《因话录校笺》卷三《商部下》，合肥工业大学出版社 2013 年版，第 53 页。

　　　　一汲清泠水,高风味有馀。①

　　但陆羽似乎并未正式剃度,《唐才子传》就说:"及长,耻从削发。"②故陆羽无僧号。而陆羽的名字,是他自己起的。"既长,以《易》自筮,得《蹇》之《渐》,曰:'鸿渐于陆,其羽可用为仪。'乃以陆为氏,名而字之。"③这个细节说明,陆羽是学过《周易》的。

　　在禅院里长大的陆羽熟悉儒家经典《周易》,似乎有点对不起佛门。但陆羽确实表现出了对佛教的不以为然。当智积禅师教他学写梵文时,他的回答竟是:遁入空门,会断绝后嗣,这是不是很不孝呢? 已然虔心佛教的智积禅师,听到陆羽如此这般话语,自然很生气,罚他在禅院里打杂,脏活累活如扫院子、洁茅厕、搬砖头、盖瓦片、以粪糊墙之类的,都安排陆羽去干。唐代时的禅宗已经开始农禅并举,自耕自养,耕田得有牛,故寺庙里的 30 头牛,也让陆羽去放养。

　　《陆文学自传》中记载了陆羽与智积禅师的冲突细节:

　　　　自幼学属文,积公示以佛书出世之业。子答曰:"终鲜兄弟,无复后嗣,染衣削发,号为释氏,使儒者闻之,得称为孝乎? 羽将授孔圣之文,可乎?"公曰:"善哉! 子为孝! 殊不知西方染削之道,其名大矣。"公执释典不屈,子执儒典不屈,公因矫怜无爱,历试贱务。④

佛教称佛经为内典,儒经为外典,陆羽显然喜欢的是儒家经典,竟然在师父要他学佛典时,以儒家的"不孝有三,无后为大"予以拒绝,同时还要求师父教他孔圣人的经典。师徒之间,各执己见,相持不下,惹得智积禅师十分恼火。

　　不过,此事似乎激发了陆羽对儒学更大的热情。"无纸学书,以竹画牛背为字。他日,问字于学者,得张衡《南都赋》,不识其字,但于牧所仿青衿

① (唐)斐迪:《西塔寺陆羽茶泉诗》,(清)彭定求等编:《全唐诗》卷一百二十九,中华书局1960年版,第1315页。

② (元)辛云芳撰,孙映逵校注:《唐才子传校注》卷第三《陆羽传》,中国社会科学出版社2013年版,第212页。

③ (宋)欧阳修、宋祁撰:《新唐书》卷一百九十六《隐逸·陆羽传》,中华书局1975年版,第5611页。

④ (清)董诰编:《全唐文》卷三百三十三,中华书局1983年版,第1957页。

小儿，危坐展卷，口动而已。公知之，恐渐渍外典，去道日旷，又束于寺中，令其翦榛莽，以门人之伯主焉。或时心记文字，懵然若有所遗，灰心木立，过日不作，主者以为慵惰，鞭之。因叹：'岁月往矣，恐不知其书'，呜咽不自胜。"①陆羽悄悄地以竹条在牛背上学写字，有一次得到一纸张衡的《南都赋》，虽然大字认不了几个，陆羽也正襟危坐，效仿其他学童，口中喃喃有声，做出诵读的样子。老师看了又好笑又有气，便赶他去地里除草。陆羽学写字，自然是很艰难的，估计他记性也不怎么好，总是若有所忘，经常叹息流涕。

禅院生活终非所爱，陆羽选择了逃离晨钟暮鼓的小天地。"因倦所役，舍主者而去。卷衣诣伶党，著《谑谈》三篇，以身为伶正，弄木人、假吏、藏珠之戏。"②

走出寺庙，天地是宽了，可生计在哪？

《新唐书》本传说陆羽"貌侻陋，口吃而辩"③。陆羽长相比较困难，还口吃，这一点陆羽自己也是承认的。在《陆文学自传》中，陆羽自称"有仲宣、孟阳之貌陋，相如、子云之口吃"④。仲宣，即王粲；孟阳，即张载；相如，即司马相如；子云，即扬雄。王粲是建安七子之一，张载也是西晋的文学家，两人都以貌丑著称。西晋最著名的帅哥叫潘岳，《晋书·潘岳传》就以张载之丑来反衬潘岳之美，说潘岳在路上走着时，往往会引来一大群美女的围观，美女们还争相往他怀里塞水果。而张载走在路上，因为长相实在有碍观瞻，经常被小孩子扔石子瓦片。陆羽以张载的形貌自许，可想而知长得有多难看了。

不过正是这种奇特的长相和奇特的口吃，使得陆羽成就为一位流浪艺人，成为当地小有名气的少年谐星。

在一次宴饮活动中，陆羽得到了太守李齐物的赏识，太守送诗集给他，

---

① （清）董诰编：《全唐文》卷三百三十三，中华书局1983年版，第1957页。
② （清）董诰编：《全唐文》卷三百三十三，中华书局1983年版，第1957页。
③ （宋）欧阳修、宋祁撰：《新唐书》卷一百九十六《隐逸·陆羽传》，中华书局1975年版，第5611页。
④ （清）董诰编：《全唐文》卷三百三十三，中华书局1983年版，第1957页。

还介绍他去火门山邹夫子别墅学习儒学。《陆文学自传》:"天宝中,郢人酺于沧浪道,邑吏召子为伶正之师。时河南尹李公齐物出守,见异,捉手拊背,亲授诗集,于是汉沔之俗亦异焉。后负书于火门山邹夫子别墅。"①火门山,即天门山。陆羽在邹夫子别墅,当有数年的学儒经历。

李齐物字道用,出身唐朝宗室,为淮安靖王李神通之子,曾任陕州刺史、河南尹。在李林甫发起的一场政治构陷中,韦坚遭流放,后赐死。太子少保李适之贬宜春太守,到任后饮药死。李齐物因与李适之交好,而于天宝五年(746)被贬为竟陵太守。

前文叙及,陆羽和李季卿留下了辨扬子江南零水的佳话,而李季卿正是李适之之子。

李齐物作为陆羽的伯乐,对陆羽有知遇之恩,两人的友谊也传到下一代,此事后话了。

陆羽在竟陵还结识了与王昌龄、王之涣齐名的诗人崔国辅。据《新唐书·艺文志》和《唐才子传》,崔国辅于唐玄宗开元十四年应县令举,授许昌令,累迁集贤直学士、礼部员外郎,坐王鉷近亲贬竟陵郡司马,王鉷于天宝十一年(752)因弟弟王銲谋逆而被赐死,当年崔国辅即主政竟陵。崔国辅是陆羽结识的第二位被贬竟陵的官员。《唐才子传》卷二《崔国辅》载:"初至竟陵,与处士陆鸿渐游,三岁,交情至厚,谑笑永日。又相与较定茶水之品。"②这则材料显示,在竟陵时期,陆羽已经对茶、水有了一定的鉴识能力。

唐玄宗天宝十四年(755),安史之乱爆发。次年,唐玄宗逃出长安前往蜀地,24 岁的陆羽愤而作诗,《陆文学自传》载:"自禄山乱中原,为《四悲诗》。"③悲愤归悲愤,在动荡凶险的岁月里,陆羽也不得不考虑自身的安危问题。《陆文学自传》:"洎至德初,秦人过江,子亦过江,与吴兴释皎然为缁素忘年之交。"④至德元年即 756 年,太子李亨即位于灵武,是为肃宗。这一

---

① (清)董诰编:《全唐文》卷三百三十三,中华书局 1983 年版,第 1957 页。
② (元)辛云芳撰,孙映逵校注:《唐才子传校注》卷第二卷二《崔国辅传》,中国社会科学出版社 2013 年版,第 83 页。
③ (清)董诰编:《全唐文》卷三百三十三,中华书局 1983 年版,第 1957 页。
④ (清)董诰编:《全唐文》卷三百三十三,中华书局 1983 年版,第 1957 页。

年,如潮的难民逃奔吴地,陆羽也混迹于难民潮中,在今天的浙江湖州,结识了诗僧皎然,从此开始了与政界要员、儒释道三教名流的交游。

陆羽结交的名僧,如皎然;达官,如颜真卿;高士,如张志和等。

大历七年(772),颜真卿从抚州刺史调任湖州刺史,次年到任。主政湖州期间,在杼山筑亭,亭为陆羽所创,因建于癸丑岁、癸卯月、癸亥日,名为三癸亭,今人有复建。颜真卿《题杼山癸亭得暮字(亭,陆鸿渐所创)》诗云:

> 杼山多幽绝,胜事盈跬步。
>
> 前者虽登攀,淹留恨晨暮。
>
> 及兹纤胜引,曾是美无度。
>
> 欻构三癸亭,实为陆生故。
>
> 高贤能创物,疏凿皆有趣。
>
> 不越方丈间,居然云霄遇。
>
> 巍峨倚修岫,旷望临古渡。
>
> 左右苔石攒,低昂桂枝蠹。
>
> 山僧狎猿狖,巢鸟来枳棋。
>
> 俯视何楷台,傍瞻戴颙路。
>
> 迟回未能下,夕照明村树。①

皎然有和诗一首,即《奉和颜使君真卿与陆处士羽登妙喜寺三癸亭》:

> 秋意西山多,列岑蒙左次。
>
> 缮亭历三癸,疏趾邻什寺。
>
> 元化隐灵踪,始君启高谇。
>
> 诛榛养翘楚,鞭草理芳穗。
>
> 俯砌披水容,逼天扫峰翠。
>
> 境新耳目换,物远风烟异。
>
> 倚石忘世情,援云得真意。
>
> 嘉林幸勿剪,禅侣欣可庇。

---

① (唐)颜真卿:《题杼山癸亭得暮字(亭,陆鸿渐所创)》,(清)彭定求等编:《全唐诗》卷一百五十二,中华书局1960年版,第1583页。

卫法大臣过,佐游群英萃。

龙池护清澈,虎节到深邃。

徒想嵊顶期,于今没遗记。①

颜真卿还作有《谢陆处士杼山折青桂花见寄之什》,记两人的交游之谊:

群子游杼山,山寒桂花白。

绿荑含素萼,采折自逋客。

忽枉岩中诗,芳香润金石。

全高南越蠹,岂谢东堂策。

会惬名山期,从君恣幽觌。②

颜真卿主持当时一重大文化工程,即类书《韵海镜源》的编撰,陆羽参与其中。颜真卿在《湖州乌程县杼山妙喜寺碑铭》载:"真卿自典校时,即考五代祖隋外史府君与法言所定《切韵》,引《说文》《苍雅》诸字书,穷其训解,次以经史子集中两字已上成句者,广而编之,故曰《韵海》。以其镜照原本,无所不见,故曰《镜源》。天宝末,真卿出守平原,已与郡人渤海封绍、高筼、族弟今太子通事舍人浑等修之,裁成二百卷。属安禄山作乱,止具四分之一。及刺抚州,与州人左辅元、姜如璧等增而广之,成五百卷。事物婴扰,未遑刊削。大历壬子岁,真卿叨刺于湖。公务之隙,乃与金陵沙门法海、前殿中侍御史李萼、陆羽、国子助教州人褚冲、评事汤某、清河丞太祝柳察、长城丞潘述、县尉裴循、常熟主簿萧存、嘉兴尉陆士修、后进杨遂初、崔宏、杨德元、胡仲、南阳汤涉、颜祭、韦介、左兴宗、颜策,以季夏于州学及放生池日相讨论。至冬,徙于兹山东偏。来年春,遂终其事。"③

陆羽与颜真卿刺湖之前的湖州刺史卢幼平也相熟识。卢幼平,卢四道四世孙,历兵部郎中、湖州刺史、杭州刺史、大理少卿等职。

---

① (唐)皎然:《奉和颜使君真卿与陆处士羽登妙喜寺三癸亭》,(清)彭定求等编:《全唐诗》卷八百十七,中华书局 1960 年版,第 9198 页。

② (唐)颜真卿:《谢陆处士杼山折青桂花见寄之什》,(清)彭定求等编:《全唐诗》卷一百五十二,中华书局 1960 年版,第 1583 页。

③ (清)董诰编:《全唐文》卷三百三十九,中华书局 1983 年版,第 1519 页。

皎然《兰亭古石桥柱赞》序云:"山阴有古卧石一枚,即晋永和中兰亭废桥柱也。大历八年春,大理少卿卢公幼平承诏祭会稽山携至。居士陆羽因而得之。"①这则材料说明,陆羽曾随卢幼平应诏祭祀会稽山。

此前,卢幼平曾于永泰元年(765)刺湖州,大历三年(768)离任,陆羽和皎然等人以泛舟诗会送别卢幼平,《秋日卢郎中使君幼平泛舟联句一首》:

共载清秋客船,同瞻皂盖朝天。——卢藻

悔使比来相得,如今欲别潸然。——卢幼平

渐惊徒驭分散,愁望云山接连。——皎然

魏阙驰心日日,吴城挥手年年。——陆羽

送远已伤飞雁,裁诗更切嘶蝉。——潘述

空怀鄠杜心醉,永望门栏胆捐。——李恒

别思无穷无限,还如秋水秋烟。——郑述诚②

《全唐诗》同卷又载《重联句一首》:

相将惜别且迟迟,未到新丰欲醉时。——卢幼平

去郡独携程氏酒,入朝可忘习家池。——陆羽

仍怜故吏依依恋,自有清光处处随。——潘述

晚景南徐何处宿,秋风北固不堪辞。——皎然

吴中诗酒饶佳兴,秦地关山引梦思。——卢藻

对酒已伤嘶马去,衔恩只待扫门期。——恽(失姓)③

以上两首联句,均为送别卢幼平之作。

陆羽与皎然交往最深。《唐才子传》载:陆羽"与皎然上人为忘言之交"④。《陆文学自传》也说:"与吴兴释皎然为缁素忘年之交。"⑤缁,黑衣。素:白衣。僧人衣黑,俗人衣白,故缁素之交即僧俗之交。陆羽的茶学,当从皎然处得益良多,两人品茗吟诗,留下的佳话当另文叙及。

---

① (清)董诰编:《全唐文》卷九百十七,中华书局1983年版,第4236页。
② (清)彭定求等编:《全唐诗》卷七百九十四,中华书局1960年版,第8937页。
③ (清)彭定求等编:《全唐诗》卷七百九十四,中华书局1960年版,第8937页。
④ (元)辛云芳撰,孙映逵校注:《唐才子传校注》卷第三《陆羽传》,中国社会科学出版社2013年版,第212页。
⑤ (清)董诰编:《全唐文》卷三百三十三,中华书局1983年版,第1957页。

《陆文学自传》："上元初,结庐於苕溪之滨,闭关对书,不杂非类,名僧高士,谈讌永日。"①皎然属于陆羽交游之友中的"名僧",而张志和显然就属于陆羽心目中的"高士"了。《唐国史补》载,陆羽"与颜鲁公厚善,及玄真子张志和为友"②。

张志和,字子同,婺州金华人。十六擢明经,得到唐肃宗赏识,命待诏翰林,授左金吾卫录事参军,后坐事贬南浦尉,不复仕,隐居江湖,自称烟波钓徒、玄真子,著有《玄真子》《太易》等。张志和筑室越州东郭,钓于水滨,《新唐书》本传称张志和"每垂钓不设饵,志不在鱼也"③。《新唐书》载有张志和与陆羽的一段对话:

陆羽常问:"孰为往来者?"对曰:"太虚为室,明月为烛,与四海诸公共处,未尝少别也,何有往来?"④

张志和以《渔父歌》(即《渔歌子》)五首而著称于世,其中一首:"西塞山前白鹭飞,桃花流水鳜鱼肥。青箬笠,绿蓑衣,斜风细雨不须归。"此诗可谓家喻户晓,但知道该诗为张志和与颜真卿、陆羽等人唱和之作的人恐怕不多。《全唐诗》著录《渔父歌》题注引《西吴记》云:"湖州磁镇道士矶,即志和所谓西塞山前也。志和有《渔父词》,刺史颜真卿,与陆鸿渐、徐士衡、李成矩倡和。"⑤

陆羽与诗人皇甫冉、皇甫曾兄弟交游亦深。

《唐才子传》说陆羽"与皇甫补阙善"⑥,皇甫冉,字茂政,润州丹阳人,和其弟皇甫曾均被列为大历十才子,因任过右补阙一职,《新唐书》故称"皇甫补阙"。《新唐书·文艺列传中》载:"十岁便能属文,张九龄叹异之。与

① (清)董诰编:《全唐文》卷三百三十三,中华书局1983年版,第1957页。
② (唐)李肇撰,聂清风校注:《唐国史补校注》卷中,中华书局2021年版,第134页。
③ (宋)欧阳修、宋祁撰:《新唐书》卷一百九十六《隐逸·张志和传》,中华书局1975年版,第5609页。
④ (宋)欧阳修、宋祁撰:《新唐书》卷一百九十六《隐逸·张志和传》,中华书局1975年版,第5609页。
⑤ (唐)张志和:《渔父歌》,(清)彭定求等编:《全唐诗》卷三百八,中华书局1960年版,第3491页。
⑥ (元)辛云芳撰,孙映逵校注:《唐才子传校注》卷第三《陆羽传》,中国社会科学出版社2013年版,第212页。

弟曾皆善诗。天宝中，踵登进士，授无锡尉。"①《唐才子传》卷三《皇甫冉传》说："调无锡尉。营别墅阳羡山中。"又说："避地来寓丹阳。耕山钓湖，放适闲淡。"②从这些记载不难看出，皇甫冉和陆羽趣味相投，故皇甫冉为避安史之乱居阳羡期间，与陆羽交好。

皇甫冉存诗《送陆鸿渐栖霞寺采茶》，据王超《皇甫冉皇甫曾研究》，此诗作于广德元年（763）暮春归润州后。诗云：

> 采茶非采菉，远远上层崖。
>
> 布叶春风暖，盈筐白日斜。
>
> 旧知山寺路，时宿野人家。
>
> 借问王孙草，何时泛碗花。③

唐独孤及《唐故左补阙安定皇甫公集序》说："大历二年迁左拾遗，转右补阙。奉使江表，因省家至丹阳。"④大历四年（769），在陆羽赴越时，皇甫冉作《送陆鸿渐赴越并序》：

> 君自数百里访予羁病，牵力迎门，握手心喜，宜涉旬日始至焉。究孔释之名理，穷歌诗之丽则。野墅孤岛，通舟必行；渔梁钓矶，随意而往。余兴未尽，告云遄征。夫越地称山水之乡，辕门当节钺之重，进可以自荐求试，退可以闲居保和。吾子所行，盖不在此。尚书郎鲍侯，知子爱子者，将推食解衣以拯其极，讲德游艺以凌其深，岂徒尝镜水之鱼，宿耶溪之月而已？吾是以无间，劝其晨装，同赋送远客一绝。
>
> 行随新树深，梦隔重江远。
>
> 迢递风日间，苍茫洲渚晚。⑤

---

① （宋）欧阳修、宋祁撰：《新唐书》卷二百二《文艺中·皇甫冉传》，中华书局1975年版，第5771页。

② （元）辛云芳撰，孙映逵校注：《唐才子传校注》卷第三《皇甫冉传》，中国社会科学出版社2013年版，第193页。

③ （唐）皇甫冉：《送陆鸿渐栖霞寺采茶》，（清）彭定求等编：《全唐诗》卷二百五十，中华书局1960年版，第2820页。

④ （清）董诰编：《全唐文》卷三百八十八，中华书局1983年版，第1744页。

⑤ （唐）皇甫冉：《送陆鸿渐赴越》，（清）彭定求等编：《全唐诗》卷二百五十，中华书局1960年版，第2820页。

皇甫冉在诗序中提到的鲍侯,即鲍防。《唐才子传》说:"时鲍尚书防在越,羽往依焉。"①鲍防大历初任浙东观察使薛谦训从事,陆羽去投奔鲍防已无衣食之虞,可能是受鲍防之邀。鲍防,字子慎,襄阳人。天宝十二年进士及第后,累官太原尹,河东节度使,福建、江西观察使,唐德宗封为东海郡公,迁御史大夫,授工部尚书,与谢良弼为诗友,时称"鲍谢"。

陆羽在越期间作有《会稽小东山诗》:

> 月色寒潮入剡溪,青猿叫断绿林西。
>
> 昔人已逐东流去,空见年年江草齐。②

诗中的"昔人",当指谢灵运。陆羽在剡溪有过作诗怀谢灵运之举,并和皎然有同游之约,皎然诗称"徒想嵊顶期,于今没遗记"③。

陆羽和皇甫冉之弟皇甫曾亦交情深厚。皇甫曾,字孝常,天宝十二载进士及第,《唐才子传》卷三《皇甫曾传》:"善诗,出王维之门。与兄名望相亚,当时以比张氏景阳、孟阳。"④《新唐书·艺文志四》:"曾,字孝常,历侍御史,坐事贬徙舒州司马,阳翟令。"⑤

皇甫曾存诗《送陆鸿渐山人采茶回》:

> 千峰待逋客,香茗复丛生。
>
> 采摘知深处,烟霞羡独行。
>
> 幽期山寺远,野饭石泉清。
>
> 寂寂燃灯夜,相思一磬声。⑥

大历年间,皇甫曾来湖州,与颜真卿、皎然、陆羽等人交游唱和。皎然作

① (元)辛云芳撰,孙映逵校注:《唐才子传校注》卷第三《陆羽传》,中国社会科学出版社2013年版,第212页。
② (唐)陆羽:《会稽小东山诗》,(清)彭定求等编:《全唐诗》卷三百八,中华书局1960年版,第3493页。
③ (唐)皎然:《奉和颜使君真卿与陆处士羽登妙喜寺三癸亭》,(清)彭定求等编:《全唐诗》卷八百十七,中华书局1960年版,第9198页。
④ (元)辛云芳撰,孙映逵校注:《唐才子传校注》卷第三《皇甫曾传》,中国社会科学出版社2013年版,第195页。
⑤ (宋)欧阳修、宋祁撰:《新唐书》卷六十《艺文志四》,中华书局1975年版,第1610页。
⑥ (唐)皇甫曾:《送陆鸿渐山人采茶回》,(清)彭定求等编:《全唐诗》卷二百十,中华书局1960年版,第2181页。

有《春日陪颜使君真卿、皇甫曾西亭重会〈海韵〉诸生》诗:

> 为重南台客,朝朝会鲁儒。
>
> 暄风众木变,清景片云无。
>
> 峰翠飘檐下,溪光照座隅。
>
> 不将簪艾隔,知与道情俱。①

颜真卿《韵海镜源》完成于大历九年(774)春,可知此诗作于此时。此后,皇甫曾多次到访湖州,留下不少诗歌和联句。如《三言喜皇甫侍御见过南楼玩月联句一首》:

> 喜嘉客,辟前轩。天月净,水云昏。——颜真卿
>
> 雁声苦,蟾影寒。闻裛浥,滴檀栾。——陆羽
>
> 欢宴处,江湖阔。——皇甫曾
>
> 卷翠幕,吟嘉句。恨清光,留不住。——李萼
>
> 高驾动,清角催。惜归华,重徘徊。——皎然
>
> 露欲晞,客将醉。犹宛转,照深意。——陆士修②

皇甫曾还与陆羽、皎然、颜真卿、李萼一起作《七言重联句》:

> 须持宪节推高步,独占诗流横素波。
>
> 不是中情深惠好,谁能千里远经过? ——颜真卿
>
> 诗书宛似陪康乐,少长还同宴永和。
>
> 夜酌此时看振玉,晨趋几日重鸣珂。——皇甫曾
>
> 万井更深空寂寞,千方雾起隐嵯峨。
>
> 荧荧远火分渔浦,历历寒枝露鸟窠。——李萼
>
> 汉朝旧学君公隐,鲁国今从弟子科。——陆羽
>
> 只自倾心惭煦嘘,何曾将口恨蹉跎? ——陆羽
>
> 独赏谢吟山照曜,共知殷叹树婆娑。
>
> 华毂苦嫌云路隔,衲衣长向雪峰何? ——皎然③

陆羽离世后,皇甫曾作诗《哭陆处士》:

---

① (唐)皎然:《吴兴昼上人集》卷三,《四部丛刊·集部》,第10页。
② (唐)皎然:《吴兴昼上人集》卷十,《四部丛刊·集部》,第7页。
③ (唐)皎然:《吴兴昼上人集》卷十,《四部丛刊·集部》,第8页。

从此无期见，柴门对雪开。

二毛逢世难，万恨掩泉台。

返照空堂夕，孤城吊客回。

汉家偏访道，犹畏鹤书来。①

陆羽的诗人交游圈中，还有刘长卿。

刘长卿，字文房，宣城人，少居嵩山读书，唐玄宗天宝年间进士。历长洲县尉，摄海盐令，任江淮转运使判官，知淮西、鄂岳转运留后，官至随州刺史，世称刘随州。"长卿清才冠世，颇凌浮俗，性刚，多忤权门，故两逢迁斥，人悉冤之。诗调雅畅，甚能炼饰。其自赋，伤而不怨，足以发挥风雅。权德舆称为'五言长城'。"②其实，权德舆说的是刘长卿自称"五言长城"："夫彼汉东守，尝自以为五言长城。"③

刘长卿在苏州所属的长洲为县尉、代理海盐县令期间，可能已与陆羽相识。两人还有共同的朋友皇甫冉、皇甫曾兄弟。后刘长卿贬为睦州（治所在今浙江建德）司马期间，与陆羽、皇甫冉等人也常相酬答。

刘长卿《送陆羽之茅山寄李延陵》诗云：

延陵衰草遍，有路问茅山。

鸡犬驱将去，烟霞拟不还。

新家彭泽县，旧国穆陵关。

处处逃名姓，无名亦是闲。④

此时的延陵枯草满地，有路通向茅山洞天。在这道教圣地得道成仙，鸡犬也会一同升天，凡尘俗世又何必留恋？李延陵就像当年陶渊明任彭泽县令，也以县令的身份在延陵安下了新家，陆羽的老家竟陵和光州的穆陵关，都地处

① （唐）皇甫曾：《哭陆处士》，（清）彭定求等编：《全唐诗》卷二百十，中华书局1960年版，第2181页。

② （元）辛云芳撰，孙映逵校注：《唐才子传校注》卷第二《刘长卿传》，中国社会科学出版社2013年版，第107页。

③ （唐）权德舆：《秦徵君校书与刘随州唱和诗序》，储仲君撰：《刘长卿诗编年笺注》，中华书局1996年版，第598页。

④ （唐）刘长卿：《送陆羽之茅山寄李延陵》，（清）彭定求等编：《全唐诗》卷一百四十八九，中华书局1960年版，第1515页。

当年楚国的腹地。随遇而安隐姓埋名,无名何尝不是束缚?

时茅山属延陵具,李延陵当为时任延陵令的刘长卿好友李挚。关于李挚,传世材料甚少,《唐诗纪事》载:"贞元十二年,挚以宏词振名,与李行敏同姓,同甲子,同年登第,俱二十五岁,又同门。"①刘长卿作有《送李挚赴延陵令》,诗中相约同游茅山:"旦蓦华阳洞,云峰若有期。"②又作《自紫阳观至华阳洞宿候尊师草堂简同游李延陵》诗,中有"渐临华阳口,云路入葱蒨"之句,可见两人果然同游茅山,得偿夙愿。

好友陆羽前往茅山,刘长卿寄诗李挚,显然有让李挚尽好地主之谊的意思。

陆羽还曾与戴叔伦、孟郊、权德舆、萧瑜交游。

戴叔伦(732—789),字幼公,润州金坛(今属江苏常州)人。权德舆称:"公早以词艺振嘉闻,中以才术商功利,终以理行敷教化。"③戴叔伦的政绩亦为权德舆称道:"所至之邦,必刻金石。"④

戴叔伦早年"师事萧颖士,为门人冠"⑤。梁肃为戴叔伦所作《神道碑》载:"有相国彭城公刘晏闻而嘉之,表授秘书正字,载迁广文博士。刘典司国赋,藉公清廉,分命主运于湖南,拜监察御史。建中初,府废,出补东阳令。"⑥戴叔伦得到当时主管财政税负的刘晏赏识而入京任职于刘晏府中。大历三年(768),刘晏表授戴叔伦为湖南转运留后,南下长沙。

建中元年(780),刘晏政敌杨炎入相,为报复旧怨而贬刘晏为忠州刺

---

① (宋)计有功辑撰:《唐诗纪事》卷五十《李挚》,上海古籍出版社 2013 年版,第 757 页。
② 储仲君撰:《刘长卿诗编年笺注》,中华书局 1996 年版,第 241 页。
③ (唐)权德舆:《唐故朝散大夫使持节都督容州诸军事守容州刺史兼侍御史充本管经略招讨处置等使谯县开国男赐紫金鱼袋戴公墓志铭并序》,(唐)戴叔伦著,蒋寅校注:《戴叔伦诗集校注》附录三,上海古籍出版社 2010 年版,第 295 页。
④ (唐)权德舆:《唐故朝散大夫使持节都督容州诸军事守容州刺史兼侍御史充本管经略招讨处置等使谯县开国男赐紫金鱼袋戴公墓志铭并序》,(唐)戴叔伦著,蒋寅校注:《戴叔伦诗集校注》附录三,上海古籍出版社 2010 年版,第 295 页。
⑤ (宋)欧阳修、宋祁撰:《新唐书》卷一百四十三《戴叔伦传》,中华书局 1975 年版,第 5690 页。
⑥ (唐)梁肃:《唐故朝散大夫都督容州诸州事容州刺史本管经略招讨处置等使兼御史中丞谯县男赐紫金鱼袋戴公神道碑》,(唐)戴叔伦著,蒋寅校注:《戴叔伦诗集校注》附录三,上海古籍出版社 2010 年版,第 293 页。

史,时在汴州任河南转运留后的戴叔伦受到牵连,出任东阳县令,与其时在湖州的陆羽有诗唱酬。戴叔伦《敬酬陆山人二首》:

> 党议连诛不可闻,直臣高士去纷纷。
>
> 当时漏夺无人问,出宰东阳笑杀君。
>
> 由来海畔逐樵渔,奉诏因乘使者车。
>
> 却掌山中子男印,自看犹是旧潜夫。①

诗题中的陆山人,即陆羽。戴叔伦诗中暗示,因刘晏被贬,朝中耿介之臣纷纷受到株连而落马。当时自己如漏网之鱼得以幸免,还没来得及心存侥幸,就被令出守东阳县令,实在让陆君见笑了。戴叔伦以自嘲的口吻,向陆羽表达了心中的怨愤,可见视陆羽为知己。在第二首诗中,戴叔伦说自己本来是海边砍柴打鱼的隐士,因为朝廷诏命而乘坐朝中使者的车入京为官。如今远放山中,执掌公侯伯子男五爵中的男爵之印(指当县令),而在自己看来,无论宦海浮沉,自己依旧以东汉《潜夫论》的作者王符自况,不乐出仕,向往归隐山林。

据周志刚《陆羽年谱》考证,贞元元年,陆羽移居信州(今江西上饶)茶山。《舆地纪胜》卷二十一《江南东路·信州》载:"唐太子文学陆鸿渐居于茶山,刺史姚钦多自枉驾。"《太平寰宇记》载:"陆鸿渐宅,在县东五里。《郡国志》云:'陆羽,字鸿渐,居吴兴,号竟陵子,居此,号东冈子。'"②

在信州期间,陆羽和孟郊从游。

孟郊(751—814),字东野,湖州武康(今浙江德清)人,少隐嵩山,称处士,年五十得进士第。《旧唐书》卷一百六十《孟郊传》:"性孤僻寡合,韩愈一见以为忘形之契,常称其字曰东野,与之唱和于文酒之间。"③《新唐书》卷一百七十六孟郊本传称:"郊为诗有理致,最为愈所称,然思苦奇涩。"④孟郊与贾岛齐名,人称"郊寒岛瘦"。

---

① (唐)戴叔伦:《敬酬陆山人二首》,(清)彭定求等编:《全唐诗》卷二百七十四,中华书局1960年版,第3105页。

② (宋)乐史撰:《太平寰宇记》卷一百七《信州·上饶县》,中华书局2007年版,第2152页。

③ (后晋)刘昫等撰:《旧唐书》卷第一百六十《孟郊传》,中华书局1975年版,第4205页。

④ (宋)欧阳修、宋祁撰:《新唐书》卷第一百七十六《孟郊传》,中华书局1975年版,第5265页。

孟郊作有《题陆鸿渐上饶新开山舍》:

> 惊彼武陵状,移归此岩边。
>
> 开亭拟贮云,凿石先得泉。
>
> 啸竹引清吹,吟花成新篇。
>
> 乃知高洁情,摆落区中缘。[1]

孟郊在诗中惊叹:陆羽上饶山舍风景之胜,有似陶渊明描述的武陵桃花源移植到了这片山岩下。凉亭四角张开,拥抱山间白云;山石凿开之际,泉水汩汩涌出。长啸竹林,引来徐徐清风;吟咏山花,积成新的诗篇。才知道,高旷至洁之情境,超越于尘世的因缘。

权德舆也记载了陆羽曾在上饶建新居之事,其《萧侍御喜陆太祝自信州移居洪州玉芝观诗序》中说:"太祝陆君鸿渐,以词艺卓异,为当时闻人。凡所之之邦,必千骑效劳,五浆先馈。尝考一亩之宫于上饶,时江西上介殿中萧侍御公瑜权领是邦,相得欢甚。"[2]

居上饶后,陆羽与权德舆、萧瑜等人过从甚密。

权德舆,字载之,唐代名相。《新唐书·权德舆传》:"德舆生三岁,知变四声,四岁能赋诗,积思经术,无不贯综。自始学至老,未曾一日去书不观。"[3]历任太常博士、起居舍人、知制诰、中书舍人、知礼部贡举、兵部侍郎、太子宾客、太常卿、礼部尚书、同中书门下平章事、检校吏部尚书、扶风郡公、山南西道节度使等职。

权德舆早年在江西为官,《新唐书·权德舆传》载其"复从江西观察使李兼府为判官"[4]。李兼,陇西人,唐代宗大历十四年授鄂州刺史,唐德宗贞元元年为洪州刺史、江西观察使,权德舆与萧瑜同为李兼府中幕僚。李兼入朝后,萧瑜权领洪州。故陆羽追随萧瑜,于贞元二年来到了洪州,移居玉

---

① (唐)孟郊:《题陆鸿渐上饶新开山舍》,(清)彭定求等编:《全唐诗》卷三百七十六,中华书局1960年版,第4220页。

② (清)董诰编:《全唐文》卷四百九十,中华书局1983年版,第2216页。

③ (宋)欧阳修、宋祁撰:《新唐书》卷第一百六十五《权德舆传》,中华书局1975年版,第5079页。

④ (宋)欧阳修、宋祁撰:《新唐书》卷第一百六十五《权德舆传》,中华书局1975年版,第5076页。

芝观。

在洪州,陆羽、萧瑜等人以诗相酬。权德舆《萧侍御喜陆太祝自信州移居洪州玉芝观诗序》中说:"会连帅大司宪李公入觐于王,萧君领廉察留府,太祝亦不远而至,声同而应随故也。先是尝舍于道观,因复居之。竹斋虚白,湖水在下,春物萌劝,时鸟变声,支颐散发,心目相适,萧君悦其所以然也。既展宾主之觌,又歌诗以将之,其词清越,铿若金璧。得诗人之辨丽,见君子之交好。诗既成,而太祝有酬和之作,复往之盛,粲然可观。客有前法曹掾崔君茂实,文场之旧,以六义为己任,攘臂拔笔而为和者。惟三贤师友风骚,迭为强敌。"①

权德舆诗序中的"李公",即李兼;"萧君",即萧瑜;"太祝",即陆羽;崔君,即崔载华,字茂实,工诗,和陆羽的朋友刘长卿、戴叔伦交密,唱酬甚多。陆羽、萧瑜、崔载华三人在洪州相互唱酬,权德舆整理成帙并作序。

诗友唱和,品茗相会,自然是愉悦的。在洪州,陆羽和权德舆、崔载华还一起经历了戴叔伦坐谤的政治风险。

当时,戴叔伦已从抚州刺史任上辞官,隐居南昌龙沙别墅。

戴叔伦任东阳县令期间,考课为全州最优,嗣曹王李皋辟戴叔伦入湖南观察使幕中。建中四年(783)初,戴叔伦离开东阳,行至江西,李皋调任江西节度使,故留于李皋江西幕中。《新唐书》戴叔伦本传:"嗣曹王皋领湖南、江西,表在幕府。皋讨李希烈,留叔伦领府事,试守抚州刺史。民岁争溉灌,为作均水法,俗便利之。耕饷岁广,狱无系囚。俄即真。期年,诏书褒美,封谯县男,加金紫服。"②戴叔伦参与了李皋讨李希烈的战事,随后试守福州刺史,同样政绩斐然。权德舆说:"其在临川也,清明仁恕,多省费方。略蜀郡崇儒之化,南阳均水之法,精力区处,民以便安。田壤耕辟,狱犴清净。居一年,玺书褒异,就加金紫。"③贞元二年秋,戴叔伦辞官,隐居于南昌

① (清)董诰编:《全唐文》卷四百九十,中华书局 1983 年版,第 2216 页。
② (宋)欧阳修、宋祁撰:《新唐书》卷一百四十三《戴叔伦传》,中华书局 1975 年版,第4690 页。
③ (唐)权德舆:《唐故朝散大夫使持节都督容州诸军事守容州刺史兼侍御史充本管经略招讨处置等使谯县开国男赐紫金鱼袋戴公墓志铭并序》,(唐)戴叔伦著,蒋寅校注:《戴叔伦诗集校注》附录三,上海古籍出版社 2010 年版,第 195 页。

栖贤山。戴叔伦虽因治理抚州政绩卓著而得到皇帝下诏嘉奖,但随后遭到谤议,朝廷派推事使张侍御前来调查,侍御前于除夕日发谍文要求戴叔伦到抚州作出解释。

陆羽、崔载华为戴叔伦送行,此时的戴叔伦自然惊惶不安,从他在赴抚州途中宿旅舍时写给崔载华的和诗中可体会一二。《赴抚州对酬崔法曹夜雨滴空阶五首》之一:

　　雨落湿孤客,心惊比栖鸟。

　　空阶夜滴繁,相乱应到晓。①

夜雨滴沥,戴叔伦一身淋湿成落汤鸡,孤身一人宿于旅舍,惊魂未定,如惊弓之鸟。窗外,空寂的台阶上,雨滴声滴答不绝,让本已一团乱麻般的心更其慌乱,直到拂晓时分,还辗转难眠。不过,在陆羽、崔载华的鼓励下,戴叔伦带着一洗冤屈的决心在雨中驱马而去。《赴抚州对酬崔法曹夜雨滴空阶五首》之三:

　　谤议不自辨,亲朋那得知。

　　雨中驱马去,非是独伤离。②

戴叔伦为了让亲朋知道自己遭遇谗言,决意澄清真相,以讨回清白之身。在雨中策马而去,离别之愁中似乎多了一层坚毅之心。在这次特别的送别诗会上,陆羽、戴叔伦和崔载华约定以"人"字为诗尾,各作诗一首,戴叔伦留下的诗如下:

　　上国杳未到,流年忽复新。

　　回车不自识,君定送何人。③

戴叔伦最终澄清了诬谤,喜讯传来,权德舆连作三首诗相庆:

一

专城书素至留台,忽报张纲揽辔回。

① (唐)戴叔伦:《赴抚州对酬崔法曹夜雨滴空阶五首》,(清)彭定求等编:《全唐诗》卷二百七十四,中华书局1960年版,第3098页。
② (唐)戴叔伦:《赴抚州对酬崔法曹夜雨滴空阶五首》,(清)彭定求等编:《全唐诗》卷二百七十四,中华书局1960年版,第3098页。
③ (唐)戴叔伦:《岁除日奉推事使牒追赴抚州辨对留别崔法曹陆大祝处士上人同赋人字口号》,(清)彭定求等编:《全唐诗》卷二百七十四,中华书局1960年版,第3102页。

共看昨日蝇飞处,并是今朝鹊喜来。

二

鹤发州民拥使车,人人自说受恩初。

如今天下无冤气,乞为邦君雪谤书。

三

众人哺啜喜君醒,渭水由来不杂泾。

遮莫雪霜撩乱下,松枝竹叶自青青。①

从权德舆这三首诗的诗题中可知,陆羽、崔载华、萧瑜向权德舆告知了戴叔伦冤情洗雪的消息,朋友圈诸人自然喜不自胜。

陆羽也在欣喜中作诗三首,可惜未能流传下来,今天的人们只能读到戴叔伦回到南昌后的三首答诗了:

一

求理由来许便宜,汉朝龚遂不为疵。

如今谤起翻成累,唯有新人子细知。

二

贫交相爱果无疑,共向人间听直词。

从古以来何限枉,惭知暗室不曾欺。

三

春风旅馆长庭芜,俯首低眉一老夫。

已对铁冠穷事本,不知廷尉念冤无。②

第一首答诗,戴叔伦表示,为求得治安,历来允许因利乘便行事。汉宣帝时渤海太守就曾便宜行事,而并未招致非议。诗中暗示自己遭遇谤议,实为便宜行事,没想到自己却因此受到牵累,戴叔伦向陆羽倾诉心曲。

第二首答诗,戴叔伦把陆羽视为值得信赖的朋友,能听取自己直言不讳

---

① (唐)权德舆:《同陆太祝鸿渐崔法曹载华见萧侍御留后说得卫抚州报推事使张侍御却回前刺史戴员外无事喜而有作三首》,(清)彭定求等编:《全唐诗》卷三百二十二,中华书局1960年版,第3623页。

② (唐)戴叔伦:《抚州被推昭雪答陆太祝三首》,(清)彭定求等编:《全唐诗》卷二百七十四,中华书局1960年版,第3106页。

的真心话。诗中所引典故,出于南朝梁太宗萧纲被后景幽禁时题壁:"有梁正士兰陵萧世缵,立身行道,终始如一,风雨如晦,鸡鸣不已。弗欺暗室,岂况三光,数至于此,命也如何!"①戴叔伦以此自陈,自己行事光明正大,遭此坎坷实属冤屈。

第三首答诗,戴叔伦描写新春之际,虽然春风来临,自己借宿的旅馆庭院里依旧一片荒芜,自己在接受推事使的盘问时俯首低眉,一个可怜的老头儿。铁冠为御史所戴,此指推事使张侍御。廷尉,指大理寺。戴叔伦之意,自己已经向张侍御就谤议涉及之事做了详尽的解释,不知道大理寺是否会判定自己蒙冤。

就在这个春天,喜欢喝酒的戴叔伦,作诗劝喜欢喝茶的陆羽喝上一杯,《劝陆三饮酒》:

寒郊好天气,劝酒莫辞频。

扰扰钟陵市,无穷不醉人。②

戴叔伦后迁容管经略使,离开洪州前往容州(今广西容县)。而陆羽也与洪州的诗友们作别,前往湖南。权德舆作有《送陆太祝赴湖南幕同用送字(三韵)》:

不惮征路遥,定缘宾礼重。

新知折柳赠,旧侣乘篮送。

此去佳句多,枫江接云梦。③

诗中的"云梦",当指洞庭湖。据周志刚《陆羽年谱》,陆羽此行是受裴胄之邀。裴胄于贞元三年(787)任潭州刺史、湖南观察使,贞元七年为洪州刺史、江西观察使,《陆羽年谱》将陆羽入湖南系于贞元四年,陆羽时年56岁。

陆羽此后接续了早年在竟陵与太守李齐物结下的缘分,追随李齐物之子李复数年。

李齐物出任竟陵太守之日,诞下一个儿子,因竟陵为复州治所,故取名

① (唐)姚思廉:《梁书》卷四《简文帝纪》,中华书局1973年版,第108页。
② (唐)戴叔伦著,蒋寅校注:《戴叔伦诗集校注》,上海古籍出版社2010年版,第152页。
③ (唐)权德舆:《送陆太祝赴湖南幕同用送字(三韵)》,(清)彭定求等编:《全唐诗》卷三百二十四,中华书局1960年版,第3642页。

李复。李复,字初阳,历任饶、苏二州刺史,容州(今广西容县)刺史,岭南节度使,华州刺史等职。

李复幕府中有一位叫周愿的从事,在《牧守竟陵因游西塔著三感说》一文中说:"愿与百越节度使扶风马公曩时俱为南海连率陇西李公复从事,公诏移滑台,扶风公泊予又为幕下宾,从容两地,七改星火。"①可见周愿是李复的重要心腹之一,周愿曾与陆羽一起参与过颜真卿主持的《韵海镜源》的编撰,与陆羽结为好友。可能在李复出任苏州刺史期间,陆羽作为李复父亲李齐物的故交,而与李复取得了联系。周愿在文中说:"愿频岁与太子文学陆羽同佐公之幕,兄呼之。"②周愿和陆羽在李复手下担任幕僚,当在贞元四年(788)李复任容州刺史、贞元六年(790)至八年(792)复任广州刺史、岭南节度使期间,直到贞元八年李复官拜宗正卿。可以想见,除了颜真卿之外,李复是陆羽另一位重要资助人。

周愿大约于唐宪宗元和十一年(816)任复州刺史,想到自己恩公的父亲李齐物曾经刺复州,周愿心中自然不免感慨系之,有诗曰:"八十年前棠树阴,竟陵太守公先人。"周愿又想到陆羽也是复州人,在文中自然感念此时已经作古的陆羽,他眼中的陆羽是这样一个人:"羽,字鸿渐,百氏之典学,铺在手掌;天下贤士大夫,半与之游。加以方口谔谔,坐能谐谑,世无奈何,文行如轲,所不至者,贵位而已矣。"③周愿把陆羽和孟子相提并论,可见评价极高。

周愿在《牧守竟陵因游西塔著三感说》写到自己游西塔时所见:"噫!我州之左,有覆釜之地,圆似顶状,中立塔庙,篁大如臂,碧笼遗影,盖鸿渐之本师像也。悲欤!似顶之地,楚篁绕塔。塔中之僧,羽事之僧;塔前之竹,羽种之竹。"④西塔中,有收养过陆羽的智积禅师之遗骨,塔庙中有陆羽的造像,可见陆羽辞世不久,人们已经设像纪念了。

陆羽在李复容州幕府期间,和老朋友戴叔伦再度相逢,惜乎此时戴叔伦

---

① (清)董诰编:《全唐文》卷六百二十,中华书局 1983 年版,第 2772 页。
② (清)董诰编:《全唐文》卷六百二十,中华书局 1983 年版,第 2772 页。
③ (清)董诰编:《全唐文》卷六百二十,中华书局 1983 年版,第 2772 页。
④ (清)董诰编:《全唐文》卷六百二十,中华书局 1983 年版,第 2772 页。

已重病在身。《唐才子传》载:"后迁容管经略使,威名益振,治亦清明,仁恕多方,所至称最。德宗赋《中和节诗》,遣使者宠赐,世以为荣。还,上表请为道士。未几卒。"①戴叔伦《容州回逢陆三别》:

西南积水远,老病喜生归。

此地故人别,空馀泪满衣。②

在戴叔伦返回家乡前,陆羽赶来送别,此次一别为永别,戴叔伦在归途中病逝于端州(今肇庆)清远峡。

陆羽追随李复从容州到广州,李复从岭南观察使离任后,陆羽返回湖州。路经杭州时,和当地高僧多有交往,如灵隐寺的宝达、道标等。《宋高僧传》卷二十一《唐杭州灵隐寺宝达传》注:

系曰:印沙床者何? 通曰:"有道之士居山,必非宝器,疑其范筑江沙,巧成坐榻欤?"照佛鉴者何? 通曰:"即鉴灯耳。以其陆鸿渐贞元中多游是山,述记记达师节俭而明心之调度也。"③

看来,陆羽有著文记高僧行迹之事。《唐杭州灵隐山道标传》也透露了陆羽曾为道标立传的信息:"又景陵子陆羽云:'夫日月云霞为天标,山川草木为地标。推能归美为德标,居闲趣寂为道标。'"④

当然,与诗友唱和交游之际,陆羽更多的时光,流连于茶的探索与发现。

从前文叙及的陆羽行踪和《茶经》对茶产区的记载,陆羽探索茶叶的足迹,涉及今湖北、四川、湖南、江西、江苏、浙江、广西、广东等多地,其雪泥鸿爪,史籍留痕。如周志刚《陆羽年谱》爬梳陆羽在苏州行迹:"陆羽有离苏州留下许多古迹。《百城烟水》卷一《苏州》云:'陆羽石井,傍剑池北上。井口方丈余,四傍石壁,下连石底,泉甘冽,即所品第三泉也。'卷二《吴县》云:'永定普天台讲寺,在铁瓶巷,梁天监中,苏州刺史郡人顾彦先捨宅建,唐乾

① (元)辛云芳撰,孙映逵校注:《唐才子传校注》卷五《戴叔伦传》,中国社会科学出版社2013年版,第347页。
② (唐)戴叔伦:《容州回逢陆三别》,(清)彭定求等编:《全唐诗》卷二百七十四,中华书局1960年版,第3102页。
③ (宋)赞宁:《宋高僧传》卷第二十一《唐杭州灵隐寺宝达传》,中华书局1987年版,第547页。
④ (宋)赞宁:《宋高僧传》卷第十五《唐杭州灵隐寺道标传》,中华书局1987年版,第375页。

符间赐今额,陆鸿渐书.'《吴趋访古录》卷二《吴县》'永定寺次韦苏州永定精舍韵'注云:'在铁瓶巷,梁天监中,吴郡太守郡人顾彦先捨宅建.唐乾符间赐今额.后人于寺建贤祠,祀顾彦先、陆鸿渐、韦应物、刘禹锡、白居易于此.'卷三《长州》'附陆羽石井和范石湖韵'云:'在剑池经藏石,唐陆羽与李秀(注:季误)卿论二十水,以虎邱寺井为第五.'"①

在寻茶问道的生涯中,陆羽一直坚持过着一位隐者的狂狷生活."或独行野中,诵诗击木,裴回不得意,或恸哭而归,故时谓今接舆也."②我们来看看陆羽的性格:"闻人善,若在己,见有过者,规切至忤人.朋友燕处,意有所行辄去,人疑其多嗔.与人期,雨雪虎狼不避也."③这段话说明,陆羽善恶分明,很讲信用,对朋友忠心耿耿,但性格过于直率,很容易得罪人.

陆羽从江北到江南,所到之处,留意茶山茶事,最后在湖州写成《茶经》,自不消说.

陆羽在《茶经》中说茶叶"紫者上",显然至今对顾渚山紫茶有宣传之效.笔者曾赴湖州参加中国人民大学茶道哲学研究所主办的茶道哲学研讨会,签到时便赫然看到主办方已摆好顾渚山紫茶待客.

陆羽一生著述甚丰,《陆文学自传》记有《四悲诗》《天之未明赋》《君臣契》《源解》《江表四姓谱》《南北人物志》《吴兴历官记》《湖州刺史记》《茶经》《占梦》.《新唐书·艺文志》著录陆羽《茶经》三卷、《警年》十卷.《新唐书》本传载陆羽作《毁茶论》.《舆地纪胜》卷二:"陆羽尝过钱塘,撰天竺、灵隐二寺记."皮日休《茶中杂咏序》记陆羽著《顾渚山记》二篇.颜真卿《颜鲁公集》卷五《项王碑阴述》记陆羽作《吴兴图经》.

陆羽作为一代名士,在世时既已闻名天听,受到唐皇注意,"诏拜羽太子文学,徙太常寺太祝,不就职"④.但作为一介隐者,陆羽自然不会去就职.

---

① 周志刚:《陆羽年谱》,《农业考古》2003 年第 6 期.
② (宋)欧阳修、宋祁撰:《新唐书》卷一百九十六《隐逸·陆羽传》,中华书局 1975 年版,第 5611 页.
③ (宋)欧阳修、宋祁撰:《新唐书》卷一百九十六《隐逸·陆羽传》,中华书局 1975 年版,第 5611 页.
④ (宋)欧阳修、宋祁撰:《新唐书》卷一百九十六《陆羽传》,中华书局 1975 年版,第 5611 页.

陆羽墓在湖州杼山,笔者曾凭吊过。孟郊《送陆畅归湖州因凭题故人皎然塔陆羽坟》诗云:

> 淼淼雪寺前,白蘋多清风。
>
> 昔游诗会满,今游诗会空。
>
> 孤吟玉凄恻,远思景蒙笼。
>
> 杼山砖塔禅,竟陵广宵翁。
>
> 饶彼草木声,仿佛闻馀聪。
>
> 因君寄数句,遍为书其丛。
>
> 追吟当时说,来者实不穷。
>
> 江调难再得,京尘徒满躬。
>
> 送君溪鸳鸯,彩色双飞东。
>
> 东多高静乡,芳宅冬亦崇。
>
> 手自撷甘旨,供养欢冲融。
>
> 待我遂前心,收拾使有终。
>
> 不然洛岸亭,归死为大同。①

陆畅,字达夫,元和元年登进士第,任太子僚属。孟郊诗中之意,湖州有雪溪,又有白蘋洲。雪起寺前,远远望去,白蘋洲清风乍起。昔日自己曾参加陆羽、皎然组织的诗会,当时可谓名流云集,而如今此番风华,已难觅踪影。独自吟咏之际,不免心中凄恻。思绪远去之时,远景一片朦胧。杼山上,皎然塔,陆羽坟,遥遥相望,而山中草木在风中作响,仿佛还盘桓于两位留下的人文气场。因为送君归湖州之故,而寄语数句诗文。追记皎然、陆羽当年人文气象的后来者,仍在不断涌现。自由放旷的江歌难以再得,只有满身的京洛世尘,抖不尽的功名利禄。送君苕溪的彩色鸳鸯,成双成对飞到江东。江东之地多远离尘嚣的乡野,芳宅在冬日里也高大敞亮。亲手采来美味供养父母,一家人融融泄泄。等我满足心愿的那天,辞官归隐,老于湖州,收拾精神,初心得终。如果不能遂愿,只有在自己所建的生生亭老去,直到归入天

---

① (唐)孟郊:《送陆畅归湖州,因凭题故人皎然塔、陆羽坟》,(清)彭定求等编:《全唐诗》卷三百七十九,中华书局 1960 年版,第 4252 页。

地大同。可惜的是,孟郊最终死在从洛阳赴任兴元军参谋的路途中,一生心愿化为乌有。

　　唐诗僧齐己,曾寻访陆羽旧居,作诗《过陆鸿渐旧居(陆生自有传于井石,又云:行坐诵佛书,故有此句)》:

　　　　楚客西来过旧居,读碑寻传见终初。

　　　　佯狂未必轻儒业,高尚何妨诵佛书。

　　　　种竹岸香连菡萏,煮茶泉影落蟾蜍。

　　　　如今若更生来此,知有何人赠白驴。(时太守赠白驴)①

"赠白驴"典故,为崔国辅赠陆羽白驴事,见《陆文学自传》:"属礼部郎中崔公国辅出守竟陵郡,与之游处凡三年。赠白驴、乌犎牛一头,文槐书函一枚:'白驴、乌犎,襄阳太守李憕见遗;文槐函,故卢黄门侍郎所与。此物皆己之所惜也,宜野人乘蓄,故特以相赠。'"②

　　现存史料中,关于陆羽对中国茶文化的贡献,唐人赵璘《因话录》说陆羽"性嗜茶,始创煎茶法"③。《唐国史补》称:"羽有文学,多意思,耻一物不尽其妙,茶术尤著。"④这则材料可见陆羽对于茶道的专业精神。《新唐书》和《唐才子传》则着重于陆羽对饮茶之风的普及之功。《新唐书》陆羽本传:"羽嗜茶,著经三篇,言茶之原、之法、之具尤备,天下益知饮茶矣。"⑤《唐才子传》称:"羽嗜茶,造妙理,著《茶经》三卷,言茶之原、之法、之具,时号'茶仙',天下益知饮茶矣。"⑥威廉·乌克斯《茶叶全书》说:"至今没有人能够否认陆羽在茶叶界中的崇高地位。"⑦

---

① (唐)齐己:《过陆鸿渐旧居》,(清)彭定求等编:《全唐诗》卷八百四十六,中华书局1960年版,第9569页。
② (清)董诰编:《全唐文》卷三百三十三,中华书局1983年版,第1957页。
③ (唐)赵璘撰,黎泽湖校笺:《因话录校笺》卷三《商部下》,合肥工业大学出版社2013年版,第53页。
④ (唐)李肇撰,聂清风校注:《唐国史补校注》卷中,中华书局2021年版,第134页。
⑤ (宋)欧阳修、宋祁撰:《新唐书》卷一百九十六《隐逸·陆羽传》,中华书局1975年版,第5612页。
⑥ (元)辛云芳撰,孙映逵校注:《唐才子传校注》卷第三《陆羽传》,中国社会科学出版社2013年版,第212页。
⑦ [美]威廉·乌克斯:《茶叶全书》,东方出版社2011年版,第18页。

值得一提的是,陆羽在唐代就已经被祀为茶神,卖茶的商家以陆羽的形貌做成陶人,买十个茶器,送一尊陆羽像。

今天的人们在茶台上喜欢摆一些茶宠,或陶,或瓷,泡茶时往往将茶水浇淋于茶宠之上。而这一细节动作,在唐代就已有之。《唐国史补》载:"市人沽茗不利,辄灌注之。"①原来,当时的人们给茶神陆羽的陶像头上浇点茶水,是为了讨个吉利,让陆羽喝到好茶后,能保佑商家生意兴隆。

今天,我们的茶台上,不妨恢复一下唐时的光景,摆上一个小小的陆羽陶瓷塑像,喝茶时能和茶神对饮,岂不快哉?

---

① （唐）李肇撰,聂清风校注:《唐国史补校注》卷中,中华书局2021年版,第134页。

陆羽、皎然、唐朝名流，如何开茶会

陆羽的青塘别业落成后，好友们自然要来庆贺一番，新居里的各种茶会，也就拉开了帷幕。皎然诗《同李侍御萼、李判官集陆处士羽新宅》：

素风千户敌，新语陆生能。

借宅心常远，移篱力更弘。

钓丝初种竹，衣带近栽藤。

戎佐推兄弟，诗流得友朋。

柳阴容过客，花径许招僧。

不为墙东隐，人家到未曾。①

在诗中，皎然描写陆羽的青塘别业诸般景致，篱笆、竹子、藤蔓，意趣横生。"柳阴容过客，花径许招僧"，颇佳意境，引得高朋喜至，来客中有僧有俗。更关键的是，皎然和颜真卿的幕僚李萼等人来此相聚，使得青塘别业人文荟萃，嘉宾云集，"戎佐推兄弟，诗流得友朋"，有文有武，相得益彰。

从皎然存诗可知，他是经常光顾青塘别业的。《喜义兴权明府自君山至，集陆处士羽青塘别业》：

应难久辞秩，暂寄君阳隐。

已见县名花，会逢闹是粉。

本自寻人至，宁因看竹引。

身关白云多，门占春山尽。

---

① （唐）皎然：《同李侍御萼、李判官集陆处士羽新宅》，（清）彭定求等编：《全唐诗》卷八百十七，中华书局1960年版，第9209页。

最赏无事心,篱边钓溪近。①

陆羽的青塘别业掩映于竹林,门外的春山遥遥可见,头顶的白云悠悠飘过,好友相逢,吟诗作赋,品茗观花,自然赏心悦目。青塘别业的篱笆外,即是一道清流,垂钓于此,意不在鱼,而在"无事心"所透出的禅门境界。

作为空门中人,身为禅僧的皎然,自然不会为情所困,虽不累于世俗之情,但有情与忘情之间,仍是微妙难言的。《春夜集陆处士居玩月》:

欲赏芳菲肯待辰,忘情人访有情人。

西林可是无清景,只为忘情不记春。②

皎然和诗友们在陆羽的居所玩月达旦,继之以晨兴赏花,春江花月尽管不再流连,但忘情人访有情人,该有情还是忘情呢?

皎然和禅僧诗友们流连于陆羽的别墅,雅集的方式,自然多为茶会。

值得一提的是,皎然组织当时名流参与的茶会,有一种品饮形式,即传花饮茶,将吟诗、品茶和高尚社交融为一炉,可谓当时的清流雅趣。《晦夜李侍御萼宅集招潘述、汤衡、海上人饮茶赋》:

晦夜不生月,琴轩犹为开。

墙东隐者在,淇上逸僧来。

茗爱传花饮,诗看卷素裁。

风流高此会,晓景屡徘徊。③

在无月之夜,古琴声声,隐者和高僧陆续赶来,击鼓传花,品茗吟诗,风流雅集,不知东方之既白,这种聚会,确实高大上有品位。

皎然诗中所写的传话饮茶发生在李萼的家宅里,可以想见,在陆羽的青塘别业中,这种诗茶相伴的名流雅集,也很常见。

皎然《渚山春暮,会顾丞茗舍,联句效小庾体》:

---

① (唐)皎然:《喜义兴权明府自君山至,集陆处士羽青塘别业》,(清)彭定求等编:《全唐诗》卷八百十七,中华书局1960年版,第9201页。

② (唐)皎然:《春夜集陆处士居玩月》,(清)彭定求等编:《全唐诗》卷八百十七,中华书局1960年版,第9210页。

③ (唐)皎然:《晦夜李侍御萼宅集招潘述、汤衡、海上人饮茶赋》,(清)彭定求等编:《全唐诗》卷八百十七,中华书局1960年版,第9207页。

> 谁是惜暮人,相携送春日。因君过茗舍,留客开兰室。——陆士修
> 湿苔滑行屐,柔草低藉瑟。鹊喜语成双,花狂落非一。——崔子向
> 烟浓山焙动,泉破水春疾。莫拗挂瓢枝,会移阆书帙。——皎然
> 颇容樵与隐,岂闻禅兼律。栏竹不求疏,网藤从更密。——陆士修
> 池添逸少墨,园杂庄生漆。景晏枕犹攲,酒醒头懒栉。——崔子向
> 云教淡机虑,地可遗名实。应待御荈青,幽期踏芳出。——皎然①

这次茶会发生在顾丞的茗舍中,从联句的形式中可以猜测,当时皎然等三人边传花、边饮茶、边作诗,集为联句。

作为治理湖州的朝廷要员,刺史颜真卿也是这种茶会的常客。颜真卿《五言月夜啜茶联句》:

> 泛花邀坐客,代饮引情言。——陆士修
>
> 醒酒宜华席,留僧想独园。——张荐
>
> 不须攀月桂,何假树庭萱。——李萼
>
> 御史秋风劲,尚书北斗尊。——崔万
>
> 流华净肌骨,疏瀹涤心原。——颜真卿
>
> 不似春醪醉,何辞绿菽繁。——皎然
>
> 素瓷传静夜,芳气清闲轩。——陆士修②

从这首联句诗可以看出,参与茶会的诗友们,一边饮茶,一边吟诗,轮流出句,缀为联句。联句中的泛花、流华、瀹、饮、素瓷、芳气等词,和茶相关。颜真卿联句中的"净肌骨""涤心原",写的是饮茶所臻精神境界。

颜真卿的联句中,有陆羽参加的诗酒茶会,如《登岘山观李左相石尊联句》《水堂送诸文士戏赠潘丞联句》《与耿湋水亭咏风联句》《又溪馆听蝉联句》《三言喜皇甫曾侍御见过南楼玩月》《七言重联句》等。

加拿大学者贝剑铭说:"从茶史的长时段视角来看,《茶经》的出现标志着饮茶从药用/健康的主要目的最后转向了各种私人于社交场合的品饮。

---

① (唐)皎然:《渚山春暮,会顾丞茗舍,联句效小庾体》,(清)彭定求等编:《全唐诗》卷七百九十四,中华书局 1960 年版,第 8935 页。

② (唐)颜真卿:《五言月夜啜茶联句》,(清)彭定求等编:《全唐诗》卷七百八十八,中华书局 1960 年版,第 8882 页。

换言之，在陆羽及与其过从的文人、诗僧等的推动下，饮茶这种小范围的地方习俗转变成具有中国文化特色的艺术形式与行为。"①

皎然记载茶会的诗作不少。《日曜上人还润州》诗中载，皎然送别日曜上人回润州（今镇江），以茶饯别时，回忆此前相约会饮之不易："露茗犹芳邀重会，寒花落尽不成期。"②皎然《陪卢判官水堂夜宴》描写了卢判官在水堂举办的茶宴：

　　　　暑气当宵尽，裴回坐月前。

　　　　静依山堞近，凉入水扉偏。

　　　　久是栖林客，初逢佐幕贤。

　　　　爱君高野意，烹茗钓沦涟。③

皎然《遥和康录事、李侍御萼小寒食夜重集康氏园林》：

　　　　习家寒食会何频，应恐流芳不待人。

　　　　已爱治书诗句逸，更闻从事酒名新。

　　　　庭芜暗积承双履，林花雷飞洒幅巾。

　　　　谁见柰园时节共，还持绿茗赏残春。④

在清明前的寒食节举办茶会，"应恐流芳不待人"，故急着要喝的是明前茶。持一杯绿茗，兴许是赏春的最佳方式吧。

皎然在杼山寺也时常举办茶会，《答裴集、阳伯明二贤各垂赠二十韵，今以一章用酬两作》一诗中，就叙及寺中茶会的情形："清宵集我寺，烹茗开禅牖。发论教可垂，正文言不朽。白云供诗用，清吹生座右。不嫌逸令醉，莫试仙壶酒。"⑤皎然邀请当地政要和名流，在寺中茶会雅集，除了品茶，还伴着白云与清风，吟诗作赋，扪虱而谈，如此光景，堪称高会。

① [加拿大]贝剑铭：《茶在中国：一部宗教与文化史》，中国工人出版社2019年版，第98页。
② （唐）皎然：《日曜上人还润州》，（清）彭定求等编：《全唐诗》卷八百十九，中华书局1960年版，第9238页。
③ （唐）皎然：《陪卢判官水堂夜宴》，（清）彭定求等编：《全唐诗》卷八百十七，中华书局1960年版，第9205页。
④ （唐）皎然：《遥和康录事、李侍御萼小寒食夜重集康氏园林》，（清）彭定求等编：《全唐诗》卷八百十五，中华书局1960年版，第9183页。
⑤ （唐）皎然：《答裴集、阳伯明二贤各垂赠二十韵，今以一章用酬两作》，（清）彭定求等编：《全唐诗》卷八百十六，中华书局1960年版，第9187页。

刘长卿天宝初曾东游梁宋徐泗等处,途中所作《惠福寺与陈留诸官茶会(得西字)》,据说是存世唐诗中最早写寺院茶会的:

> 到此机事遣,自嫌尘网迷。
>
> 因知万法幻,尽与浮云齐。
>
> 疏竹映高枕,空花随杖藜。
>
> 香飘诸天外,日隐双林西。
>
> 傲吏方见狎,真僧幸相携。
>
> 能令归客意,不复还东溪。①

在惠福寺,汴州陈留县的政界名流和禅院高僧以茶高会,置身寺院茶会,顿时排遣了机巧之事,意识到自己在尘世的迷误中不得自由。在空门之中,终觉诸法皆空,如梦如幻,亦如浮云。禅院里竹影疏淡,投映于卧榻之高枕;三界无实幻如空花,随杖藜而无影。袅袅的茶香,飘出六欲天外;西斜的日轮,隐没于佛陀涅槃的娑罗双树间。在这里,与推崇漆园傲吏庄周的达人彼此亲近,与契悟真如的高僧相知相伴。辞归之际,流连忘返,甚至不想回到栖隐之地。

刘长卿诗中描写的茶会,参与者有士大夫,有文人,有禅僧,茶会不仅仅是友朋的相聚,更氤氲了一种挥之不去的清寂高雅的精神境界,读后让人颇生神往之感。

唐朝宪宗时宰相武元衡,其诗《资圣寺贲法师晚春茶会》,写的亦为佛门茶会:

> 虚室昼常掩,心源知悟空。
>
> 禅庭一雨后,莲界万花中。
>
> 时节流芳暮,人天此会同。
>
> 不知方便理,何路出樊笼。②

诗中的茶会,春雨之后,禅门虚室,茶会静寂而空灵,品饮之际,直抵禅

---

① (唐)刘长卿《惠福寺与陈留诸官茶会(得西字)》,(清)彭定求等编:《全唐诗》卷一百四十九,中华书局1960年版,第1531页。

② (唐)武元衡:《资圣寺贲法师晚春茶会》,(清)彭定求等编:《全唐诗》卷三百十六,中华书局1960年版,第3554页。

境，如此茶会，茶，成了心佛相通的灵媒。

诗僧虚中《赠天昕禅老》一诗，所写茶会也颇有禅意：

翰苑营嘉致，到来山意深。

会茶多野客，啼竹半沙禽。

雪溜悬危石，棋灯射远林。

言诗素非苦，虚答侍臣心。①

钱起《过长孙宅与朗上人茶会》，也是写诗人们的茶会：

偶与息心侣，忘归才子家。

玄谈兼藻思，绿茗代榴花。

岸帻看云卷，含毫任景斜。

松乔若逢此，不复醉流霞。②

长孙，指钱起友人长孙绎。朗上人，指诗人郎士元，笃信佛教，故称上人。朗上人与钱起等同为"大历十才子"。诗中的茶会，品茗吟诗，看云清谈，乃思想的盛宴，假使仙人赤松子和王子乔与会，恐怕也会扔掉酒杯，以茶代醉了吧。

钱起《与赵莒茶宴》：

竹下忘言对紫茶，全胜羽客醉流霞。

尘心洗尽兴难尽，一树蝉声片影斜。③

茶会于竹林下，品饮紫茶，得意忘言，胜过仙人之醉酒。一杯绿茗，洗尽尘心，兴致难尽，蝉鸣声中，不觉日影西斜。

唐宣宗时弘文馆校书郎李群玉《与三山人夜话（一作与濮阳夏侯吴三山人夜话）》：

静谈云鹤趣，高会两三贤。

酒思弹琴夜，茶芳向火天。

---

① （唐）虚中：《赠天昕禅老》，《全唐诗补编》下，转引自钱时霖、姚国坤、高菊儿编：《历代茶诗集成》（唐代卷），上海文化出版社 2000 年版，第 137 页。

② （唐）钱起：《过长孙宅与朗上人茶会》，（清）彭定求等编：《全唐诗》卷二百三十七，中华书局 1960 年版，第 2627 页。

③ （唐）钱起：《与赵莒茶宴》，（清）彭定求等编：《全唐诗》卷二百三十九，中华书局 1960 年版，第 2688 页。

兔裘堆膝暖,鸠杖倚床偏。

各厌池笼窄,相看意浩然。①

清谈、抚琴、饮酒、品茶,隐者们的茶酒之会,超凡脱俗,意境放旷而潇洒。

唐朝在常州常兴、湖州义兴二县交界的顾渚山设贡茶院,常州、湖州刺史均督造贡茶,采茶时节,两州刺史在顾渚山一起开茶山境会,在茶山中召开的茶会,又是何等情形?白居易《夜闻贾常州、崔湖州茶山境会,想羡欢宴,因寄此诗》一诗,描写了自己因坠马受伤而未能参加的一场想象中的茶会:

遥闻境会茶山夜,珠翠歌钟俱绕身。

盘下中分两州界,灯前各作一家春。

青娥递舞应争妙,紫笋齐尝各斗新。

自叹花时北窗下,蒲黄酒对病眠人。②

在白居易所听闻中的顾渚山茶会上,有朱环翠绕的美女和钟鼓之乐,有青衣女子曼妙起舞的身姿,虽然州分两界,人们却亲如一家,一起拿出新制的紫笋茶斗茶品饮,愉悦热闹而不失风雅。遗憾的是自己在如此美妙的时节,却只能躺在窗下,以蒲黄酒治疗受损的腰腿。

顾渚山上的繁忙景象,为的只是远在北方更为豪华的年度宫廷茶会。茶制成之后,"驿骑鞭声砉流电,半夜驱夫谁复见?十日王程路四千,到时须及清明宴"③。日夜兼程,疾驰如风,驿骑在十天里奔跑了四千里急程,为的是及时赶到宫廷里举办的盛大茶会"清明宴"。

此时,皇宫中的清明茶宴也万事俱备,只等着驿马的蹄声了。吴兴太守张文规《湖州贡焙新茶》诗云:

凤辇寻春半醉回,仙娥进水御帘开。

---

① (唐)李群玉:《与三山人夜话(一作与濮阳夏侯吴三山人夜话)》,(清)彭定求等编:《全唐诗》卷五百六十九,中华书局 1960 年版,第 6589 页。

② (唐)白居易:《夜闻贾常州、崔湖州茶山境会,想羡欢宴,因寄此诗》,(清)彭定求等编:《全唐诗》卷四百四十七,中华书局 1960 年版,第 5028 页。

③ (清)彭定求等编:《全唐诗》卷五百九十,中华书局 1960 年版,第 6847 页。

牡丹花笑金钿动，传奏吴兴紫笋来。①

鲍君徽，字文姬，唐德宗（780—804 年在位）尝召入宫，与侍臣吟诗唱和，获赏赉甚厚。鲍君徽《东亭茶宴》诗云：

闲朝向晓出帘栊，茗宴东亭四望通。

远眺城池山色里，俯聆弦管水声中。

幽篁引沼新抽翠，芳槿低檐欲吐红。

坐久此中无限兴，更怜团扇起清风。②

鲍君徽诗中描写的宫廷茶宴举办地在东亭，这里视野开阔，能远望山色掩映中的京城春色，俯听与水声相应和的丝竹管乐之音，池边的翠竹正在抽出新叶，木槿树低垂的枝条即将吐出红花，在此情此景中，宫中的美女们手摇团扇，优雅而从容，品茗着新到的贡茶，坐在东亭里兴味盎然，久久不愿离去。

以酒为宴，即酒宴。以茶为媒，乃茶宴。唐人茶会，遂成茶宴。南朝宋时史学家山谦之《吴兴记》："啄木岭，每岁吴兴与毗陵二郡太守采茶宴会于此，有境会亭。"

唐宪宗时衡州刺史吕温，世称吕衡州，其《三月三日茶宴序》中载："三月三日，上巳禊饮之日也，诸子议以茶酌而代焉。乃拨花砌，憩庭阴，清风遂人，日色留兴，卧指青霭，坐攀香枝，闲莺近席而未飞，红蕊拂衣而不散。乃命酌香沫，浮素杯，殷凝琥珀之色，不令人醉。微觉清思，虽五云仙浆，无复加也。座右才子南阳邹子、高阳许侯，与二三子顷为尘外之赏，而曷不言诗矣。"

汉以前定农历的三月上旬巳日为"上巳"，有修禊之俗，以拔除不祥。魏晋以后，则改在农历的三月三日，人们举行祓禊仪式之后，坐在河渠两旁，在上流放置酒杯，酒杯顺流而下，停在谁的面前，谁就取杯饮酒，此即曲水流觞，意在除灾祛祸。唐朝皇帝赐宴曲江，长安城里禊饮踏青，成为一大景观。

① （清）彭定求等编：《全唐诗》卷五百九十，中华书局 1960 年版，第 6847 页。

② （唐）鲍君徽：《东亭茶宴》，（清）彭定求等编：《全唐诗》卷七，中华书局 1960 年版，第 69 页。

而元和年间,吕温等人开始讨论曲水流觞的禊饮之俗代之以茶宴,并付诸行动。文中所叙茶宴,设于庭院之阴,清风徐徐,鸟语花香,与会者或坐或卧,自由散淡。煮茗酌杯,茶色如琥珀,让人心动,而又饮之不醉,饮后神清气爽,即便是传说中服食后可白日飞天的五云仙浆,也比不上这杯让人超凡脱尘的茶饮。

白居易《三月三日谢恩赐曲江宴会状》中写道:"今日伏奉圣恩,赐臣等于曲江宴乐,并赐茶果者。伏以暮春良月,上巳嘉辰,获侍宴于内庭,又赐欢于曲水,蹈舞蹐地,欢呼动天。况妓乐选于内坊,茶果出于中库,荣降天上,宠惊人间。"①从白居易亲身经历的皇家曲江宴会情形可知,茶果确实开始扮演了重要角色。

从文人雅士、禅门高僧、政界要员到宫廷贵胄,唐朝的茶会各具格调,无不透露出唐代人的风流与高雅,而茶在名流们传花吟诗之际,给参与者带来了超然绝尘的精神境界。

---

① (清)董诰编:《全唐文》卷六百六十八,中华书局1983年版,第3010页。

陆羽与皎然的缁素忘年之交

安史之乱后,陆羽随着向江南涌去的难民潮,避乱至吴兴(今浙江湖州)。在吴兴,陆羽结识了诗僧皎然,进而发展为亦师亦友的关系。《宋高僧传·唐湖州杼山皎然传》说:"昼以陆鸿渐为莫逆之交。"①

陆羽在《陆文学自传》中自述:"洎至德初,秦人过江,子亦过江,与吴兴释皎然为缁素忘年之交。"②

缁,黑色;素,白色。僧人衣黑衣,俗人衣白衣,缁素即僧俗。陆羽与年长于自己的禅僧皎然,僧俗之间,最终结下了忘年之交。陆羽在禅院里长大,被智积禅师抚养成人,但因偏好儒学而最终未如师愿正式出家。陆羽这一自述,也证实了他并未剃度。

隐居吴兴后,陆羽结交皎然是很自然的事情。陆羽自称:"上元初,结庐于苕溪之滨,闭关对书,不杂非类,名僧高士,谈宴永日。"陆羽的交游是有选择的,即"不杂非类",物以类聚,人以群分,陆羽只喜欢和自己趣味相投的人交往,这样才可能"谈宴永日",如魏晋风流,扪虱而谈,不觉日影之西斜。

释皎然,名昼,俗姓谢,谢灵运十世孙,《宋高僧传》说他"文章俊丽","子史经书各臻其极"③。颇得谢氏文脉的皎然,有大量诗作流传至今,除了

---

① (宋)赞宁撰:《宋高僧传》卷第二十九《唐湖州杼山皎然传》,中华书局1987年版,第729页。
② (清)董诰编:《全唐文》卷三百三十三,中华书局1983年版,第1957页。
③ (宋)赞宁撰:《宋高僧传》卷第二十九《唐湖州杼山皎然传》,中华书局1987年版,第728页。

诗歌集《吴兴昼上人集》,他传世的《诗式》在诗歌理论上也大有建树。当然,在人生趣味上,皎然也与陆羽有相似之处,《宋高僧传》皎然本传载:"昼清净其志,高迈其心,浮名薄利,所不能啖,唯事林峦,与道者游。"①皎然淡泊名利,喜好山水,交游道者,和陆羽自然能惺惺相惜。

唐代李肇《唐国史补》卷中载有陆羽于智积禅师离世后所作的诗:"不羡白玉盏,不羡黄金罍。亦不羡朝入省,亦不羡暮入台。千羡万羡西江水,曾向竟陵城下来。"②显然,陆羽对黄白之物和高官厚禄,也是兴趣不大的。

他们共同的兴趣,当然还有茶。

皎然的存世之作里,屡见茶影。皎然的禅修生涯里,茶几乎无处不在。我们不妨从皎然诗歌唱酬中一窥他的茶缘。

有寻茶问茗的,如《山居示灵澈上人》:"晴明路出山初暖,行踏春芜看茗归。"

有品茶赏春的,如《遥和康录事李侍御萼小寒食夜重集康氏园林》:"谁见柰园时节共,还持绿茗赏残春。"

有茶礼赠别的,如《送顾处士歌》:"禅子有情非世情,御荈贡馀聊赠行。"

有以茶相约的,如《日曜上人还润州》:"露茗犹芳邀重会,寒花落尽不成期。"

有邀集茶会的,如《答裴集、阳伯明二贤各垂赠二十韵今以一章用酬两作》:"清宵集我寺,烹茗开禅牖。"

有落寞独饮的,如《湖南草堂读书招李少府》:"药院常无客,茶樽独对余。"

有煮茗夜饮的,如《陪卢判官水堂夜宴》:"爱君高野意,烹茗钓沧涟。"

有以茶代酒的,如《送李丞使宣州》:"聊持剡山茗,以代宜城醑。"

皎然对当地的剡溪茶显然情有独钟,不时在诗中提及。如《送许丞还洛阳》:"剡茗情来亦好斟,空门一别肯沾襟。"

---

① (宋)赞宁撰:《宋高僧传》卷第二十九《唐湖州杼山皎然传》,中华书局1987年版,第729页。
② (唐)李肇撰,聂清风校注:《唐国史补校注》卷中,中华书局2021年版,第134页。

当然,作为空门中的僧人,品茶悟道才见真意。《白云上人精舍寻杼山禅师兼示崔子向何山道上人》:"识妙聆细泉,悟深涤清茗。"在细泉所烹就的清茗中,证悟佛性之妙与涅槃之要,自然是平时不可或缺的功课。

陆羽在湖州写下《茶经》,还"始创煎茶法"①。《唐才子传》说陆羽写出《茶经》后,"天下益知饮茶矣"②。而皎然对茶文化的贡献也不可小觑。今天的传世文献中,"茶道"一词最早出现在皎然的《饮茶歌诮崔石使君》一诗中:"孰知茶道全尔真,唯有丹丘得如此。"关于皎然此诗中的"茶道"具体含义若何,笔者有论文专门讨论,此不赘述。在这首诗中,皎然还提出了中国茶史中著名的"三饮说":"一饮涤昏寐,情思朗爽满天地。再饮清我神,忽如飞雨洒轻尘。三饮便得道,何须苦心破烦恼。"皎然指出了茶提神醒脑的功效外,还将饮茶对生理机能的作用之外,上升到精神愉悦的最高层次:得道。茶的魅力正在于不仅是寻常百姓开门七件事,即柴、米、油、盐、酱、醋、茶之一,还关乎人的心灵境界和精神享受,是下里巴人和阳春白雪的完美融合,而皎然独具慧眼,恰好看清了这一点。

皎然对茶的深刻领悟,自然对陆羽来说,是非同一般的吸引力。

皎然的诗作里,记录了他和陆羽的一些交集,也能触摸到他和陆羽之间的微妙关系。

陆羽和皎然一起饮茶,这是自然的。皎然《九日与陆处士羽饮茶》:

九日山僧院,东篱菊也黄。

俗人多泛酒,谁解助茶香。③

饮茶的地点显然在皎然所在的杼山,皎然是妙喜寺的住持,禅院里的九月九日重阳节,山间秋意正浓,正宜饮茶。皎然此诗中再次表达了自己在茶酒之间的选择,喝酒与品茶,孰雅孰俗,皎然的意思是再明白不过了。

除了禅院,陆羽的住处也是当地名流雅集的所在。在苕溪之畔,陆羽建

① (唐)赵璘撰,黎泽潮校笺:《〈因话录〉校笺》卷三,合肥工业大学出版社2013年版,第53页。
② (元)辛云芳撰,孙映逵校注:《唐才子传校注》卷第三《陆羽传》,中国社会科学出版社2013年版,第212页。
③ (唐)皎然:《九日与陆处士羽饮茶》,(清)彭定求等编:《全唐诗》卷八百十七,中华书局1960年版,第9211页。

有青塘别业,笔者曾前去探访,只是如今周边已是高楼林立的繁华市区,已经没有当年的意境了。

皎然从杼山上下来与陆羽茶叙,并非总能如愿。《陆文学自传》中,陆羽说自己:"常扁舟往来山寺,随身惟纱巾藤鞋短褐犊鼻,往往独行野中。诵佛经,吟古诗,杖击林木,手弄流水,夷犹徘徊,自曙达暮,至日黑兴尽,号泣而归。故楚人相谓:陆子盖今之接舆也。"①陆羽在山野水泽中独来独往,寻茶问水,自由游荡,如楚狂接舆,来无影去无踪,皎然自然会有经常扑空的时候。《寻陆鸿渐不遇》:

> 移家虽带郭,野径入桑麻。
>
> 近种篱边菊,秋来未著花。
>
> 扣门无犬吠,欲去问西家。
>
> 报道山中去,归时每日斜。②

皎然看到陆羽的家野径通幽处,越过桑田麻地,篱笆旁的一地菊花尚未放黄,轻扣柴门,并无犬吠之声,走到邻家一问,邻居说陆羽已经身在山中,要到日影西斜时才会归家。青塘别业的野趣,和主人的野性,想来是很般配的,皎然对此也莫奈其何。

《访陆处士羽》一诗,依旧是寻访陆羽而不遇,返回禅院的路上,皎然一定对陆羽的行踪浮想联翩了:

> 太湖东西路,吴主古山前。
>
> 所思不可见,归鸿自翩翩。
>
> 何山赏春茗,何处弄春泉。
>
> 莫是沧浪子,悠悠一钓船。③

在太湖之滨,苕溪之畔,曾是乌程侯孙皓的封地,后来孙皓改乌程为吴兴,以合吴国兴盛之意。虽然孙皓的愿望没能实现,反倒将吴国在自己手里

---

① (清)董诰编:《全唐文》卷三百三十三,中华书局1983年版,第1957页。

② (唐)皎然:《寻陆鸿渐不遇》,(清)彭定求等编:《全唐诗》卷八百十五,中华书局1960年版,第9178页。

③ (唐)皎然:《访陆处士羽》,(清)彭定求等编:《全唐诗》卷八百十六,中华书局1960年版,第9192页。

葬送了,但吴兴一名却留了下来。皎然此诗中,陆羽已然成为他的所"思"对象,显然彼此友情已非同一般。但陆羽此时已如一羽孤鸿,翩然空中无影无迹。皎然不由得猜想着,在这春日的阳光里,陆羽此时又该在哪座山里品赏春茶,在哪处山泉边寻找泡茶的好水呢? 这个来去无踪的隐者,也许正在烟雨朦胧的水域,在一叶孤舟上垂钓春色吧?

陆羽探寻江南好茶的兴致一直未减,他的足迹自然会跨越太湖流域,奔走于更远的所在。下面这首诗,终于在屡屡不遇后,引得皎然心生惆怅了。《往丹阳寻陆处士不遇》:

> 远客殊未归,我来几惆怅。
>
> 叩关一日不见人,绕屋寒花笑相向。
>
> 寒花寂寂遍荒阡,柳色萧萧愁暮蝉。
>
> 行人无数不相识,独立云阳古驿边。
>
> 凤翅山中思本寺,鱼竿村口望归船。
>
> 归船不见见寒烟,离心远水共悠然。
>
> 他日相期那可定,闲僧著处即经年。①

此时的陆羽,已经远走丹阳茅山,那里曾是南朝萧梁时代道教上清派领袖、"山中宰相"陶弘景的隐居之地。皎然寻访至此,等了一天都没见到陆羽的影子,只有屋旁的寒花似乎在笑脸相迎,自然很是惆怅。皎然看到眼前的寒花,只觉得周遭的一切更加寂寞、荒凉,枯黄的柳叶,暮禅的鸣叫,更平添了萧瑟之感。路边的行人匆匆而过,皎然在古驿道上,辨认着那些陌生的面孔,却没看到熟悉的陆羽。在村口,眺望归帆,却只见寒烟生处,水雾茫无涯际,一如自己对友人的离愁别绪。如果此次不得相会,恐怕自己要在禅室里虚等经年,才会再见吧? 从此诗不难看出,皎然对陆羽显然甚是挂念。

陆羽回到湖州,皎然作诗相赠,《赠韦早、陆羽》:

> 只将陶与谢,终日可忘情。
>
> 不欲多相识,逢人懒道名。

---

① (唐)皎然:《往丹阳寻陆处士不遇》,(清)彭定求等编:《全唐诗》卷八百十七,中华书局1960年版,第9210页。

皎然曾与陆羽一起去无锡,作诗《同李司直题武丘寺兼留诸公与陆羽之无锡》:

> 陵寝成香阜,禅枝出白杨。
>
> 剑池留故事,月树即他方。
>
> 应世缘须别,栖心趣不忘。
>
> 还将陆居士,晨发泛归航。①

李司直,即李纵,字令从,赵郡人,唐代宗大历中官大理司直,故称李司直。李纵曾任职于浙西、湖州、常州等地,官至金州刺史。

我们再看一首皎然的送别诗《赋得夜雨滴空阶,送陆羽归龙山(同字)》:

> 闲阶夜雨滴,偏入别情中。
>
> 断续清猿应,淋漓候馆空。
>
> 气令烦虑散,时与早秋同。
>
> 归客龙山道,东来杂好风。②

候馆之中,一席茶话,终将离别,当陆羽的身影消失于淅淅沥沥的秋雨中,那阶前的雨滴,山中的猿声,更有那秋夜的阴冷,无不在放大离别的惆怅。

当然,写离愁,往往是诗人宣泄才情的时刻,更多的时候,皎然和陆羽能相聚烹茗和诗,研究茶道。在颜真卿刺湖州期间,他俩一起助力《韵海镜源》的编撰,高官、名僧和隐士三者的交游,成为当时湖州文化一大人文景观。杼山上的三癸亭,陆羽筑亭,颜真卿题名,皎然赋诗,号称“三绝”。皎然《奉和颜使君真卿与陆处士羽登妙喜寺三癸亭》一诗,皎然描写三癸亭“俯砌披水容,逼天扫峰翠”。自是得山水形胜之妙,从亭中远眺,“境新耳目换,物远风烟异”。天地开阔,风物正美,让人心旷神怡。此时此刻,天人一体、超然物外的淡泊心境油然而生,空幻世间的禅心也不期而至,“倚石

---

① (唐)皎然:《同李司直题武丘寺兼留诸公与陆羽之无锡》,(清)彭定求等编:《全唐诗》卷八百十八,中华书局1960年版,第9221页。

② (唐)皎然:《赋得夜雨滴空阶,送陆羽归龙山》,(清)彭定求等编:《全唐诗》卷八百二十,中华书局1960年版,第9243页。

忘世情,援云得真意"。想来,三癸亭让皎然悟得了佛门的真意。

僧俗之间的交游酬唱,彼此的情意是自然、真切的,但在共同对茶学的探讨中,恐怕二人的关系又是微妙的、隐秘的。笔者专文比较了皎然和陆羽对茶的认识,不难发现,陆羽从皎然那里,收获良多,将皎然看成是陆羽茶学研究上的导师,并不过分。如此,导师对学生的微词,也就难免了。我们注意《饮茶歌送郑容》一诗:

> 丹丘羽人轻玉食,采茶饮之生羽翼。
>
> 名藏仙府世空知,骨化云官人不识。
>
> 云山童子调金铛,楚人茶经虚得名。
>
> 霜天半夜芳草折,烂漫缃花啜又生。
>
> 赏君此茶祛我疾,使人胸中荡忧栗。
>
> 日上香炉情未毕,醉踏虎溪云,高歌送君出。①

在这首诗中,皎然提及了饮茶有减肥轻身、祛除疾病、提振精神的功效,在与郑容的彻夜之饮中,双双都进入了茶醉的境界,直到日上山头,方送别郑君出山。而在皎然对隐姓埋名的茶中高道赞叹不已的同时,又批评"楚人茶经虚得名",说写出《茶经》的楚人陆羽不过是浪得虚名,这是一种善意揶揄,还是一种真情流露的严厉指责?也许只有皎然自己最为清楚了。

是师是友?是情是敌?是恩是怨?剪不断,理还乱,不如把这种微妙的关系,付与那一缕茶香吧。而陆羽,据传有诗追忆已化作一抔黄土的皎然:

> 万木萧疏春节深,野服浸寒瑟瑟身。
>
> 杼山已作冬令意,风雨谁登三癸亭。
>
> 禅隐初从皎然僧,斋堂时谧助茶馨。
>
> 十载别离成永决,归来黄叶蔽师坟。

---

① (唐)皎然:《饮茶歌送郑容》,(清)彭定求等编:《全唐诗》卷八百二十一,中华书局 1960年版,第 9263 页。

陆羽的爱情

陆羽在禅院中长大成人,但存世史料并无证据显示他曾正式出家。陆羽在安史之乱后避居江南,更像一个隐者。

一个在山野中自由游荡的隐士,又与名僧名流名臣交游的名士,如此一个性情与才情特立独行的人,会不会遭遇一段不期而遇的爱情?

茶神的爱情,一直成谜。

当暧昧不清的文字和缺失的文献交织在一起,织就一个扑朔迷离的谜团时,猜测与想象,便有了自由驰骋的空间,而陆羽的爱情这一话题的当事人,往往就指向与薛涛、鱼玄机、刘采春并称"唐代四大女诗人"的李冶,李季兰。

李季兰的诗才与风情,是否真的和陆羽碰撞出爱的烈焰,人们为此争执不休,聚讼不已。

如果说陆羽是一个在江左湖山间自由放浪的精灵,李季兰在爱情江湖上,也堪称一个自由放浪的精灵,他俩如果干柴烈火一起燃烧,恐怕也并非情理之外。

在揣想这种浪漫的可能性之前,我们似乎得了解李冶的魅力和情感世界。

李冶(?—784),字季兰,《唐才子传》说她是"峡中人"①,其诗《从萧叔子听弹琴赋得三峡流泉歌》中自称"妾家本住巫山云",又其《柳》诗中说

---

① (元)辛云芳撰,孙映逵校注:《唐才子传校注》卷第二《李季兰传》,中国社会科学出版社2013年版,第111页。

"楚客更伤千里春",印证了其原籍在今湖北。李季兰后来成为女道士,长期客居吴兴(今浙江湖州),与陆羽相遇,便有了可能。

《唐才子传》说李季兰"美姿容,神情萧散,专心翰墨,善弹琴,尤工格律。当时才子颇夸纤丽,殊少荒艳之态"①。可见李季兰容貌美艳,闲适潇洒,书法、弹琴与诗才相得益彰,可谓才貌双全,自由无拘。

李季兰六岁的时候,即作《蔷薇诗》,其中有一句"经时不架却,心绪乱纵横"②。说的是蔷薇,但"架却"则谐音"嫁却",此诗似乎泄露了天机:六岁的小女孩竟然预感到自己长大后嫁不掉,没想到一诗成谶!难怪李季兰的父亲看到此诗,便浑身难受。《唐才子传》载:"其父见曰:'此女聪黠非常,恐为失行妇人。'"③

诗情横溢的奇女子,沉鱼落雁之貌下,又跳动着一颗娇柔敏感却桀骜不驯的心,如此绝妙尤物,自然不会循着寻常女人的路走完中规中矩的人生。

事实确实如此。《唐才子传》谓:"夫士有百行,女唯四德。季兰则不然,形气既雄,诗意亦荡。自鲍昭以下,罕有其伦。时往来剡中,与山人陆羽、上人皎然意甚相得。"④

李季兰虽然身为女冠,但她周旋于诗酒之会、文人才士和高官高僧之间,在吴兴的上流社会里自由绽放性情、才情与风情,堪称一道瑰丽的风景。道家崇尚自然,李季兰似乎也正顺从着自己的内心世界,在情感的世界里率性而行,任情而发,故而她的爱情故事,颇有点多姿多彩的意味。

一个稍显儿童不宜的典故,显示了李季兰在男人的世界里是如何无遮无拦毕现巾帼豪气的。在乌程开元寺的一次文人聚会中,李季兰竟然调侃诗人刘长卿难言之隐的疝气病,以陶渊明诗戏谑之:"山气日夕佳。"意思是

---

① (元)辛云芳撰,孙映逵校注:《唐才子传校注》卷第二《李季兰传》,中国社会科学出版社2013年版,第111页。

② (元)辛云芳撰,孙映逵校注:《唐才子传校注》卷第二《李季兰传》,中国社会科学出版社2013年版,第111页。

③ (元)辛云芳撰,孙映逵校注:《唐才子传校注》卷第二《李季兰传》,中国社会科学出版社2013年版,第111页。

④ (元)辛云芳撰,孙映逵校注:《唐才子传校注》卷第二《李季兰传》,中国社会科学出版社2013年版,第111页。

您老兄隐私处的疝气,到了黄昏时分是否安好,"飞鸟相与还"时,是否还安然有归宿?刘长卿倒也机智,同样以陶渊明诗脱口而出:"众鸟欣有托。"①引来全场大笑不已。李季兰敢当众吐荤,调戏官员,可见她的率真与任性。这次玩笑所引陶渊明《饮酒》全诗如下:

> 结庐在人境,而无车马喧。
>
> 问君何能尔?心远地自偏。
>
> 采菊东篱下,悠然见南山。
>
> 山气日夕佳,飞鸟相与还。
>
> 此中有真意,欲辨已忘言。

这种率性而自由的聚会氛围,茶,自然是不可或缺的催发剂。

李季兰的存世诗,《全唐诗》录18首,俄国人所藏敦煌残卷保存的珍本《瑶池新咏》发现佚诗三首,其中的那首阙题诗,就是给她带来杀身之祸、拥护朱泚兵变称帝的所谓反诗。

今天的人们,只能从李季兰的诗作中,寻找她感情生活的蛛丝马迹。好在李季兰的诗一如她的个性,直抒胸臆,宣泄真情,她的存世诗作,多集中于一个女子的感情世界,故她的情感倾注的对象,并不难清晰辨别。

有人演绎李季兰与皎然、陆羽有三角恋情。其根据,首先自然是李季兰情挑皎然的故事。

《唐才子传》载,皎然有诗《答李季兰》:"天女来相试,将花欲染衣。禅心竟不起,还捧旧花归。"②看来李季兰对自己心仪的男人是敢于主动去追求的,她手中的花招摇而来,已经直逼皎然的禅衣了。女道士挑逗禅僧,这惊世骇俗的一幕可以在李季兰身上发生,其敢爱敢恨可见一斑。不过,已经遁入空门的皎然,面对绝色美女的似火激情,竟然禅心如止水,波澜不起,李季兰手中那张扬着爱慕的花束,瞬间黯然失色,她失望地转身而去,留下一个失落的娇影。

---

① (元)辛云芳撰,孙映逵校注:《唐才子传校注》卷第二《李季兰传》,中国社会科学出版社2013年版,第111页。

② (元)辛云芳撰,孙映逵校注:《唐才子传校注》卷第二《李季兰传》,中国社会科学出版社2013年版,第111页。

李季兰的真情告白,换回一个禅僧的闭目入定,她的移情对象,转向一个叫阎士和的人。阎士和字伯均,《新唐书·柳并传》载:"初,并与刘太真、尹徵、阎士和受业于颖士,而并好黄老。颖士常曰:'太真,吾入室者也,斯文不坠,寄是子云。徵博闻强识。士和钩深致远,吾弗逮已。并不受命而尚黄、老,予亦何诛?'……士和字伯均,著《兰陵先生诔》《萧夫子集论》,因榷历世文章,而盛推颖士所长,以为'闻萧氏风者,五尺童子羞称曹、陆'。"①

阎士和的老师萧颖士为南朝宗室后裔,玄宗时中进士第一,诗文与书法俱佳。作为门生的阎士和,亦当文采斐然,且喜好黄老,和女冠李季兰自然有共同语言。

阎士和后为江州判官,李季兰作送别诗《送阎伯钧往江州》:

> 相看指杨柳,别恨转依依。
>
> 万里西江水,孤舟何处归。
>
> 溢城潮不到,夏口信应稀。
>
> 唯有衡阳雁,年年来去飞。

诗中"钧"当作"均",乃传抄之误。《诗经·采薇》云:"昔我往矣,杨柳依依。"折柳相别,离愁别恨一如那杨柳丝,绵长不已。在江东送阎士和往江西,不知道万里长江上,那一叶扁舟,将把君带往何处?自古海潮不过溢城(今九江),夏口(今汉口)的海潮音自然更是渺茫难至,音讯难通可想而知;秋雁南飞,不过衡阳回雁峰,思前想后,恐怕鸿雁传书也不敢奢望。徒留那一缕缕思念,如孤雁般飞来飞去,此惜别之情,更是惆怅揪心!此诗可见李季兰对阎士和的一片痴情。

不过,李季兰担心的别后音讯全无,也许有点多虑了。终究,李季兰还得到过阎士和的音信,故她作有《得阎伯钧书》:

> 情来对镜懒梳头,暮雨萧萧庭树秋。
>
> 莫怪阑干垂玉箸,只缘惆怅对银钩。

收到阎伯均的来信后,李季兰却独坐镜前,懒得梳妆打扮。任由窗外黄昏时分雨声萧萧,庭树染秋,而自己眼角那两行清泪,不由自主如两根玉箸,垂落

---

① (宋)欧阳修、宋祁撰:《新唐书》卷二百二《柳并传》,中华书局 1975 年版,第 5771 页。

于脸颊。桌上那封江西来信,为何会让李季兰惆怅落泪?想来信中的内容,无法让深情怀想中的李季兰满意,失望与伤感交集,似乎注入了李季兰的情场宿命。

不过阎伯均从江西回江东时,应该到吴兴与李季兰缠绵了一段时间。有李季兰送别诗《送阎二十六赴剡县》为证:

> 流水阊门外,孤舟日复西。
>
> 离情遍芳草,无处不萋萋。
>
> 妾梦经吴苑,君行到剡溪。
>
> 归来重相访,莫学阮郎迷。

剡县即今浙江嵊州,而送别的地点,显然在苏州,因诗中"阊门"为苏州古城西门,"吴苑"为吴王长洲苑,诗中以之借指苏州。在苏州城门外送别阎君,一叶孤舟再次带意中人西去。离情别意,有如萋萋芳草,是那么稠密茂盛。自己总是梦见在苏州的时光,而阎君却跑去了剡溪。李季兰在诗中叮嘱阎士和记得回来看望自己,不要像后汉的阮肇,入天台山采药后迷路,遇上了仙女便留下半年之久,回家时子孙已经七世了。

诗中一个"妾"字,透露了李季兰与阎士和关系的奥秘。不过,想来李季兰很是担心阎士和会见异思迁。从李季兰的诗中可以想见,她和阎士和的感情,似乎是曲折多变的。李季兰和阎士和共同的朋友皎然,与阎士和相关的传世诗作有七首,其中三首便与李季兰、阎士和的恋情有关。其中《和阎士和望池月答人》:

> 片月忽临池,双蛾忆画时。
>
> 光浮空似粉,影散不成眉。
>
> 孤枕应惊梦,寒林正入帷。
>
> 情知两处望,莫怨独相思。

皎然提醒阎士和,望月之际,相思之时,恐怕不是独望月,单相思。显然,皎然暗指李季兰的存在。而诗中的"孤枕""相思"与望月的主题,李季兰的《感兴诗》均涉及:

> 朝云暮雨镇相随,去雁来人有返期。
>
> 玉枕只知长下泪,银灯空照不眠时。

仰看明月翻含意，俯眄流波欲寄词。

却忆初闻凤楼曲，教人寂寞复相思。

李季兰怀想与情人朝云暮雨如胶似漆的美好时光，而如今只落得孤枕难眠，泪下如雨。望窗外冷月，眼里却满是情人的形象，忍不住想让月光代为倾诉。回想起当年初次听到《凤凰曲》时的情形，更是寂寞难耐，相思甚浓。想来，李季兰此诗，皎然是知情的。在李阎二人出现感情裂痕时，也许皎然尽过调停义务。

皎然作有《古别离》一诗，自注"代人答阎士和"，所代之人，当为李季兰。诗云：

太湖三山口，吴王在时道。

寂寞千载心，无人见春草。

谁识缄怨者，持此伤怀抱。

孤舟畏狂风，一点宿烟岛。

望所思兮若何，月荡漾兮空波。

云离离兮北断，鸿眇眇兮南多。

身去兮天畔，心折兮湖岸。

春风胡为兮塞路，使我归梦兮撩乱。

思妇的想念、寂寞、幽怨与心慌，跃然纸上。但李季兰的感情归宿，终要被雨打风吹去，皎然也没法挽回二人注定成空的感情命运。

不过，李季兰终究又是洒脱的，柔弱多病的外表下包裹的一代女诗人那颗激情澎湃的心，总会将李季兰的情思，找到一个个具体的投射对象。

另一个情感投射对象，应该还有朱放。

《新唐书·艺文志》录《朱放诗》一卷，"字长通，襄州人，隐居剡溪。嗣曹王皋镇江西，辟节度参谋，贞元初召为拾遗，不就"①。《唐才子传》："放，字长通，南阳人也。初，居临汉水，遭岁歉，南来，卜隐剡溪、镜湖间。排青紫之念，结庐云卧，钓水樵山。尝著白接䍦，鹿裘笋屦，盘桓酒家。时江浙名士如林，风流儒雅，俱从高义。如皇甫兄弟、皎、彻上人，皆山人良友也。大历

---

① （宋）欧阳修、宋祁撰：《新唐书》卷六十《艺文志》四，中华书局1975年版，第1610页。

中,嗣曹王皋镇江西,辟为节度参谋。有《别同志》曰:'潺湲寒溪上,自此成离别。回首望归人,移舟逢暮雪。频行识草树,渐老伤年发。唯有白云心,为向东山月。'未几,不乐鞅掌,扁舟告还。贞元二年,诏举韬晦奇才,特下聘礼,拜左拾遗,不就,表谢之。忘怀得失,以此自终。放工诗,风度清越,神情萧散,非寻常之比。集二卷,今行于世。"①

朱放长于诗,气质超拔,神情萧散,故能吸引李季兰。李季兰与隐居于剡溪的朱放相识相恋,而李季兰似乎命中注定,再度将情人送往江西。《全唐诗》载有朱放所写的赠别诗《别李季兰》:

> 古岸新花开一枝,岸傍花下有分离;
>
> 莫将罗袖拂花落,便是行人肠断时。

二人于花树下挥泪而别,郁郁寡欢的李季兰,玉臂上的罗袖不经意间扬起,拂过花枝,花瓣纷纷落地如泪雨,朱放不由得为之断肠,但他的诗中,"分离"二字已然暗示了两人关系的结局。

但独留湖州的李季兰,却一直牵挂着远去的朱放,一首《寄朱放》,满是相思之苦与重逢之望:

> 望水试登山,山高湖又阔。
>
> 想思无晓夕,想望经年月。
>
> 郁郁山木荣,绵绵野花发。
>
> 别后无限情,相逢一时说。

李季兰登山远望,山高水阔,却不见朱放的身影。日夜思念,盼归经年,可见此情之炽烈,之持久,两人的情侣关系昭然若揭。郁郁葱葱的树木和漫山遍野的繁花,一如自己的无限相思情,蓬勃绽放,只期待与君再聚,重启那两情相悦的缠绵时光。

但最终,甜蜜的怀想化作了无望的幻想。又一段情感经历,在徒然的相思中画上了句号。

但美艳而多才的李季兰,注定大起大落继续传奇的人生。《唐才子传》

---

① (元)辛云芳撰,孙映逵校注:《唐才子传校注》卷第五《朱放传》,中国社会科学出版社2013年版,第316页。

载:"天宝间,玄宗闻其诗才,诏赴阙,留宫中月余,优赐甚厚,遣归故山。评者谓'上比班姬则不足,下比韩英则有余,不以迟暮,亦一俊媪。'"①经学者考证,上文之"天宝""玄宗"当有误,应为"建中""德宗"。唐德宗建中年间,李季兰应召赴京,在宫中一月余,得到了贵为皇帝的德宗垂青。当然,李季兰在入京前,其实对未来的命运并未有好的预感,其《恩命追入留别广陵故人》诗云:"无才多病分龙钟,不料虚名达九重。仰愧弹冠上华发,多惭拂镜理衰容。"

李季兰在迟暮之年,想必徐娘半老风韵犹存,故称"俊媪",当然,皇上爱美,亦爱其才。

但这昙花一现的殊荣在飞龙在天之际急转直下为亢龙有悔,恰逢朱泚之乱起,李季兰尚未来得及离京,京城已经大乱,皇帝逃出了宫阙里的温柔富贵之乡。而落入贼手的李季兰,在《陷贼后寄故夫》一诗中,表达了自己对男人世界的不满:

日日青山上,何曾见故夫。

古诗浑漫语,教妾采蘼芜。

鼙鼓喧城下,旌旗拂座隅。

仓皇未得死,不是惜微躯。

诗中的"故夫",当指唐皇朝的君臣。"采蘼芜"典出汉古诗十九首中的《上山采蘼芜》,诗中云:"上山采蘼芜,下山逢故夫。长跪问故夫,新人复何如?……"灾祸降临时,故夫们早已闻讯而逃,而此时还要求身陷贼营的女子们如诗中所传递的那样眷恋故夫,实在有点过头了。当叛军的震天鼙鼓动地而来,贼旗已然掠过皇帝的宝座,此时,李季兰表示,不是不愿意为君捐躯,自己大难不死实在只是侥幸而已。

李季兰的自陈,并未改变命运之剑的冷酷与凌厉。当皇帝回师京城,一首为朱泚自立为帝而宣扬祥瑞的逆诗,让德宗龙颜大怒,俩人在宫中一个多月相处的余温还未褪尽,李季兰生命中最后的男人,便对她动了杀机,公元784年,

① (元)辛云芳撰,孙映逵校注:《唐才子传校注》卷第二《李季兰传》,中国社会科学出版社2013年版,第111页。

女冠之杰被诛,香消玉殒,从此不再需要用诗作来诉说反复无常的爱情。

行文至此,似乎陆羽尚未在李季兰的情感世界里登场,笔者确实有跑题之嫌。但当我们回顾李季兰的情感经历,她和陆羽的爱情究竟有何干系,其实可帮助读者自己做一判断。

李季兰有诗《湖上卧病喜陆鸿渐至》:

> 昔去繁霜月,今来苦雾时。
>
> 相逢仍卧病,欲语泪先垂。
>
> 强劝陶家酒,还吟谢客诗。
>
> 偶然成一醉,此外更何之。

卧病之际,陆羽来到床前,李季兰未语凝噎,激动之际热泪盈眶。两人如嗜酒的陶渊明那样举觞共饮,又如皎然的祖上谢灵运那样吟诗作对,诗情与酒兴,加上那暧昧的宿醉,他们又会如何呢?

明代文学家钟惺《名媛诗归》评此诗:"微情细语,渐有飞鸟依人之意矣。"[①]

值得注意的是,在湖州,李季兰所交往的男人,或如皎然将她拒之门外,或如阎士和、朱放,始乱终弃,最终因各种原因而未能给予李季兰理想的归宿。而只有陆羽,一直在她身边,从未离开湖州,自然对她的关爱也从未断绝,也许正是这一点,当所有的繁华散去,卧病空屋的李季兰,总能盼来陆羽的相守。以李季兰的潇洒与主动,是否会将同样自由无拘的陆羽心中那一道情思唤醒,点燃成生命中最闪亮的时刻?

我们仅凭眼前的文献,也许只能让读者自行判断。但李季兰对于男女关系的洞察,在她阅人无数后,确实得出了相当令人叹为观止的体悟结论,其《八至》诗云:

> 至近至远东西,至深至浅清溪。
>
> 至高至明日月,至亲至疏夫妻。

在拥有天赐的艳丽容貌与杰出诗才的李季兰眼里,陆羽的爱情在哪里?

---

① 转引自(唐)李冶、薛涛、鱼玄机著,吴柯、吴维杰补注:《李冶·薛涛·鱼玄机诗集》,中国书店 2017 年版,第 2 页。

皎然茶诗中"茶道"范畴的意涵浅析

  "茶道"这一范畴,在传世文献中,最早见于皎然茶诗《饮茶歌诮崔石使君》。该诗原文如下:

> 越人遗我剡溪茗,采得金牙爨金鼎。
>
> 素瓷雪色缥沫香,何似诸仙琼蕊浆。
>
> 一饮涤昏寐,情来朗爽满天地。
>
> 再饮清我神,忽如飞雨洒轻尘。
>
> 三饮便得道,何须苦心破烦恼。
>
> 此物清高世莫知,世人饮酒多自欺。
>
> 愁看毕卓瓮间夜,笑向陶潜篱下时。
>
> 崔侯啜之意不已,狂歌一曲惊人耳。
>
> 孰知茶道全尔真,唯有丹丘得如此。

诗中"茶道"一词,联系全诗语境,一则该范畴注重的不是赏茶、沏茶、闻茶、饮茶过程中的礼节、仪式,技术性的繁文缛节非为重点,如诗中只点到所饮之茶为剡溪之茗,所用之器为白瓷之杯,茶为好茶,因为浮有沫饽,且有飘香,而沫饽为皎然好友茶圣陆羽所推崇,《茶经》中说:"沫饽,汤之华也。华之薄者曰沫,厚者曰饽。"①沫饽为茶汤中的精华,所以,陆羽强调"凡酌,至诸碗,令沫饽均"②。分茶时要让每个碗里都分得一些,均而分之,人人可以分享。二则皎然的"茶道"范畴侧重的也非饮茶中的艺术和审美意蕴,虽然

---

① (唐)陆羽:《茶经·五之煮》,中华书局 2010 年版,第 84 页。
② (唐)陆羽:《茶经·五之煮》,中华书局 2010 年版,第 84 页。

他也以琼蕊之浆来譬喻茶汤,以飞雨洒尘来形容提神之效。皎然此诗的重点实为饮茶功效的"三饮"之说,从"涤昏寐""清我神"到"得道",均聚焦于人的精神层面,且由浅入深,由去除睡意到提振精神,再到"得道",攀升到最高层面的精神境界,这是饮茶最具魅力的所在。正因为此,皎然赞美茶之"清高",指明其世人不知的阳春白雪,与此相对照,饮酒则彰显了聊以自慰、自我麻醉的自欺色彩。

由此可见,皎然所言"茶道",为饮茶所悟之道,饮茶所得之道,关乎人的最高精神诉求。

那么,皎然"茶道",所悟所得之道,究为何道?笔者以为,皎然的"茶道",融汇了儒、释、道三教,具有三教融合的色彩。

一、皎然"茶道"一词中的禅意

"三饮便得道,何须苦心破烦恼。"这句诗的语境里,显然"得道"指的是证得了佛道,因为它对应的是"破烦恼"这一佛教的修行目的。烦恼,丁福保《佛学大辞典》如是解释:"梵语吉隶舍 Klesa,贪欲嗔恚愚痴等诸惑,烦心恼身,谓为烦恼。《智度论》七曰:'烦恼者,能令心烦能作恼故,名为烦恼。'同二十七曰:'烦恼名,略说则三毒,广说则三界九十八使,是名烦恼。'"[1]

佛教中,烦恼是贪、嗔、痴三毒给人带来的痛苦,三毒是人的痛苦之源,而痛苦的表征则是烦恼。修道的指归,便是拔除三毒,祛除烦恼,证得涅槃智慧。而修道的方法,详而言之,为三十七道品,略而言之,为八正道,即正见、正思维、正语、正业、正命、正念、正精进、正定。而修八正道的动能,全在一心。故佛教强调心的能动性。

而皎然一句"何须苦心破烦恼",则透露了新的玄机:皎然饮茶所得之道,为佛门中的禅道。禅宗六祖慧能讲证得佛智,"佛是自性作,莫向身外求"[2],因为人人皆有佛性,人人皆可成佛。向心而求,实际上求的是自心中

---

① 丁福保:《佛学大辞典》,中国书店 2011 年版,第 2410 页上。
② (唐)慧能著,郭朋校释:《坛经校释》,中华书局 1983 年版,第 66 页。

的佛性,所谓的明心见性,即是指此。正是通过自心的去染成净,去三毒除烦恼,从无明而转向明的功夫,而获得解脱,故慧能说"若识本心,即是解脱"①,解脱,即是成佛。当然,慧能认为不仅人人皆可成佛,还能顿悟成佛:"于自心顿现真如本性"②,拨开心中的迷雾,当下直悟,即可见性成佛。慧能表达了即心即佛的思想。

在皎然生活的时代,即心即佛、非心非佛为接过慧能衣钵的南禅宗的一大思想主题,而这是马祖道一对慧能思想的发展。马祖道一与皎然生活在同一时代,比皎然稍为年长,当时,江西的禅风可能吹向湖州,作为禅僧的皎然当有可能深受影响。

《五灯会元》卷三《江西马祖道一禅师》载:

> 僧问:"和尚为什么说即心即佛?"师曰:"为止小儿啼。"曰:"啼止时如何?"师曰:"非心非佛。"③

在马祖道一看来,即心即佛,为方便说法,正如小儿啼哭止息后,当得鱼忘筌,得月忘指,即心即佛、非心非佛,方合佛教的中道思想。当然,不论是即心即佛还是非心非佛,都不可执着。

我们将此教义来考察皎然的"何须苦心破烦恼",苦心,对应的是即心即佛,何须苦心,对应的是非心非佛。由此可见,皎然所得之道,显然更多地指向禅道。

皎然诗中还有"得道"一词,如《因游支硎寺寄邢端公》:"得道殊秦佚,骋名似楚狂。余生于此足,不欲返韶阳。"秦佚为道家人物,皎然以追求得道而自许,而又非道家之仙道,说明此处的"道"当为佛道。《支公诗》:"得道由来天上仙,为僧却下人间寺。道家诸子论自然,此公唯许逍遥篇。"此诗吟颂对象为支遁,皎然一则在道家得道成仙的原义上,说明天上的仙人是得道者,同时又把支遁看作仙人下到人间,而作为僧人,支遁的得道,自然又是佛教的涅槃之道了。

我们再来考察一下皎然茶诗中的"道",是否同样颇多禅意。

---

① （唐)慧能著,郭朋校释:《坛经校释》,中华书局1983年版,第60页。
② （唐)慧能著,郭朋校释:《坛经校释》,中华书局1983年版,第58页。
③ （宋)普济:《五灯会元》卷三《江西马祖道一禅师》,中华书局1984年版,第129页。

皎然诗中的"道",有原初意义上的道路、言语之义,如和陆羽有关的两首诗中,《赋得夜雨滴空阶,送陆羽归龙山(同字)》:"归客龙山道,东来杂好风。"《寻陆鸿渐不遇》:"报道山中去,归时每日斜。"但值得注意的是,皎然诗中的"道"字,大多与佛教有关,如道者,指佛门释子,入道,则指遁入空门,如《答李侍御问》:"入道曾经离乱前,长干古寺住多年。"此外,道心、道情、道性等范畴,也均是在佛教的语境中而言之。

在皎然诗中,道心即求菩提之心。例如,《奉酬陆使君见过,各赋院中一物,得江蓠》:"名因诗目见,色对道心忘。"有了学佛求道之心,对于性空幻有的外物,自然便可忘之心外。《苕溪草堂自大历三年夏新营,泊秋及春弥觉境胜,因纪其事,简潘述汤评事衡四十三韵》:"道心制野猿,法语授幽客。"道心和法语(佛法正语),似乎能让苕溪草堂周遭的山野生灵安于禅境,这句诗也暗示一心向佛,能让自己的心猿意马得以禅定与寂静。《秋宵书事寄吴凭处士》:"真性在方丈,寂寥无四邻。秋天月色正,清夜道心真。"在寂静的禅室中,皎然触摸到了自己心中的真性(佛性),在秋夜的月色里,更感应到了自己真诚的求佛问道之心。

道情,当指佛门皈依者的向道之情与慈悲之怀,是一种虔诚的宗教情感。例如,《奉陪陆使君长源诸公游支硎寺(寺即支公学道处)》:"灵境若可托,道情知所从";《西溪独泛》:"道情何所寄,素舸漫流间";《夏日与綦毋居士、昱上人纳凉》:"为依炉峰住,境胜增道情";等等。

道性,在皎然诗中多指佛性。如《奉和陆使君长源水堂纳凉效曹刘体》:"野香袭荷芰,道性亲凫鹥。禅子顾惠休,逸民重刘黎。"不仅人心中有佛性,皎然还赞同"无情有性"的主张,故飞鸟也有佛性。《送胜云小师》:"少年道性易流动,莫遣秋风入别情。"人少年轻,心中佛性自然变动不居,易生动摇。

在皎然诗中,"道"往往与禅宗有关。皎然《寓言》:"吾道本无我,未曾嫌世人。如今到城市,弥觉此心真。"《偶然五首》云:"乐禅心似荡,吾道不相妨。"这些诗句中,皎然明确地指出,自己所钟意的道,就是以"无我"即以无自性而为教义的佛教,更具体一点,就是禅宗。《酬崔侍御见赠》:"市隐何妨道,禅栖不废诗。与君为此说,长破小乘疑。"《宿法华寺简灵澈上人》:"至道无机但杳冥,孤灯寒竹自青荧。不知何处小乘客,一夜风来闻诵经。"《答苏州韦应物郎中》:"应怜禅家子,林下寂无营。迹匝世上华,心得道中精。脱略文字累,免为外物撄。"综合以上诗句来考察,皎然心中的至道,为大乘佛教中的禅宗,市隐与诗歌唱酬,加上皎然与颜真卿等多任湖州刺史,与佛门僧人、道观中的道士,以及陆羽这样孜孜于茶道的隐士,都结交应酬,可以说皎然是当时湖州文人圈中的活跃人士,世间与出世间,即而非即,离而不离,颇合禅宗随处是道的妙旨。而皎然讽刺诵经者为小乘客,提倡"脱略文字累",不为外物、外尘、外境所束缚,也彰显了禅宗不立文字、以心传心的特点。故《戏呈吴冯》中说:"世人不知心是道,只言道在他方妙。还如瞽者望长安,长安在西向东笑。"即心即佛,心即是道,心即是佛,正是禅宗的要旨。

有意思的是,皎然诗中"道"的含义,一如他思想的多元性与开放性,也有三教和合的特点。除了前文叙及的佛教意涵,有时又指道家。如《湖南草堂读书招李少府》:"为怜松子寿,还卜道家书。"再如:《奉和裴使君清春夜南堂听陈山人弹白雪》:"通幽鬼神骇,合道精鉴稀。"又如:《奉和袁使君高,郡中新亭会张炼师昼会二上人》:"虚寂偶禅子,逍遥亲道流。"与"禅子"相对应的"道流"自然使用的是该词的本义,即道士群体了。

皎然诗中的"道",偶尔还涉及儒家。如《述祖德赠湖上诸沈》:"饱用黄金无所求,长裾曳地干王侯。一朝金尽长裾裂,吾道不行计亦拙。"这里的"吾道",为儒家积极仕进、求取功名的入世之道。又如:《奉送陆中丞长源诏征入朝》:"才当持汉典,道可致尧君。"这里的"道",自然指儒家堪为表率的道德修养和经世应务、治国安邦的治世之道。

二、皎然"茶道"一词中的道家因素

《饮茶歌诮崔石使君》一诗中,强调饮茶的功效,而养生全身,正是道家的核心旨趣之一。诗中"采得金牙爨金鼎","金牙"除了实指芽茶,有学者认为又"暗通道教文化,因为道教徒称炼丹时的铅华为'黄芽'"①。诗中描

---

① 贾静:《道教文化与皎然茶诗》,《中国道教》2011 年第 4 期。

写茶汤"何似诸仙琼蕊浆",比喻为道家的仙人所饮的琼浆玉液。

更值得注意的是,"孰知茶道全尔真,唯有丹丘得如此"。在皎然看来,茶道可以"全尔真",而做到"全尔真"的先例,便是丹丘。丹丘本意为昼夜长明的神仙居所,《楚辞·远游》:"仍羽人与丹丘兮,留不死之旧乡。"晋孙绰《游天台山赋》:"吾之将行,仍羽人于丹丘,寻不死之福庭。"而皎然此诗中,指的是羽化登仙的人。《饮茶歌送郑容》:"丹丘羽人轻玉食,采茶饮之生羽翼。名藏仙府世莫知,骨化云宫人不识。"喝茶可以减肥,与道教的轻身羽化正好相合。皎然和陆羽相得相知,陆羽《茶经》中就提及丹丘子,《茶经·七之事》引道教上清派宗师陶弘景《杂录》:"苦茶,轻身换骨,昔丹丘子、黄山君服之。"这样一来,皎然"茶道"范畴从功效的层面上观察,与道家的神仙说又联系在了一起。

这里,我们需要考察诗中的"真"究为何意。许慎《说文解字》:"真,仙人变形而登天也。"变形,即羽化,而羽化,即轻身,而茶,刚好如陶弘景所言,有"轻身换骨"的减肥作用。因此,这里的"真",一方面和"身"有关,道家道教重视身体和生命,故注重养生、全真,一则全性命之真,与道家的养生爱身思想相统一,一则隋唐道教推崇心中的"真常之性",涉及灵魂层面,即道教所谓的"真灵""真性""真身"。而道教的神仙学说,从肉身成仙呈现逐步过渡到真灵成仙说,成仙的主体从肉体转向灵魂。皎然的"茶道",一方面以茶能轻身而与道教的肉体成仙说相呼应,一方面又因升华到人的精神境界,故而同时与道教的灵魂成仙说相表里。

皎然诗中,多有涉及道家之"真"者。如《贻李汤》:"茅氏常论七真记,壶公爱说三山事。"这里的七真,指的是在茅山得道的七人:汉朝的茅盈、茅固、茅衷三兄弟,东晋的杨羲、许穆、许翙,唐朝的郭崇真。《咏数探得七》:"邹子谭天岁,黄童对日年。求真初作传,炼魄已成仙。"这里的真,自然为道家的道。

皎然诗中称道士为"真子",如《赠张道士》:"玉京真子名太一,因服日华心如日。此心不许世人知,只向仙宫未曾出。"但皎然也称佛门释子为真子,如《送简栖上人之建州觐使君舅》:"释氏推真子,郗家许贵甥。"《宿道士观》中描述:"幽期寄仙侣,习定至中宵。清佩闻虚步,真官方宿朝。"道士的虚步与皎然休习禅定,道佛相安,也是佛道融合的一景。

皎然诗中的真,事实上更多用于佛教的语境中。如寺庙,皎然称真境、真界。如《宿山寺寄李中丞洪》:"偶来中峰宿,闲坐见真境。寂寂孤月心,亭亭圆泉影。"《题馀不溪废寺》:"武原离乱后,真界积尘埃。"《遥酬袁使君高春暮行县,过报德寺见怀》:"江春行求瘼,偶与真境期。见说三陵下,前朝开佛祠。"《宿吴匡山破寺》:"双峰百战后,真界满尘埃。"又《奉同卢使君幼平游精舍寺》:"真界隐青壁,春山凌白云。今朝石门会,千古仰斯文。"

皎然诗中也称佛性为真性,如《西溪独泛》:"道情何所寄,素舸漫流间。真性怜高鹤,无名羡野山。"《答道素上人别》:"幻情有去住,真性无离别。"《秋宵书事寄吴凭处士》:"真性在方丈,寂寥无四邻。秋天月色正,清夜道心真。"

《禅思》:"真我性无主,谁为尘识昏。奈何求其本,若拔大木根。"皎然以诗歌的方式表达佛教中一切诸法无自性、不存在一个主宰的自我的思想。《送沙弥长文游京》:"迈俗多真气,传家有素风。应须学心地,宗旨在关东。"这里,皎然将道家的真气概念借用到佛教中,用来指称吟咏对象的慧根。同时,作为南禅宗的诗僧,皎然打破门户之见,视关东的北禅宗为"宗旨"。

在儒家中,真往往与"诚"相联系,即真实无妄之意。《说文解字》:诚,信也。《中庸》云:"诚者,天之道也。诚之者,人之道也。"诚是天人合一思想中最为重要的范畴之一,天道与人道,天道之诚禀赋于人性,人以内心之诚的外显而上通于天道,从而形成天人之间的圆满回环。皎然诗中,《妙喜寺达公禅斋寄李司直公孙房都曹德裕从事方舟颜武康士骈四十二韵》:"裴侯资亮直,中诚岂徒说。"皎然《奉和颜使君真卿修〈韵海〉毕会诸文士东堂重校》:"外学宗硕儒,游焉从后进。恃以仁恕广,不学门栏峻。著书裨理化,奉上表诚信。探讨始河图,纷纶归海韵。"皎然赞赏颜真卿主编的文字、音韵类书《韵海镜源》,有益于国家的治理与教化,其思想核心关乎诚信。

由此可见,从皎然说"茶道"可以"全尔真",这里的"真",也是三教和合的。

皎然处于道教为统治者重视的中唐时期,《妙喜寺达公禅斋寄李司直公孙房都曹德裕从事方舟颜武康士骋四十二韵》一诗中,皎然自叙"中年慕仙术,永愿传其诀"。因科场失意,皎然一度流连于道家。《五言赋颜氏古今一事得〈晋仙传〉送颜逸》自述"曾看颜氏传,多记晋时仙",《晋仙传》为南朝梁湘东王国常侍颜协所著,颜协为颜之推的父亲,此诗说明皎然曾经读过这部仙传著作。《五言南湖春泛有客自北至说友人岑元和见怀因叙相思之志以寄焉》云:"资予长生诀。"皎然在自注中称:"予尝受以胎息之诀。"说明皎然有过炼气的经历。《顾渚行寄裴方舟》中说:"清泠真人待子元,贮此芳香思何极。"诗注:"仙传清泠真人裴君与道人支子元为友",说明皎然以仙传中的清泠真人和僧人的情谊比喻自己与裴方舟的关系,准备好胜过金汤的紫笋茶来寄情友人。这也是皎然诗中佛道思想交融的一个细节。皎然《诗式》,主张"诗有六至",其中包括"至丽而自然"①。皎然诗歌理论的自然观,就来自老庄思想,如老子的"道法自然"②,庄子的"莫之为而常自然"③等。

三、皎然茶道范畴中的儒家思想

从皎然的经历和诗歌中不难看出,他与儒、佛、道三教的高人雅士,文人墨客,隐逸处士,有着广泛的交游,诗歌酬唱之际,往往以茶为媒,茶会是作为禅僧的皎然与官员文士雅集的一种很自然的方式。"清宵集我寺,烹茗开禅牖。"④当时,茶会与诗会开始融合,出现了一些有意思的仪轨或曰助兴互动环节,如"茗爱传花饮,诗看卷素裁。风流高此会,晓景屡裴回"⑤。传花饮茶、素绢题诗,着实风流。李萼当时为湖州防御副史,是湖州刺史颜真

---

① (唐)皎然著,李壮鹰校注:《诗式校注》卷一,人民文学出版社2003年版,第26页。
② (魏)王弼注,楼宇烈校释:《老子道德经注校释》第二十五章,中华书局2008年版,第64页。
③ (清)郭庆藩撰:《庄子集释》卷六上《缮性》,中华书局1961年版,第551页。
④ (唐)皎然:《答裴集、阳伯明二贤各垂赠二十韵今以一章用酬两作》,(清)彭定求等编:《全唐诗》卷八百一十六,中华书局1960年版,第9187页。
⑤ (唐)皎然:《晦夜李侍御萼宅集招潘述、汤衡、海上人饮茶赋》,(清)彭定求等编:《全唐诗》卷八百一十七,中华书局1960年版,第9207页。

卿的僚佐。皎然与颜真卿也相交游,颜真卿组织当时的文化工程《韵海镜源》的编撰,皎然的诗作中四次提及。《五言奉和颜使君修(韵海)毕州中重宴》:"世学高南郡,身封盛鲁邦。九流宗韵海,七字揖文江。"诗中赞扬孔子弟子颜回后裔颜真卿的家学渊源和《韵海镜源》的成就,"不知名教乐,千载与谁双"。名教即儒教,皎然盛赞颜真卿对儒家学说难以比拟的热诚与投入。

皎然与湖州长史李洪一见如故,《五言赠李中丞洪一首》:"顿了空王旨,仍高致君策。安知七十年,一朝值宗伯。"从诗中可以看出,两人在佛教和治国安邦的思想上颇能相契。皎然还赞赏李洪"政用仁恕立,恩由赏罚明"。显然,皎然肯定儒家的仁政思想。

除了儒家的仁政,我们不妨来看看皎然在与湖州地方官的品茗和诗中,表达了哪些来自儒家的思想。

德政:《乌程李明府水堂观元真子画武城赞》一诗中说:"比公为政,德暖生成。"

尚贤:《陪卢判官水堂夜宴》一诗中说:"久是栖林客,初逢佐幕贤。爱君高野意,烹茗钓沧涟。"栖林客是诗人自指,佐幕指卢判官,而皎然欣赏的是卢判官身上的贤德修养与道家的超拔自由的精神,故而不惜以好茶相待。

忠信:《答黎士曹黎生前适越后之楚》中说:"委质在忠信,苦心无变渝。"

节义:《因游支硎寺寄邢端公》:"排难知臣节,攻疑定国章。一言明大义,千载揖休光。"

经世:《同明府章送沈秀才还石门山读书》:"身为郳令客,心许楚山云。文墨应经世,林泉漫诱君。"

显然,皎然身上浸淫了儒家思想。所以,作为诗僧的皎然,对儒家思想高度认同。《奉和薛员外谊赠汤评事衡反招隐之迹兼见寄十二韵》:"喜友称高儒,旷怀美无度。"《答郑方回》:"宗师许学外,恨不逢孔圣。"

皎然还与著名诗人、苏州刺史韦应物交往,《五言答苏州韦应物郎中》一诗中,皎然不满"诗教殆沦缺,庸音互相倾"的局面,《答郑方回》中表达了类似的忧思:"说诗迷颓靡,偶俗伤趋竞。"正是对于诗坛现状的不满,引发了皎然写作诗歌理论著作《诗式》。而《诗式》对于诗歌的定义,恰好沿着儒家的诗教辙轨:"夫诗者,众妙之华实,六经之菁英,虽非圣功,妙均于圣。"①皎然对于儒家的诗教传统格外重视,个中缘由,皎然如此自述:"家将诗流近,迹与禅僧亲。"②儒家的诗教与佛教的禅宗,在皎然身上融合为一。皎然视谢灵运为先祖,也是因为谢灵运在诗歌史上的影响。《述祖德赠湖上诸沈》中说:"我祖文章有盛名,千年海内重嘉声。雪飞梁苑操奇赋,春发池塘得佳句。世业相承及我身,风流自谓过时人。初看甲乙矜言语,对客偏能鸲鹆舞。饱用黄金无所求,长裾曳地干王侯。一朝金尽长裾裂,吾道不行计亦拙。"皎然自认传承了家族的诗歌风流,也曾追求过功名,希望作出儒家理想中治国平天下的事业,结果功败垂成。

皎然在科举考试失败前,是沿着儒家的路径求学和进取的。《妙喜寺达公禅斋寄李司直公孙房都曹德裕从事方舟颜武康士骋四十二韵》中自述:"我祖传六经,精义思朝彻。方舟颇周览,逸书亦备阅。墨家伤刻薄,儒氏知优劣。弱植庶可凋,苦心未尝辍。"皎然青少年时期以儒学为核心,同时涉猎三教九流,且付出了艰辛的努力。皎然在自注中认识到"墨流刻薄而不仁,可以理身不可以济世"。可见,儒家在皎然心中很早就植入了安邦济世的情怀,只是命运的使然,皎然最终不得不转向:"却寻丘壑趣,始与缨绂别。野饭敌膏粱,山楹代藻棁。"缨绂、膏粱、藻棁为儒家高官所服、所吃、所住,这些是皎然年轻时的追求,最终放弃了。

对于自己与达官贵人与骚人墨客的交游,《偶然五首》中透露了原因:"隐心不隐迹,却欲住人寰。"这与皎然的禅宗思想是相吻合的,因为,在禅宗看来,挑水担柴,无非妙道,日常生活中即可参悟禅道。《因游支硎寺寄邢端公》中也说:"外心亲地主,内学事空王。"外心,指儒家,内学,即佛学,与刺史、长史、判官之类的"地主"的交游,并不妨碍参悟佛教的性空之学。在皎然心中,儒与佛并无冲突。

综上所述,皎然诗中的"茶道"范畴,既是禅宗之道,也是道家之道,也

① (唐)皎然著,李壮鹰校注:《诗式校注·诗式序》,人民文学出版社2003年版,第1页。
② (唐)皎然:《酬邢端公济春日苏台有呈袁州李使君兼书并寄辛阳王三侍御》,(清)彭定求等编:《全唐诗》卷八百一十五,中华书局1960年版,第9181页。

是儒家之道。正如皎然《诗式》中《重意诗例》所评:"两重意已上,皆文外之旨,若遇高手如康乐公览而察之,但见情性,不睹文字,盖诗道之极也。向使此道尊之于儒,则冠六经之首;贵之于道,则居众妙之门;精之于释,则彻空王之奥。"①这种三教融合的评价模式同样可用于评价皎然的"茶道"范畴。作为存世文献中首现的"茶道"一词,以其形而上的至高境界与三教和合的思想渊源,为中国茶道,留下了宝贵的思想资源。

---

① (唐)皎然著,李壮鹰校注:《诗式校注》卷一,人民文学出版社 2003 年版,第 42 页。

皎然与陆羽茶学思想的相通性

陆羽和皎然,一个是隐者,一个是禅僧,同在湖州,同好吃茶,可谓彼此相知。据陆羽《陆文学自传》自述,他于唐肃宗上元初,结庐于苕溪之畔,终日闭门读书,"诵佛经,吟古诗,杖击林木,手弄流水,夷犹徘徊,自曙达暮,至日黑兴尽,号泣而归"①。陆羽的这种状态,和魏晋名士风度颇为接近。当时,人们给陆羽送了个外号,称他为当代的楚狂接舆,也就是《论语·微子》和《庄子·人间世》中披发佯狂、讽喻孔子的隐者。当然,楚狂接舆也姓陆,名通,和陆羽为同姓,也许这亦为外号的来由之一。

对于自己和诗僧皎然的关系,陆羽在《陆文学自传》中称"与吴兴释皎然为缁素忘年之交"②,关系自然不一般。《唐才子传》也说陆羽"与皎然上人为忘言之交"。③

陆羽爱茶、知茶,在他的有关传记中多有记载,唐李肇《唐国史补》卷中说:"羽有文学,多意思,耻一物不尽其妙,茶术尤著。"④唐赵璘《因话录》说陆羽"性嗜茶,始创煎茶法"⑤。说明陆羽创造了煎茶法,这可能是他以"茶术"而知名的缘由。《唐才子传》说"羽嗜茶,造妙理"⑥,说明陆羽在茶理上

---

① (清)董诰编:《全唐文》卷三百三十三,中华书局1983年版,第1957页。
② (清)董诰编:《全唐文》卷三百三十三,中华书局1983年版,第1957页。
③ (元)辛云房撰,孙映逵校注:《唐才子传校注》卷第三《陆羽传》,中国社会科学出版社2013年版,第212页。
④ (唐)李肇撰,聂清风校注:《唐国史补校注》卷中,中华书局2021年版,第134页。
⑤ (唐)赵璘撰,黎泽湖校笺:《因话录校笺》卷三《商部下》,合肥工业大学出版社2013年版,第53页。
⑥ (元)辛云房撰,孙映逵校注:《唐才子传校注》卷第三《陆羽传》,中国社会科学出版社2013年版,第212页。

也造诣颇深,茶理,就是茶道,而陆羽茶理的成果之一,就是《茶经》。《新唐书·陆羽传》记载说:"羽嗜茶,著经三篇,言茶之原、之法、之具尤备,天下益知饮茶矣……其后尚茶成风,时回纥入朝,始驱马市茶。"①这一记载说明陆羽的贡献在于,《茶经》的传播,使得唐代的饮茶之风更为兴盛流行,对于茶马古道的兴起,也有贡献。正因为此,陆羽在唐代就成为茶商和百姓造神的对象,《因话录》:"至今鬻茶之家,陶为其像,置于炀器之间,云宜茶足利。"②茶商为陆羽塑像供奉,显然他对茶叶市场的推动功不可没。《唐才子传》说陆羽"时号'茶仙',天下益知饮茶矣"③。

从以上记载看来,陆羽不仅仅因为写了一部《茶经》,还因为他在品茶、煎茶、推广普及、推动茶叶市场销售等方面颇有建树,还在"茶理"的高度上有独到的思想。

有意思的是,和陆羽堪称忘年之交的诗僧、禅僧皎然,在他的诗作中,不时透露出与陆羽《茶经》中非常相近的内容。陆羽能"造妙理",皎然首倡"茶道",两人的采茶、制茶、饮茶之道,相互交流,相互影响,堪称双璧。

一、关于茶树的生长环境

陆羽说好茶的生长环境为"阳崖阴林",在向阳的山崖上,阳光照射,阳气具足。而同时又有林木遮阴,使得阴阳和谐,二气调和。陆羽显然是基于经验的观察,而其科学原因,陈椽《茶经论稿序》如此解释:"茶树种在树林阴影的向阳悬崖上,日照多,茶中的化学成分儿茶多酚类物质也多,相对地叶绿素就少;阴崖上生长的茶叶却相反。"

而皎然的《顾渚行寄裴方舟》一诗中说:"由来惯采无近远,阴岭长兮阳崖浅。"显然,皎然也注意到了,向阳的山崖上的茶树更好。

---

① (宋)欧阳修、宋祁撰:《新唐书》卷第一百九十六《陆羽传》,中华书局 1975 年版,第 5612 页。

② (唐)赵璘撰,黎泽湖校笺:《因话录校笺》卷三《商部下》,合肥工业大学出版社 2013 年版,第 53 页。

③ (元)辛云房撰,孙映逵校注:《唐才子传校注》卷第三《陆羽传》,中国社会科学出版社 2013 年版,第 212 页。

二、关于鲜叶的品质

茶芽绽出,如何判断鲜叶的质量等次?陆羽《茶经·一之源》说:"紫者上,绿者次;笋者上,芽者次;叶卷上,叶舒次。"如何以叶色、笋、芽的形状与色泽分辨茶品高下?陆羽认为鲜叶紫色者为上,绿色者次之。茶的芽头肥硕长大,嫩如竹笋,品质绝佳;芽头短而瘦小,品质为低。新吐芽叶反卷者为上品,舒展者次之。陈椽《茶经论稿序》对此如此解释:"阳崖上多生紫芽叶,又因光线强,芽收缩紧张如笋;阴崖上生长的芽叶则相反。所以古时茶叶质量多以紫笋为上。"[①]

而为什么陆羽以紫笋茶为上品?也许同样基于经验的观察,因为,在陆羽与皎然活动的湖州地区,顾渚山上的紫笋茶,就是眼见为实的好茶。

无独有偶,皎然也是歌颂过紫笋茶的。皎然《顾渚行寄裴方舟》一诗中说:"昨夜西峰雨色过,朝寻新茗复如何。女宫露涩青芽老,尧市人稀紫笋多。紫笋青芽谁得识,日暮采之长太息。"皎然是紫笋茶的伯乐,准备贮藏紫笋茶,等待好友来喝。可见,紫笋茶在皎然眼里也非同寻常,为上等好物。

三、关于采摘的时间

正如陆羽在《茶经·一之源》中所指出的那样,茶叶忌讳"采不时,造不精"。采茶,须把握好时节。《茶经·三之造》云:"凡采茶,在二月,三月,四月之间。"在唐时,当以春茶为主。春主木,木主生。自然,春茶味最醇。采茶的时节为农历二月至四月,当随地域而稍有别。

而时间点的把握,也是大有讲究的。先是要看天气,陆羽《茶经·三之造》说:"其日,有雨不采,晴有云不采。"下雨天不采茶,晴有多云也不采,阴天自然也就不能采,下雪天更是无茶可采,只有在万里无云的大晴天采茶了。

至于一天中最佳的采摘时间,陆羽的答案是"凌露采焉"。在清晨的微

---

① （唐)陆羽:《茶经·一之源》注释所引,中华书局 2010 年版,第 13 页。

光中,踏着露水来到茶山,嫩气逼人的茶芽上正好凝着一颗晶莹剔透的露珠,煞是可爱。弯着身,将带露之茶采下来,放入篮中,霎时篮中亦生机鲜然。

春天,茶树抽芽,绽叶,满目葱茏,而什么样的茶品质最佳?面对正在生长中的芽笋,如何把握采摘的最佳时机?《茶经·三之造》说:"茶之笋者,生烂石沃土,长四、五寸,若薇、蕨始抽,凌露采焉。"茶树,上者生烂石。在富含大自然风蚀所析出矿物质的肥沃土壤中,看到那丰腴如春笋紧裹的芽叶,长到四五寸许,如薇、如蕨之芽新吐,鲜嫩透绿,便可在露水中将其采撷。

而当春新发的茶枝,抽条而出,让人眼花缭乱。在这些枝条上新吐的芽茶,采摘时也很须讲究。陆羽《茶经·三之造》说:"茶之芽者,发于丛薄之上,有三枝、四枝、五枝者,选其中枝颖拔者采焉。"丛薄,丛生之草木。同时抽生三枝、四枝、五枝的新梢中,可选择其中长势挺拔者,采其芽叶。如今,有光采芽者,有采一芽一叶者,有采一芽两叶者,有采一芽三叶者,至于四叶以上,就偏老了。

皎然对春茶也是情有独钟,《顾渚行寄裴方舟》中说:"伯劳飞日芳草滋,山僧又是采茶时。"在唐时,僧人已有采茶制茶的风气,自然也是春天采茶的。《春日杼山寄赠李员外纵》:"欲掇幽芳聊赠远,郎官那赏石门春。"春日采茶,是给好友的最好礼物。而初日茶山游,也是山僧的雅趣。《山居示灵澈上人》:"晴明路出山初暖,行踏春芜看茗归。"《渚山春暮,会顾丞茗舍,联句效小庾体》,在联句活动中,皎然的一句就是:"应待御荈青,幽期踏芳出。"有一次,皎然去找陆羽,发现陆羽没在家,皎然忍不住想象着陆羽:"何山赏春茗,何处弄春泉?"①这家伙到哪座山上欣赏玩春茶去了呢?

当然,除了采春茶、赏春芽,饮春茶也是少不了的。皎然《遥和康录事李侍御萼小寒食夜重集康氏园林》:"谁见柰园时节共,还持绿茗赏残春。"诗人在《日曜上人还润州》中感叹:"露茗犹芳邀重会,寒花落尽不成期。"

注意了,陆羽说"凌露采",皎然则将"凌露采"的茶直呼为"露茗"。

---

① (唐)皎然:《访陆处士》(一作《访陆处士不遇》),(清)彭定求等编:《全唐诗》卷八百十六,中华书局1960年版,第9192页。

《对陆迅饮天目山茶，因寄元居士晟》："日成东井叶，露采北山芽。"又《顾渚行寄裴方舟》："家园不远乘露摘，归时露彩犹滴沥。"这种感觉，简直清爽至极。

看来，乘着露水去采茶，在两人看来，都是采茶最佳时刻。

四、关于茶中精华"沫饽"

皎然茶诗《对陆迅饮天目山茶，因寄元居士晟》："投铛涌作沫，著碗聚生花。"[1]皎然注意到了煮茶时翻涌如花的沫状物。著名的皎然茶诗《饮茶歌诮崔石使君》中说："越人遗我剡溪茗，采得金牙爨金鼎。素瓷雪色缥沫香，何似诸仙琼蕊浆。"

诗中点到所饮之茶为剡溪之茗，所用之器为白瓷之杯，茶为好茶，因为浮有沫饽，且有飘香。值得注意的是，沫饽亦为茶圣陆羽所推崇，《茶经·五之煮》说："沫饽，汤之华也。华之薄者曰沫，厚者曰饽。"[2]沫饽为茶汤中的精华，所以，陆羽强调"凡酌，至诸碗，令沫饽均"[3]。分茶时要让每个碗里都分得一些，均而分之，人人可以分享。

五、关于饮茶的功效

对于饮茶的功效之一，陆羽《茶经·六之饮》说："荡昏寐，饮之以茶。"提精神解瞌睡，得靠喝茶。

皎然《饮茶歌诮崔石使君》中对于茶的功效，有所谓"三饮之说"："一饮涤昏寐，情来朗爽满天地。再饮清我神，忽如飞雨洒轻尘。三饮便得道，何须苦心破烦恼。"

将皎然和陆羽的意思合起来，就是，饮茶可以涤荡昏寐，让昏昏欲睡的

① （唐）皎然：《对陆迅饮天目山茶，因寄元居士晟》，（清）彭定求等编：《全唐诗》卷八百十八，中华书局1960年版，第9225页。
② （唐）陆羽：《茶经·五之煮》，中华书局2010年版，第84页。
③ （唐）陆羽：《茶经·五之煮》，中华书局2010年版，第84页。

你顷刻精神倍增。

茶能提神的功效，在《茶经》中多次提到。关于茶能解乏、振奋精神的功效，《茶经》中对众多典籍加以引用，如《七之事》引《神农食经》的说法："茶茗久服，令人有力悦志。"长期饮茶，使人精力充沛，心情愉悦。《七之事》又引《广雅》所云："其饮醒酒，令人不眠。"喝茶可解酒，不犯困。《七之事》又引《桐君录》所说："又巴东别有真茗茶，煎饮令人不眠。"给曹操治过病的三国名医华佗，进一步说到，既然茶能清醒头脑，自然促进脑部的活动，能增强思维能力，这就是《七之事》所引华佗《食论》所说："苦茶久食，益意思。"

皎然《对陆迅饮天目山茶，因寄元居士晟》："稍与禅经近，聊将睡网赊"，看来，茶与禅，都可以让人脱离睡网。

关于茶能解忧的功能，皎然《饮茶歌送郑容》说："赏君此茶祛我疾，使人胸中荡忧栗。"虽然陆羽《茶经·六之饮》说："蠲忧忿，饮之以酒"，浇忧愁，靠喝酒。但是，《茶经·七之事》引用了刘琨《与兄子南兖州史演书》，他给侄子的信中说："吾体中愦闷，常仰真茶，汝可致之。"晋朝时的刘琨，是西汉中山靖王刘胜之后，在晋惠帝时，是独揽大权的贾后外甥贾谧"二十四友"之一。我们知道祖逖"闻鸡起舞"，在这个典故中，刘琨是和祖逖一同起舞的配角。擅长音乐的刘琨还留下了胡笳退敌的故事，凭借一曲《胡笳五弄》，让南侵的胡人军队心怀故乡，竟然撤围而去。在战乱频仍的年代，刘琨不忘写信给侄子要点特产。时时处于征战中的刘琨，心情之烦闷可想而知，而一壶好茶，刚好可一浇胸中块垒。刘琨致信求茶的故事，刚好验证了茶可宽心的功效。

喝茶可以减肥。陆羽《茶经·七之事》引壶居士《食忌》云："苦茶久食，羽化。与韭同食，令人体重。"壶居士就是壶公，东汉时期的卖药翁。据说他在市肆中悬挂一壶，卖完药，便跳入壶中，"悬壶济世"的主角便是他。壶公说了，长期饮茶，能身轻如燕，羽化登仙。不过，如果与韭菜同食，就让人四肢沉重。南朝齐梁时期的道教上清派宗师陶弘景，所著的《杂录》也说："苦茶，轻身换骨，昔丹丘子、黄山君服之。"

丹丘子、黄山君修炼仙道，离不了喝茶，应该也是因为喝茶可减轻体重，登仙时更显体态飘逸吧。

值得注意的是,皎然说:"孰知茶道全尔真,唯有丹丘得如此。"在皎然看来,茶道可以"全尔真",而做到"全尔真"的先例,便是丹丘。丹丘本意为昼夜长明的神仙居所,《楚辞·远游》:"仍羽人与丹丘兮,留不死之旧乡。"晋孙绰《游天台山赋》:"吾之将行,仍羽人于丹丘,寻不死之福庭。"而皎然此诗中,指的是羽化登仙的人。《饮茶歌送郑容》:"丹丘羽人轻玉食,采茶饮之生羽翼。名藏仙府世莫知,骨化云宫人不识。"

陆羽和皎然不约而同地提到了丹丘子,提到了喝茶的轻身羽化功能,他们是否曾一起讨论过同样的话题呢?

六、关于"以茶代酒"

皎然在茶与酒之间,倾向于以茶代酒。《送李丞使宣州》:"聊持剡山茗,以代宣城醑。"①皎然送客,以茶代酒。

《饮茶歌诮崔石使君》:"此物清高世莫知,世人饮酒多自欺。愁看毕卓瓮间夜,笑向陶潜篱下时。崔侯啜之意不已,狂歌一曲惊人耳。"皎然以茶为清高之阳春白雪,而酒就视为世人自欺的俗物。毕卓偷酒醉倒在酒坛子边被抓现场,崔石喝醉后疯狂唱歌,这些失态行为,显然皎然并不赞赏。

皎然《九日与陆处士羽饮茶》:"九日山僧院,东篱菊也黄。俗人多泛酒,谁解助茶香。"和陆羽一起喝茶时,想必一起讨论过:酒好,还是茶更香?而皎然,是视酒鬼为俗人的。

陆羽《茶经》也特别提到过以茶代酒,《七之事》引用过三国时韦曜被孙皓特别关照,在朝廷酒会上获得的特别待遇:"《吴志·韦曜传》:孙皓每飨宴,坐席无不悉以七升为限,虽不尽入口,皆浇灌取尽。曜饮酒不过二升,皓初礼异,密赐茶荈以代酒。"参加孙皓的酒宴,得有七升的酒量,喝不完的,就得遭遇以酒浇头的尴尬,这一潜规则对于只有二升酒量的韦曜,自然是一

---

① (唐)皎然:《送李丞使宣州》,(清)彭定求等编:《全唐诗》卷八百十八,中华书局1960年版,第9219页。

大灾难。好在荒淫残酷如孙皓，竟也对韦曜法外开恩，还亲自帮他作弊，偷偷赐以茶水，行以假乱真之实。

三国时代，孙权之孙、孙和之子乌程侯孙皓，在孙休死后被迎立为吴主，是历史上臭名昭著的统治者之一，《三国志》卷四十八《吴书·三嗣主传》说："皓既得志，粗暴骄盈，多忌讳，好酒色，大小失望。"①

孙皓之凶残，在于动辄杀戮朝臣，后宫杀人也如家常便饭："又激水入宫，宫人有不合意者，辄杀流之。或剥人之面，或凿人之眼。"②孙皓杀身边人竟然发明了自动装置：杀完了，往水中一扔，冲走了事。至于剥人脸皮，凿人眼睛，实在有点变态了。

孙皓之好色，其本传说："后宫数千，而采择无已。"③孙皓之好酒，陈寿如此描述："初，皓每宴会群臣，无不咸令沉醉。置黄门郎十人，特不与酒，侍立终日，为司过之吏。宴罢之后，各奏其阙失，迕视之咎，谬言之愆，罔有不举。大者即加威刑，小者辄以为罪。"④

如此，孙皓好酒，真的是醉翁之意不在酒，而在于让不喝酒的黄门郎行"司过"之事，群臣在喝醉之后，所有过失会被一一当众纠举，接受或大或小的惩处。《三国志·韦曜传》也载："又于酒后使侍臣难折公卿，以嘲弄侵克，发摘私短以为欢。时有衍过，或误犯皓讳，辄见收缚，至于诛戮。"⑤也就是说，孙皓还喜欢在酒后再将群臣折磨一通，方法是让没喝酒的侍臣当中刁难公卿大臣，嘲讽奚落，揭发私短，以此取乐。而群臣中如果有谁言语有失，或者酒后避讳不当，便被收押在监，甚至施以刑戮。在这样的朝廷中供职，即便是宴会，也杀机四起，让人战战兢兢。

---

① （晋）陈寿撰，（宋）裴松之注：《三国志》卷四十八《吴书·三嗣主传》，中华书局 1959 年版，第 1163 页。
② （晋）陈寿撰，（宋）裴松之注：《三国志》卷四十八《吴书·三嗣主传》，中华书局 1959 年版，第 1173 页。
③ （晋）陈寿撰，（宋）裴松之注：《三国志》卷四十八《吴书·三嗣主传》，中华书局 1959 年版，第 1173 页。
④ （晋）陈寿撰，（宋）裴松之注：《三国志》卷四十八《吴书·三嗣主传》，中华书局 1959 年版，第 1173 页。
⑤ （晋）陈寿撰，（宋）裴松之注：《三国志》卷六十五《吴书·韦曜传》，中华书局 1959 年版，第 1462 页。

　　韦曜不胜酒力，得到了杀人魔王以茶代酒的礼遇，一是免了沉醉伤身之苦，二是保持清醒，可在应对黄门郎的折难时少了出言之失，免却因言致祸的凶险。

　　但韦曜却不喜欢阿谀孙皓，孙皓喜欢祥瑞，为自己的统治装点门面，可当他以祥瑞之事问起韦曜时，韦曜却这样回答："此人家筐篋中物耳。"①孙皓命韦曜编撰《吴书》，希望将父亲孙和列入《纪》中，这意味着给孙和以帝王的身份待遇，可韦曜坚持认为，孙和没有登过帝位，只能为他立传。凡此种种，孙皓渐渐恼羞成怒，以茶代酒的例外开恩也就不再有了："至于宠衰，更见逼强，辄以为罪。"②这下，变成逼着韦曜喝酒了。

　　最终，年已七十的韦曜被孙皓收付于狱，大臣上书相救，孙皓不从，韦曜遂被害。

七、关于茶道与禅道

　　皎然认为喝茶的最高境界是"得道"，陆羽《茶经·一之源》说："茶之为用，味至寒，为饮，最宜精行俭德之人。"物性通人性，陆羽认为砥砺精神、清静无为、生活简朴、为人谦逊者，与茶性最为相配。俭德，出自《周易·否·象》传："天地不交，否，君子以俭德辟难，不可荣以禄。"孔颖达疏："'君子以俭德辟难'者，言君子于此否塞之时，以节俭为德，辟其危难。"③程颐曰："天地不相交通，故为否。否塞之时，君子道消，当观否塞之象，而以俭损其德，避免祸难，不可荣居禄位。否者，小人得志之时，君子居显荣之地，祸患必及其身，故宜晦处穷约也。"④朱熹云："收敛其德，不形于外，以避小人之难，不得以禄位荣之。"⑤显然，茶之德，融入了儒家所提倡的居安思危、免难

① （晋）陈寿撰，（宋）裴松之注：《三国志》卷六十五《吴书·韦曜传》，中华书局1959年版，第1462页。
② （晋）陈寿撰，（宋）裴松之注：《三国志》卷六十五《吴书·韦曜传》，中华书局1959年版，第1462页。
③ （魏）王弼注，（唐）孔颖达疏：《周易正义》卷第二，北京大学出版社1999年版，第70页。
④ （宋）程颢、程颐：《二程集·周易程氏传卷第一》，中华书局1981年版，第760页。
⑤ （宋）朱熹：《周易本义》，中华书局2009年版，第77页。

祸避、戒盈戒满的思想,以及如何在失意之时,以居穷处约来彰显淡泊豁达的生命态度。

陆羽将茶性与社会所需推崇的君子人格相提并论,相互呼应,将茶品与人品相激荡,赋予了茶高洁、俭朴、率真与自然的精神内涵,使得茶的魅力从自然之妙品升格为人文之雅品,显然提升了茶之境界。陆羽作为一个爱茶的隐士,皎然则为一个好茶的禅僧,《湖南草堂读书招李少府》:"药院常无客,茶樽独对余。"陆羽"始创煎茶法",而皎然《陪卢判官水堂夜宴》中说:"爱君高野意,烹茗钓沧涟。"恐怕也懂煎茶。皎然是禅僧,陆羽《茶经》中记载了三位僧人的饮茶故事,《七之事》载:"《艺术传》:'敦煌人单道开,不畏寒暑,常服小石子,所服药有松、桂、蜜之气,所饮茶苏而已。'"单道开在寺中造了八九丈高的阁楼,又在其间用菅草编织了一个禅室,经常坐在里面修炼。单道开建禅室,饮茶苏,似已露禅茶之端倪。

陆羽《茶经》两度提及"禅茶第一人"释法瑶,如《七之事》说到"武康小山寺释法瑶",同篇又载:"释道说《续名僧传》:'宋释法瑶,姓杨氏,河东人。元嘉中过江,遇沈台真,请真君武康小山寺,年垂悬车,饭所饮茶。大明中,敕吴兴礼致上京,年七十九。'"《续名僧传》提到释法瑶喝茶事,"年垂悬车,饭所饮茶"。悬车,原意为黄昏前,用以指老人70岁退休致仕,释法瑶可谓一直到老都爱喝茶,喜欢以茶代饭。宋武帝刘骏曾敕令释法瑶进京,"与道猷同止新安寺,使顿、渐二悟义各有宗"[1]。可见,释法瑶是作为禅宗渐悟派的代表人物而被召入新安寺的。释法瑶主张渐悟,恐怕与他的学术思想成熟于北方,受慧静影响所致。而皎然作为南禅宗,对北禅宗也是宽容的,其《送沙弥长文游京》云:"应须学心地,宗旨在关东。"这里,皎然打破门户之见,视关东的北禅宗为"宗旨"。

陆羽在《茶经·七之事》中提到的第三位高僧为南朝刘宋时期的昙济:"《宋录》:'新安王子鸾、豫章王子尚,诣昙济道人于八公山。道人设茶茗。子尚味之曰:'此甘露也,何言茶茗?'"前来拜访昙济的可不是一般人物,而

---

[1] (梁)释慧皎:《高僧传》卷七《宋吴兴小山释法瑶传》,陕西人民出版社2010年版,第457页。

是两位王爷，都是刘宋孝武帝刘骏的儿子。昙济拿出了最好的茶来招待两位王爷，刘子尚品茗后感觉甚好，以至于问昙济："这不就是传说中的甘露嘛，怎么会是茶呢？"

可见，昙济的茶是多么让人回味了。

而陆羽，对于高僧，特别是好茶的僧人和其中的禅僧，也是心心相通的。这似乎可以解释，为何陆羽和皎然成了忘年之交，并在茶史上留下了一段千载流传的佳话。

"一阴一阳之谓道"与陆羽茶道

陆羽,因著《茶经》使饮茶之风在唐时更为流行,被茶人祀为茶神。陆羽,字鸿渐,据《新唐书》陆羽本传载,陆羽曾以《易》自筮而得《蹇》卦,其上九爻辞曰:"鸿渐于陆,其羽可用为仪。"①于是,他便为自己确定了名和字。

以上细节可知,陆羽是通晓《周易》的。事实上,陆羽的茶道思想,往往可以从《周易》中寻找精神源头。

《系辞上》云:"一阴一阳之谓道,继之者善也,成之者性也。"②朱熹在与学生讨论"一阴一阳之谓道"时曾说:"阴阳是气,不是道,所以为阴阳者,乃道也。若只言'阴阳之谓道',则阴阳是道。今曰'一阴一阳',则是所以循环者乃道也。"③一阴一阳,气之变化流行,其根据乃在天道。继善成性,则为天道之诚禀赋到人之中,即《中庸》所谓"天命之谓性,率性之谓道",性为天所赋,循天命之性而为,便合乎人道,自然也上同于天道。故此,这句话不仅仅涉及"气"层面的阴阳,还深入"理"层面的性与天道,是兼理气而言之的。

本文试图一探陆羽的茶道思想,如何与《周易》的上述思想相表里。

---

① （宋）欧阳修、宋祁撰:《新唐书》卷一百九十六《陆羽传》,中华书局1975年版,第5611页。
② （魏）王弼注,（唐）孔颖达疏:《周易正义》卷第七《系辞上》,北京大学出版社1999年版,第269页。
③ （宋）黎靖德编:《朱子语类》卷第七十四,中华书局1986年版,第1896页。

一、阴阳和合与茶叶生生

《周易》云:"生生之谓易。"①又说:"天地之大德曰生。"②在《周易》,天地有生生之德,宇宙生成模式是:"是故易有太极,是生两仪。两仪生四象,四象生八卦。八卦定吉凶,吉凶生大业。"这是沿着太极——两仪——四象——八卦的二元对待裂变衍生模式。

"天地絪缊,万物化醇,男女构精,万物化生。"③天地阴阳二气和合,万物感其精醇之气,男女亦即阴阳,阴阳交合,万物生生不息。阴阳和合而生万物,男女和合而生万物之灵。天地万物和人类,都是阴阳和合的产物。

也许正因为阴阳二气的生生功能,故《庄子》云:"阴阳者,气之大者也。"④

阴阳二气交感而生万物的思想,在诸多思想著作中有所反映。《国语》载,史伯对郑桓公说:"夫和实生物,同则不继。以他平他谓之和,故能丰长而物归之。若以同裨同,尽乃弃矣。故先王以土与金木水火杂,以成百物。"⑤这里能生成万物的"和",指的就是阴阳相生,异气和合。如果只有阴气或阳气,即使再三增益,即所谓"同",也无济于事。正是在阴阳和合、五行相合的前提下,万物得以长养。

董仲舒说:"天地之气,合而为一,分为阴阳,判为四时,列为五行。"⑥作为西汉初期黄老思想的代表作,《淮南子》说:"天地之袭精为阴阳,阴阳之专精为四时,四时之散精为万物。积阳之热气生火,火气之精者为日;积阴

---

① (魏)王弼注,(唐)孔颖达疏:《周易正义》卷第七《系辞上》,北京大学出版社 1999 年版,第 271 页。
② (魏)王弼注,(唐)孔颖达疏:《周易正义》卷第八《系辞下》,北京大学出版社 1999 年版,第 297 页。
③ (魏)王弼注,(唐)孔颖达疏:《周易正义》卷第八《系辞下》,北京大学出版社 1999 年版,第 310 页。
④ (宋)吕惠卿撰:《庄子义集校》卷第八《则阳》,中华书局 2009 年版,第 493 页。
⑤ 徐元诰撰:《国语集解》第十六《郑语·桓公为司徒》,中华书局 2002 年版,第 470 页。
⑥ 苏舆撰:《春秋繁露义证》卷十三《五行相生》,中华书局 1992 年版,第 362 页。

之寒气为水,水气之精者为月。日月之淫为精者为星辰,天受日月星辰,地受水潦尘埃。"①

在《淮南子》看来,《道德经》的"道生一,一生二,二生三,三生万物",内蕴了"道"的宇宙元气,只有分化为阴阳二气,二气和合才能生成万物。离开了阴或阳,都是不行的。"是故天不发其阴,则万物不生;天不发其阳,则万物不成。"②《淮南子》进一步发挥了《道德经》"万物负阴而抱阳,冲气以为和"的思想,提出"和"对于万物生生而言,是非常重要的:

> 天地之气,莫大于和。和者,阴阳调,日夜分,而生物。春分而生,秋分而成,生之与成,必得和之精。③
>
> 阴阳和平,风雨时节,万物蕃息。④
>
> 神明接,阴阳和,而万物生矣。⑤

董仲舒也认为,和气对于万物资生的重要性:

> 和者,天之正也,阴阳之平也,其气最良,物之所生也。诚择其和者,以为大得天地之奉也。天地之道,虽有不和者,必归之于和,而所为有功。⑥

董仲舒认为,万物之生养,必归于中和,和为"天之正也,阴阳之平",阴阳二气的顺和圆润状态,就是"和"之所在。和气,就是"最良"之气,董仲舒肯定万物之生,为和气所生,从而得天地之正。王符正是由此而进一步提出"和气生人"的观念:"阴阳有体,实生两仪,天地壹郁,万物化淳,和气生人,以统理之。"⑦在王符的气论中,阳为天,阴生为地,阴阳中和之气则生人,即他所谓"是故天本诸阳,地本诸阴,人本中和"⑧。

---

① 刘文典撰:《淮南鸿烈集解》卷三《天文训》,中华书局 1989 年版,第 80 页。
② 刘文典撰:《淮南鸿烈集解》卷三《天文训》,中华书局 1989 年版,第 107 页。
③ 刘文典撰:《淮南鸿烈集解》卷十三《氾论训》,中华书局 1989 年版,第 432 页。
④ 刘文典撰:《淮南鸿烈集解》卷十三《氾论训》,中华书局 1989 年版,第 421 页。
⑤ 刘文典撰:《淮南鸿烈集解》卷二十《泰族训》,中华书局 1989 年版,第 666 页。
⑥ 苏舆撰:《春秋繁露义证》卷十六《循天之道》,中华书局 1992 年版,第 447 页。
⑦ (汉)王符著,(清)汪继培笺:《潜夫论笺校正》第三十《本训》,中华书局 1985 年版,第 365 页。
⑧ (汉)王符著,(清)汪继培笺:《潜夫论笺校正》第三十《本训》,中华书局 1985 年版,第 366 页。

既然和气生万物,和气生人,至于圣人,就更离不开和气了,故王充更多讨论的是"和气生圣人"的情形:"和气时生圣人。圣人生于衰世。"①

陆羽显然接过了《周易》的阴阳生生思想以及随后和气生物对于这一思想的发挥。陆羽在《茶经》中对茶树生长环境的要求,就体现了这一思想。在陆羽看来,茶作为天地和气所生的灵物,遵循的便是阴阳生生之道。陆羽说:"阳崖阴林,紫者上,绿者次;笋者上,芽者次;叶卷上,叶舒次。"②陆羽强调,茶树最好的生长环境就是"阳崖阴林",上等之茶生长在向阳的山崖上,能得到阳光照射,阳气具足。而同时又有林木遮阴,使得阴阳和谐,二气调和。这便符合了阴阳和合、"和气生万物"的条件,正如《淮南子》所说:"积阴则沉,积阳则飞,阴阳相接,乃能成和。"③从科学的角度看,茶树种在有树林阴影的向阳悬崖上,日照多,茶中的化学成分儿茶素多酚类物质也多,阴崖上生长的茶叶则相反。

不妨以普洱茶为例。普洱茶汲天地之精华,自然有赖于云南高海拔、山区多、阳光足的地理环境。在云之南,在山之巅,云雾缭绕、宛若仙境的山寨边,正好孕育了树龄数百年上千年的古茶,普洱茶好喝的秘密,首先和自然环境不无关系。

冰岛茶和昔归茶近年来为何成为识茶人士尊崇的茶中极品?陆羽的一句"上者生烂石"④便是奥秘之一。在昔归村,人们能看到,澜沧江经年奔流冲刷,岸边的山崖上,古茶树就生长在风吹日蚀的大石之间。每天早上,昔归村几乎都在雾气弥漫中醒来,古茶树获得在云海雾海(即阴气)的滋养后,随着云雾渐渐被阳光驱散,又得到阳光(即阳气)的俯照,阴阳二气交替滋育之下,天地之精华便附着于新笋嫩芽之中,天生的好茶便由此而来。

而整个冰岛寨,和它周边的古茶园,正好处在山峰向阳的一面,每天早上便接受阳光的沐浴。而在冰岛村的山脚下,有一个冰岛湖,湖中的水汽为

---

① 黄晖撰:《论衡校释》卷第十七《指瑞篇》,中华书局 1990 年版,第 747 页。
② (唐)陆羽:《茶经·一之源》,中华书局 2010 年版,第 11 页。
③ 刘文典撰:《淮南鸿烈集解》卷十三《氾论训》,中华书局 1989 年版,第 432 页。
④ (唐)陆羽:《茶经·一之源》,中华书局 2010 年版,第 11 页。

阳光蒸发而升上山腰中的村寨,古茶树便在水汽和阳光的交感中,得到阴阳二气的滋养,茶树旁的 丛丛树林,随着阳光的移动,给不同位置的茶树遮阳庇荫。这些生长在海拔 1700 米"阳崖阴林"的高山古茶树,正好与陆羽对上等茶的描述如合符契。民间所谓"高山出好茶",和陆羽的"阳崖阴林"理论,可谓异曲同工。

二、阴阳相薄与制茶煮茶

《周易·说卦》云:"兑,正秋也,万物之所说也,故曰说言乎兑。战乎乾,乾西北之卦也,言阴阳相薄也。"①兑,泽也,属阴。乾,纯阳之卦,而居西北阴地,故阴阳相薄。在《周易》中,阴阳相交是卦象吉祥的重要条件。如《泰》卦,乾阳在下,坤阴在上,阳气上升,阴气下沉,故二气得以交感,结果自然吉亨。故《泰》卦《彖》辞解释为:"天地交而万物通也,上下交而其志同也。内阳而外阴,内健而外顺,内君子而外小人,君子道长,小人道消也。"②相反,《否》卦则乾上坤下,天地不交,故不利君子贞。

阴阳二气的消息、激荡,在《周易》中又以刚柔之性来指称其动静变化,如"刚柔相摩,八卦相荡"③。又如:"刚柔相推而生变化。"④刚柔相摩相推,即阴阳交感交接,正是在彼此的交合激荡中,而推动了万物的生成和变化,卦本身的衍变也同为此理。

值得注意的是,陆羽在《茶经》中对茶叶从采摘、制造乃至煮茶饮茶的全流程观照中,恰恰最重视的便是阴阳相薄时的中和状态。

对于采茶,什么样的茶不宜采撷? 陆羽说:"阴山坡谷者,不堪采掇,性

---

① (魏)王弼注,(唐)孔颖达疏:《周易正义》卷第九《说卦》,北京大学出版社 1999 年版,第328 页。

② (魏)王弼注,(唐)孔颖达疏:《周易正义》卷第二,北京大学出版社 1999 年版,第 66 页。

③ (魏)王弼注,(唐)孔颖达疏:《周易正义》卷第七《系辞上》,北京大学出版社 1999 年版,第 259 页。

④ (魏)王弼注,(唐)孔颖达疏:《周易正义》卷第七《系辞上》,北京大学出版社 1999 年版,第 261 页。

凝滞,结瘕疾。"①背阴的山坡和山谷里生长的茶树,不可以采摘,其性质凝滞,喝了会得腹中郁结肿块之病。阴坡和谷地,缺少阳光照射,阳气不足,阴气有余,阴阳不谐,自然茶品低劣。正如《吕氏春秋·重己》所言:"多阴则麑,多阳则痿。此阴阳不适之患也。"②从现实情况来看,普洱茶中的山头茶和台地茶,在质量和价格上,二者确实有着明显的区别。

陆羽在《茶经·一之源》中强调:"采不时,造不精。"③采茶,须把握好时节。《茶经·三之造》云:"凡采茶在二月、三月、四月之间。"④在唐代,采茶以春茶为主。春主木,木主生。自然,春茶味最醇。正好与《周易》的生生之德相应。陆羽对于时间点的把握,也是大有讲究的。陆羽说:"其日有雨不采,晴有云不采。"⑤下雨天不采茶,晴有多云也不采,阴天自然也就不能采,下雪天更是无茶可采,只有在万里无云的大晴天采茶了。这是因为,采茶之后需要萎凋,即进入一段阴阳相薄的环节,以阳光挥发掉茶叶中属于阴气的部分水分。

面对正在生长中的芽笋,如何把握采摘的最佳时机? 陆羽说:"茶之笋者,生烂石沃土,长四五寸,若薇蕨始抽,凌露采焉。"⑥茶树,上者生烂石。在富含大自然风蚀所析出矿物质的肥沃土壤中,看到那丰腴如春笋紧裹的芽叶,长到四五寸许,如薇、如蕨之芽新吐,鲜嫩透绿,便可在露水中将其采撷。凌露采摘,正好保留了茶叶被阴柔浸润的时刻,在萎凋时,恰好经历阳气对阴气的激荡。

针对制茶,陆羽以遮诠之法,通过提醒制茶工序中的种种禁忌,来细说好茶制造中的九大难点。其中之一是:"阴采夜焙,非造也。"⑦阴天采茶、夜间焙烤,为制茶之忌。夜间焙烤,是因为"宿制者则黑"⑧,隔夜鲜茶,已损失

---

① (唐)陆羽:《茶经·一之源》,中华书局 2010 年版,第 12 页。

② 《吕氏春秋全译》,巴蜀书社 2004 年版,第 374 页。

③ (唐)陆羽:《茶经·一之源》,中华书局 2010 年版,第 18 页。

④ (唐)陆羽:《茶经·三之造》,中华书局 2010 年版,第 39 页。

⑤ (唐)陆羽:《茶经·三之造》,中华书局 2010 年版,第 39 页。

⑥ (唐)陆羽:《茶经·三之造》,中华书局 2010 年版,第 39 页。

⑦ (唐)陆羽:《茶经·六之饮》,中华书局 2010 年版,第 99 页。

⑧ (唐)陆羽:《茶经·三之造》,中华书局 2010 年版,第 42 页。

不少茶中精华了。从阴阳视角来看,显然是阴气过盛,对于原本性寒的茶叶而言,可谓雪上加霜。

陆羽在《五之煮》中介绍了唐代煮茶的全套工序:炙茶、碾末、炭火、择水、加盐、入末、育汤华、酌茶、饮茶。

据陆羽,唐朝人煮茶,煮的是茶末,不像今天的人将茶饼撬下一小块入水烹煮或冲泡即可。既然煮茶末,就得先将茶饼碾成末,碾末前的工序,自然是烘烤茶饼,即陆羽所说的炙茶"凡炙茶,慎勿于风烬间炙,熛焰如钻,使凉炎不均。持以逼火,屡其翻正,候炮出培塿,状虾蟆背,然后去火五寸。卷而舒,则本其始又炙之。若火干者,以气熟止;日干者,以柔止"①。

炙茶的注意事项中,陆羽特强调不要在过风的余火中烤,因为在风中飘忽不定的火焰有如钻头,忽东忽西,使得茶饼受热不均。正确的炙茶方法是,夹着茶饼靠近火,这意味着烤茶需要温度高,因温度高,故须不时翻转,以便受热均匀。等到茶饼表面烤出像蛤蟆背上的小疙瘩时,然后在离火五寸许继续炙烤。等到卷曲突起的茶饼表面再舒展开来,再按前面所说的程序再烤一次。茶饼的制造工艺,有的是火烘干的,此类茶饼要烤到蒸汽冒出时为止;而阳光下晒干的茶饼,则烤到柔软时即可。这里,陆羽强调的是阴阳和谐、刚柔合宜的状态。

煮茶,水、火必备。水为阴,火为阳;水处北,火居南。阴阳和合,上下交融,得其中和,遂成饮中极品。

明代许次纾在《茶疏》中说"无水不可与论茶也",明人张大复《梅花草堂笔谈》中云:"茶性必发于水,八分之茶,遇十分之水,茶亦八分矣;八分之水,遇十分之茶,茶只八分矣。"可见水之重要。

以火煮水,阴阳激荡,如何才得中和之正,以烹得好茶?陆羽《茶经·五之煮》如此斟酌火候:"其沸如鱼目,微有声,为一沸。缘边如涌泉连珠,为二沸。腾波鼓浪,为三沸。已上水老,不可食也。"②

火激之下,水有三沸,第一沸陆羽称为"鱼目",水面冒出的小水泡有如

---

① (唐)陆羽:《茶经·五之煮》,中华书局2010年版,第77页。
② (唐)陆羽:《茶经·五之煮》,中华书局2010年版,第82页。

鱼眼,其声微响。第二沸时,锅边的水泡则如连珠般涌动,即所谓"连珠"。随后,沸水如波浪般翻滚奔腾,这就是第三沸了,名之曰"鼓浪"。以三沸之法观察水之变化,即明代张源《茶录》所说的"形辨"。煮至三沸,再煮下去,水便老矣,不可饮用了。可见,陆羽对煮茶的火候控制,恰恰是依靠观察水的表征为依据的,火与水的阴阳相薄,阴阳相和是最重要的。《全唐诗》卷八百十八所载陆羽的缁素忘年之交诗僧皎然《对陆迅饮天目山茶,因寄元居士晟》一诗中,"文火香偏胜,寒泉味转嘉"。说的就是水火之间的阴阳交接,如何烹成了一盏香茗。

对于喝茶之法,陆羽说:"乘热连饮之,以重浊凝其下,精英浮其上。如冷,则精英随气而竭,饮啜不消亦然矣。"①陆羽认为喝茶要趁热,因为茶中重浊的渣滓凝聚于茶汤之下,茶中精华则漂浮在上,如果冷了再喝,茶之精华已随热气散发而消失殆尽,自然享受不到茶之至味了。除此之外,茶性寒,也应趁热喝,以得阴阳中和之效。

三、阴阳合德与茶德

中国古代智慧是在天人合一的框架下来进行整体思维的。为此,《周易》说:"昔者圣人之作《易》也,将以顺性命之理。是以立天之道曰阴与阳,立地之道曰柔与刚,立人之道曰仁与义。兼三才而两之,故易六画而成卦。分阴分阳,迭用柔刚,故易六位而成章。"②天道之阴阳、地道之柔刚、人道之仁义,是上下贯通,内在精神是一致的。《周易》每一卦的六爻,就是将天地人三才与阴阳、柔刚、仁义的精神内核融合而来。

《周易》贯通天人之道,从"天—人"的过程来看,就是《周易·乾·彖》辞所言:"乾道变化,各正性命。"③天道流行,万物各禀其天地之性,各受其贵贱

---

① (唐)陆羽:《茶经·五之煮》,中华书局 2010 年版,第 85 页。

② (魏)王弼注,(唐)孔颖达疏:《周易正义》卷第九《说卦》,北京大学出版社 1999 年版,第 326 页。

③ (魏)王弼注,(唐)孔颖达疏:《周易正义》卷第一《乾》,北京大学出版社 1999 年版,第 9 页。

之命。这是天道下降到万物与人的禀赋过程。从"人—天"到过程来看,就是:"和顺于道德而理于义,穷理尽性,以至于命。"①也就是人通过穷理的功夫而自我显现天命之性,以上通天道。由此,实现了天人合一的圆满回环。

天与人的上下圆融互动,即《周易》的"感通"模式:"易无思也,无为也,寂然不动,感而遂通天下之故。"②"寂然不动",可理解为《中庸》的"喜怒哀乐之未发,谓之中";"感而遂通",可理解为《中庸》的"发而皆中节,谓之和。"人上达天听的努力,就是《中庸》所说的"致中和"的过程:"中也者,天下之大本也;和也者,天下之达道也。致中和,天地位焉,万物育焉。"

在天人合一的双向互动模式下,作为化生万物的阴阳二气,便也内涵了天道与人道的共通精神,这就是《周易》所谓"阴阳合德":"乾,阳物也;坤,阴物也。阴阳合德而刚柔有体,以体天地之撰,以通神明之德。"③

陆羽的茶道,也体现了天人合一的思维模式。

论茶性茶德,《茶经》以天地万物之性与人性同禀于天道,故二者相通:"茶之为用,味至寒,为饮,最宜精行俭德之人。"④中医讲食物与药物之五性,即寒、凉、温、热、平。性寒之物,又分微寒、寒、极寒等程度性描述,而陆羽认为茶作为饮品,其味"至寒",乃寒性程度极高的饮食。砥砺精神、清静无为、生活简朴、为人谦逊者,与茶性最为相配。陆羽将茶性与社会所须推崇的君子人格相提并论,相互呼应,将茶品与人品相激荡,赋予了茶高洁、俭朴、率真与自然的精神内涵,使得茶的魅力从自然之妙品升格为人文之雅品,显然提升了茶之二味:食味与品味。

陆羽的俭德思想,当来自《周易》。《否》卦《象》曰:"天地不交,否。君子以俭德辟难,不可荣以禄。"⑤《新唐书》将陆羽归入隐逸之列,他隐于苕

---

① (魏)王弼注,(唐)孔颖达疏:《周易正义》卷第九《说卦》,北京大学出版社 1999 年版,第 326 页。

② (魏)王弼注,(唐)孔颖达疏:《周易正义》卷第七《系辞上》,北京大学出版社 1999 年版,第 284 页。

③ (魏)王弼注,(唐)孔颖达疏:《周易正义》卷第八《系辞下》,北京大学出版社 1999 年版,第 311 页。

④ (唐)陆羽:《茶经·一之源》,中华书局 2010 年版,第 16 页。

⑤ (魏)王弼注,(唐)孔颖达疏:《周易正义》卷第二,北京大学出版社 1999 年版,第 70 页。

溪多年，"诏拜羽太子文学，徙太常寺太祝，不就职"①。陆羽不事王侯，辞以官禄，事实上做到了《周易》所谓"以俭德辟难"。《全唐诗》卷三百零八载有陆羽所作之歌，太和年间有一老僧自称陆羽弟子，常讽此歌。其词曰："不羡黄金罍，不羡白玉杯；不羡朝入省，不羡暮入台；惟羡西江水，曾向金陵城下来。"从此歌词，亦可见陆羽的俭德精神。

在《茶经·五之煮》中，陆羽继而言之："茶性俭，不宜广，广则其味黯澹。且如一满碗，啜半而味寡，况其广乎！"②茶性俭约，水不宜多，多则淡乎寡味。正如一满碗的好茶，喝到一半便觉得滋味淡了，更何况水太多呢！

在物性与人性相通的思想下，因茶性寒，故对与性热相关的一切生理不适，能给予调和，而使人处于通体舒泰的状态。故《茶经》接着说茶之功效："若热渴、凝闷、脑疼、目涩、四支烦、百节不舒，聊四五啜，与醍醐、甘露抗衡也。"③如果干热口渴、胸闷、头疼、眼睛干涩、四肢疲劳、关节不畅，喝上四五口茶，便能明显好转，与饮品中的醍醐、甘露功效相当。醍醐即精炼的奶酪，佛家以之譬喻佛性，如《大般涅槃经·圣行品》："譬如从牛出乳，从乳出酪，从酪出生酥，从生酥出熟酥，从熟酥出醍醐，醍醐最上……佛亦如是。"④而甘露，由天地阴阳二气之精者凝结而成，自古乃人们心目中的至圣饮品。北宋李昉《太平御览》卷十二引《白虎通》曰："甘露者，美露也，降则物无不盛。"⑤该卷又引《瑞应图》曰："甘露者，美露也，神灵之精，仁瑞之泽。其凝如脂，其甘如饴，一名膏露，一名天酒。"⑥

醍醐为奶酪之至纯至正至美之味，甘露为天降之至醇之饮，陆羽将茶饮与之相提并论，可见对茶之推崇备至。

但陆羽之智慧，绝非对茶的非理性膜拜，而是有着理性的态度。故他提

---

① （宋）欧阳修、宋祁撰：《新唐书》卷一百九十六《陆羽传》，中华书局1975年版，第5611页。
② （唐）陆羽：《茶经·五之煮》，中华书局2010年版，第86页。
③ （唐）陆羽：《茶经·一之源》，中华书局2010年版，第16页。
④ （北凉）昙无谶译：《大般涅槃经》卷第十四《圣行品第七之四》，《大正新修大藏经》第12册，第374页上。
⑤ （宋）李昉等撰：《太平御览》卷十二，中华书局1960年版，第62页下。
⑥ （宋）李昉等撰：《太平御览》卷十二，中华书局1960年版，第62页下。

醒:"采不时,造不精,杂以卉莽,饮之成疾。"①如果采摘不合时节,造茶不够精细,还有野草夹杂其中,这样的茶喝了反而会得病。

对于茶的两面性,陆羽以人参作比。在陆羽那个时代,上党地区(今山西长治一带)的人参为上品,百济、新罗两国的人参为中品,高丽国的人参为下品。至于泽州(今山西晋城)、易州(今河北易县)、幽州(今北京)、檀州(今密云)所产的人参,则没有多大药用价值。如果服用了与人参外形很相似的荠苨,还能让人的疾病无法痊愈。陆羽之意,茶与人参同理,上等茶与劣等茶的功效相去甚远,而茶对不同体质的人,也有不同的效果,故饮茶还须与个人体质相调和。

从阴阳理论看,道理显而易见:茶性寒,体质寒者饮之过量,会有雪上加霜之虞。而体质热者饮之,自然如醍醐,如甘露,乃人间至味。

陆羽眼中的好茶,汤色浅黄,香味至美。"其味甘,槚也;不甘而苦,荈也;啜苦咽甘,茶也。"②滋味甜的乃是"槚";不甜而带苦味的,则是"荈";刚喝入口时味苦,转而回甘者,则为"茶"。如果说甘与苦的关系和《周易》的否尽泰来相呼应,那么,茶的转苦回甘,正好体现了茶"苦尽甘来"的魅力。

可见,以功效观之,茶之性,又与君子的中和之德相表里。《太平经》说:"元气有三名,太阳、太阴、中和。"③阳气、阴气、阴阳和合之和气,此三气,分别生成天、地、人三才。刘劭《人物志·九征篇》:"凡人之质量,中和最贵矣。"④和气生人,人禀和气而生,故人在天地万物中最灵。以中和之道植茶、制茶、饮茶,并以中和之德为人,茶之中和之道与君子的中和之德便相得益彰,正如朱熹在《朱子语类》中所言:"若致得一身中和,便充塞一身;致得一家中和,便充塞一家;若致得天下中和,便充塞天下。"⑤

若如此,茶之性,人之性;茶之美,人之德;茶德与人格便相通无二,人们在品茗之际,便油然而生豁然开朗的生命境界。

---

① (唐)陆羽:《茶经·一之源》,中华书局 2010 年版,第 18 页。
② (唐)陆羽:《茶经·五之煮》,中华书局 2010 年版,第 86 页。
③ 王明编:《太平经合校》,中华书局 1980 年版,第 19 页。
④ 王晓毅:《知人者智:人物志解读》,中华书局 2008 年版,第 65 页
⑤ (宋)黎靖德编:《朱子语类》卷第六十二,中华书局 1986 年版,第 1519 页。

"精行俭德"新考

《茶经》云:"茶之为用,味至寒,为饮,最宜精行俭德之人。"①正是这句话,陆羽将茶的功能从药用、食用、饮用,上升到人文精神的高度,使得茶至此实现了下里巴人和阳春白雪的合一,从柴米油盐酱醋茶到琴棋书画诗酒茶的生命境界的升华,这是陆羽对中华茶文化的最大贡献。

不过,对于"精行俭德"四字的源流与含义,至今未有定论。本文在竺济法、陈刚俊、鲍志成等学者前期考证的基础上,整理出一些新的材料,就此提出一些新的思考,并试图解读"精行俭德"的确切所指。

一、"精行"即"专精行道"

首先,我们来看看前期学者对"精行"一词出处的梳理。

抛开一些错误的材料,"精行"一词的出处,见如下之例:

《吕氏春秋·圜道》云:

> 天道圜,地道方,圣王法之,所以立上下。何以说天道之圜也?精气一上一下,圜周复杂,无所稽留,故曰天道圜。何以说地道之方也?万物殊类殊形,皆有分职,不能相为,故曰地道方。主执圜,臣处方,方圜不易,其国乃昌。日夜一周,圜道也。月躔二十八宿,轸与角属,圜道也。精行四时,一上一下各与遇,圜道也。②

---

① (唐)陆羽:《茶经·一之源》,中华书局 2010 年版,第 16 页。
② 许维遹撰:《吕氏春秋集释》卷第三《圜道》,中华书局 2009 年版,第 79 页。

这里，以精气一上一下推动天道圜、地道方的宇宙运动规律，来说明“主执圜，臣处方”的君臣关系是符合天人合一之道的。许维遹注云：

> 精，明之光明也。孙锵鸣曰：“精疑谓星，《说文》‘万物之精，上列为星’，故星以精言。杨树达曰：‘孙说是也。《说文·七篇上》云：’晶，晶光也，从三日。‘又曐字从晶，省作星。实则晶乃星之初字，象形字也。曐则加声符生字耳。此称星为精，正与《说文》晶训‘精光’、‘万物之精，上列为星’说合”。①

显然，此处的“精行”指的是星体的运行，和陆羽“精行俭德”中的“精行”并非同意。

另一个出处为成书于东汉的道教太平道经典《太平经》，这是中国第一部道教典籍，从东汉到陆羽所处的唐代均为道教重要经典。其中说：

> “然，今真人，天使诸弟子问，是今既为天问事，乃为德君作大乐之经，努力勿懈也。天且报子功，子乃为皇天后土除病，为帝王除灾毒承负之厄会，子明自当增算，吾言不敢欺真人也，慎之。”“唯唯。”“行去归，努力精行，有疑者来。”“唯唯。”②

在这里，“精行”意谓砥砺修行。

还有学者从《云笈七签》中一则齐梁道士陶弘景的传记中，找到了“精行”二字：“幼而聪识，成而博达。因读《神仙传》，便有乘云驭龙之志……年二十余服道，后就兴世观孙先生谘禀经法，精行道要，殆通幽洞微。”③这里的“精行”，依旧是勤勉不懈、砥砺修行之意。不过，陶弘景的著作《真诰》《养性延命录》《华阳陶隐居集》中，并无“精行”一词，且《云笈七笺》为北宋人张君房所编，以唐人陆羽之后的文献来寻访出处，值得商榷。个人意见，是放弃这则材料。

当然，陶弘景本人生活在陆羽之前，其隐居的茅山，离湖州不远，陆羽《茶经》中记载茶区时，提到过茅山所在的润州：“润州、苏州又下。（润州江

---

① 许维遹撰：《吕氏春秋集释》卷第三《圜道》，中华书局2009年版，第79页。

② 王明编：《太平经合校》卷八十八，中华书局2014年版。

③ （宋）张君房编：《云笈七签》卷一百七《梁茅山贞白先生传》，齐鲁书社2002年版，第591页。

宁县生傲山。)"①不仅如此,陆羽探寻江南好茶时,还到过丹阳茅山。皎然《往丹阳寻陆处士不遇》:

> 远客殊未归,我来几惆怅。
>
> 叩关一日不见人,绕屋寒花笑相向。
>
> 寒花寂寂遍荒阡,柳色萧萧愁暮蝉。
>
> 行人无数不相识,独立云阳古驿边。
>
> 凤翅山中思本寺,鱼竿村口望归船。
>
> 归船不见见寒烟,离心远水共悠然。
>
> 他日相期那可定,闲僧著处即经年。

陆羽远走丹阳茅山,这里恰是道教上清派领袖、"山中宰相"陶弘景的隐居之地,陆羽对于陶弘景,应该是熟悉的。

陆羽在湖州交游最多的人中,颜真卿的思想以儒为主,其家族世代信仰道教,颜真卿和他的五世祖颜之推一样,也都崇信佛教。

陆羽《茶经》中能直接或间接引用的文献有《开元文字音义》、《唐本草》、《尔雅》、扬雄《方言》、郭璞《尔雅注》、班固《汉书》、颜师古《汉书注》、晋杜育《荈赋》、《世说新语》、《晋书》、《三国志》、《搜神记》、《梁书》、《神农食经》、《广雅》、司马相如《凡将篇》、《晋中兴书》、傅咸《司隶教》、《搜异记》、左思《娇女诗》、张载《登成都楼赋》、傅巽《七海》、弘君举《食檄》、孙梦《歌》、华佗《食论》、壶居士《食忌》、《续搜神记》、南朝卢琳《晋四王起事》、南朝刘敬叔《异苑》、《广陵耆老传》、《续名僧传》、《淮南子》、南朝刘江饶《江氏家传》、《宋录》、王微《杂诗》、《南齐书》、梁刘孝绰《谢晋安王饷米等启》、陶弘景《杂录》、《后魏录》、《桐君录》、《坤元录》、山谦之《吴兴记》、《夷陵图经》、《永嘉图经》、《淮阴图经》、《茶陵图经》、《枕中方》、《孺子方》、《晏子春秋》、《尚书》等,多达五十余部。其中包括先秦以降以至于唐代的字书、医药书、史书、诗歌、散文、传奇小说、僧传、地方志、地图书等,可谓包罗万象,涵盖三教。

陆羽的泛观博览,当得之于参与时任湖州刺史颜真卿主持编撰的大型

---

① (唐)陆羽:《茶经·八之出》,中华书局 2010 年版,第 166 页。

类书《镜海韵源》。这部集字书、韵书和类书于一体的三百六十卷鸿篇巨制,要求编撰者从浩如烟海的经史文献中做精选撷英的工作,这使得陆羽有机会阅读大量的儒、释、道三教文献。

大历七年(772),颜真卿刺湖州,重启因安史之乱而中断的《镜海韵源》的编撰,唐殷亮《颜鲁公行状》载:"以俸钱为纸笔之费,延江东文士萧存、陆士修、裴澄、陆渐、颜祭、朱弁、李莆、清河寺僧智海、兼善小篆书吴士汤涉等十余人,笔削旧章,该搜群籍,撰定为三百六十卷。"①陆渐,当为陆鸿渐之误。与陆羽交游甚深的诗僧皎然,也玉成其事,《新唐书·艺文志》载:"颜真卿为刺史,集文士撰《韵海镜源》,预其论著。"②

与陆羽一道诗茶酬唱的名流之中,还有道教中的女冠李季兰,与薛涛、鱼玄机、刘采春并称"唐代四大女诗人",其诗《湖上卧病喜陆鸿渐至》云:

> 昔去繁霜月,今来苦雾时。
>
> 相逢仍卧病,欲语泪先垂。
>
> 强劝陶家酒,还吟谢客诗。
>
> 偶然成一醉,此外更何之。

诗中描述陆羽来看望卧病中的李季兰,让后者未语凝噎、热泪盈眶。两人举杯共醉,吟诗畅怀,可谓知己。明代文学家钟惺《名媛诗归》评此诗:"微情细语,渐有飞鸟依人之意矣。"③可见,陆羽与李季兰的关系非同一般。

从陆羽的以上经历不难看出,陆羽可能对道教文献有所了解,不能排除他看过《太平经》的可能。

但以此是否就能证明,陆羽的"精行"一词出自道教?笔者并不敢苟同,因为,目前学者们仅发现《太平经》中出现过"精行"一词,仅为孤证。不过,笔者不否定《太平经》中的"精行"一词和陆羽"精行"一词在词义上的相通性。事实上,佛教东渐后,儒、释、道三教同用一词的情况很常见。

那么,陆羽"精行"一词是否出自儒家?笔者的答案是否定的。笔者搜

---

① (清)董诰编:《全唐文》卷五百十四,中华书局1983年版,第2315页。

② (宋)欧阳修、宋祁撰:《新唐书》卷六十《艺文志》四,中华书局1975年版,第1615页。

③ 转引自(唐)李冶、薛涛、鱼玄机著,吴柯、吴维杰补注:《李冶·薛涛·鱼玄机诗集》,中国书店2017年版,第2页。

索了儒家"十三经",以及《国语》《史记》《汉书》《后汉书》《三国志》《晋书》《宋书》《南齐书》《梁书》《陈书》《北齐书》《北周书》《周书》《南史》《北史》《隋书》《旧唐书》《新唐书》《资治通鉴》等史籍,均未发现"精行"一词。故陆羽"精行"一词并不出自儒家的语境。

至此,我们的答案尚未落地,还需从陆羽所处时代的文化语境中,来确定"精行"一词最大可能的渊源和精确的含义。

1."精行"引自佛教考

鲍志成提出:"'精行'一词源自先秦原典,具有天文、中医、儒、释、道等多维意涵,尤其在佛教经籍和佛家语汇中,更是常见的惯用语,是'精进修行'的缩略。"①

笔者同意"精行"一词在《吕氏春秋》这一先秦原典中出现,同意该词有释、道语境中的意涵,且同意是佛教中的语汇,亦同意该词有佛教"精进修行"的含义,但笔者认为,第一,陆羽的"精行"一词仅援引自佛教,尽管道教经典《太平经》中的"精行"亦为砥砺修行之意。第二,陆羽的"精行"一词有"精进修行"的意思,但非"精进修行"一词的缩略,而是指"专精行道"。如要证明唐人有将"精进修行"缩写为"精行"的用语习惯,恐需找出大量的旁证。

我们试就此展开进一步讨论。

前期学者已经检索到,《魏书·释老志》中出现了"精行"一词:

> 二年春,灵太后令曰:"年常度僧,依限大州应百人者,州郡于前十日解送300人,其中州200人,小州100人。州统、维那与官及精练简取充数。若无精行,不得滥采。若取非人,刺史为首,以违旨论,太守、县令、纲僚节级连坐,统及维那移500里外异州为僧。"②

此事发生在北魏孝明帝元诩熙平二年(517),当时,元诩母亲灵太后胡氏临朝听政,是北魏的实际统治者。在灵太后的这则诏令中,为应对沙门叛乱时有发生的局面,下令各州限制度僧人数,大州限300人,中州

---

① 鲍志成:《精行俭德:陆羽茶德思想探源及当下意义》,《茶博览》2018年第8期。
② (北齐)魏收撰:《魏书》卷一百一十四《释老志》,中华书局1974年版,第3043页。

200 人,小州 100 人,要求各州的沙门统、维那与官吏共同选拔,如果选人不当,州县官吏与寺院的相关责任人都要连坐受惩,沙门统、维那流放到500 里外的其他州县。在这则诏令中,还下令奴婢悉不听出家,对僧尼私度他人奴婢、私度僧等行为,所在地的相关官吏和僧人,也将受到惩处。灵太后的这一诏令在佛教史上堪称有影响力的事件,陆羽当有可能知道。当"精行"一词出现于诏令中,在中国北方政权全域推行,这一词汇本身自然也会扩大其流行度。

灵太后这则限额度僧令,并不意味着她抑制佛教的发展。事实上,灵太后受其父胡珍国奉佛的影响,在其摄政期间,北魏佛教发展到了巅峰。明代毛晋跋绿君亭本《洛阳伽蓝记》云:"魏自显祖好浮屠之学,至胡太后而滥觞焉。"①胡太后,即灵太后。

灵太后弘扬佛教,最昭著者为下诏限度僧名额的前一年(熙平元年),灵太后起造永宁寺。《魏书·释老志》载:"肃宗熙平中,于城内太社西,起永宁寺。灵太后亲率百僚,表基立刹。佛图九层,高四十余丈,其诸费用,不可胜计。"②《洛阳伽蓝记》亦载:"中有九层浮图一所,架木为之,举高九十丈。上有金刹,复高十丈,合去地一千尺。去京师百里,已遥见之……殚土木之功,穷造形之巧。佛事精妙,不可思议。绣柱金铺,骇人心目。至于高风永夜,宝铎和鸣,铿锵之声,闻及十余里。"③

灵太后还下诏派遣沙门惠生去西域取经:"熙平元年,诏遣沙门惠生使西域,采诸经律。正光三年冬,还京师。所得经论一百七十部,行于世。"④

了解这一历史背景后,我们再回到灵太后的这则诏令,各州度僧"若无精行,不得滥采",意味着"精行"成为最高统治者心目中拣选僧尼最重要的标准。当该词出现于在整个北方地区的政令中时,可以想见其可能带来的影响力。

---

① (北魏)杨衒之撰,范祥雍校注:《洛阳伽蓝记校注》,上海古籍出版社 2011 年版,第360 页。
② (北齐)魏收撰:《魏书》卷一百一十四《释老志》,中华书局 1974 年版,第 3043 页。
③ (魏)杨衒之撰,周祖谟校释:《洛阳伽蓝记校释》,中华书局 1963 年版,第 5 页。
④ (北齐)魏收撰:《魏书》卷一百一十四《释老志》,中华书局 1974 年版,第 3042 页。

除了前期学者从《魏书·释老志》检索到"精行"一词,笔者在僧传中也有新的发现。

《宋高僧传》中记载了释道遵的传记,释道遵,字宗达,俗姓张,恰好是吴兴人。20岁时,道遵到苏州支硎山,拜于报恩寺兴大师门下。道遵先后宗律学与天台宗一心三观法门。

> 欲广写《法华经》,置道场,辟经院。一之日发其心,二之日规其趾,作不逾序,厥功成焉,居支硎之福地。大历元年,州将韦元甫、兵部尚书刘晏、侍御史王圆、开州刺史陆向、殿中侍御史陆迅、大理评事张象,竞诱真心,共获殊胜,乃相与飞表奏闻。诏书特署为法华道场,自江以东总一十七所,皆因遵之首置也。举精行大德二七人,常持此经,以报主恩。①

唐代宗李豫大历元年为公元766年,据《陆文学自传》,陆羽于唐肃宗李亨至德初年(756—758)到吴兴,可知道遵置法华道场时,陆羽就在隔湖相望的道遵家乡。道遵置17所道场,且获得代宗诏赐,陆羽就在不远之地,且与佛教界交游甚深,当知道这一本地佛教界大事件。故此,陆羽对道遵所举14位《法华经》主讲者的标准为"精行大德",当有所耳闻。这一事件说明,在陆羽生活的时代和地区,"精行"在佛教界可能是流行词。

据《祖堂集》载,来自新罗的顺之禅师,在其一圆相为核心提出的"四对八相"中,第七相为"○牛",即圆相下书一"牛"字,这一符号,顺之解释说:

> 此相者,求空精行相。谓门前草庵菩萨求空故。经云:"三僧祇修菩萨行,难忍能忍,难行能行。"求心不歇,故表此相也。②

顺之,《景德传灯录》作"顺支"。据《祖堂集》,顺之家业雄豪,世为边将,弱冠投五冠山(即五观山,在京畿道长湍府)剃发,于俗离山受具足戒。唐宣宗李忱大中十二年(858),随新罗国使泛海,礼仰山慧寂为弟子。唐代僖宗乾符元年(874),顺之返回新罗,住于五冠山龙严寺(后改名瑞云寺),

---

① (宋)赞宁:《宋高僧传》卷第二十七《唐苏州支硎山道遵传》,中华书局1987年版,第677页。

② (南唐)静、筠二禅师编撰:《祖堂集》卷第二十《五冠山瑞云寺和尚顺之》,中华书局2007年版,第877页。

新罗国沩仰宗的初传,谥了悟禅师,又称瑞云和尚。顺之禅师虽然于陆羽离世半个世纪后入唐,但作为一名异国僧人,他说出"精行"一词,当因熟悉出现"精行"一词的佛典,或者当时在禅林中"精行"一词已有一定的流行语境。

大凡一词之流行,必有所本。"精行"欲成为佛门的流行语,当出现于当时流行的佛教经典。笔者本着这一思路进行检索,果然有新的发现。

先来看《楞严经》中出现的"精行"一词。

第一处出现"精行"一词的语境如下:

> 阿难!复有从人不依正觉修三摩地,别修妄念,存想固形游于山林,人不及处有十仙种。阿难!彼诸众生,坚固服饵而不休息,食道圆成名地行仙。坚固草木而不休息,药道圆成名飞行仙。坚固金石而不休息,化道圆成名游行仙。坚固动止而不休息,气精圆成名空行仙。坚固津液而不休息,润德圆成名天行仙。坚固精色而不休息,吸粹圆成名通行仙。坚固咒禁而不休息,术法圆成名道行仙。坚固思念而不休息,思忆圆成名照行仙。坚固交遘而不休息,感应圆成名精行仙。坚固变化而不休息,觉悟圆成名绝行仙。阿难!是等皆于人中炼心不循正觉,别得生理寿千万岁,休止深山或大海岛绝于人境,斯亦轮回妄想流转不修三昧,报尽还来散入诸趣。[1]

佛陀此处所说的十仙,并非指道教的仙人,而是指在山中修行的外道高德,这些人往往寿命很长,故被称为仙。外道十仙之一的"精行仙",显然是指性能力极强、阴阳交感圆满无缺的修炼者,"精行"一词说明了其修行达到了很专精的程度。

第二处出现"精行"一词的语境如下:

> 阿难!如是天人,圆光成音披音露妙,发成精行,通寂灭乐,如是一类名少净天。净空现前,引发无际,身心轻安,成寂灭乐,如是一类,名无量净天。世界身心,一切圆净,净德成就,胜托现前,归寂灭乐,如是

---

[1] (唐)般剌蜜帝译,房融笔授,弥伽释迦译语:《大佛顶如来密因修证了义诸菩萨万行首楞严经》卷第八,《大正新修大藏经》第 19 册,第 145 页下。

一类名,遍净天。阿难!此三胜流,具大随顺,身心安隐,得无量乐,虽非正得真三摩地,安隐心中欢喜毕具,名为三禅。①

第三处出现"精行"一词的语境如下:

阿难!当知汝坐道场,销落诸念其念若尽,则诸离念一切精明,动静不移忆忘如一。当住此处入三摩提,如明目人处大幽暗,精性妙净心未发光,此则名为色阴区宇。若目明朗十方洞开,无复幽黯名色阴尽。是人则能超越劫浊,观其所由坚固妄想以为其本。

阿难!当在此中,精研妙明,四大不织,少选之间,身能出碍。此名精明,流溢前境,斯但功用,暂得如是。非为圣证,不作圣心名善境界,若作圣解即受群邪。

阿难!复以此心,精研妙明,其身内彻。是人忽然于其身内拾出蛲蛔,身相宛然,亦无伤毁。此名精明,流溢形体。斯但精行,暂得如是,非为圣证不作圣心名善境界。若作圣解,即受群邪。②

……

阿难!如是十种禅那现境,皆是色阴用心交互故现斯事。众生顽迷不自忖量,逢此因缘迷不自识谓言登圣,大妄语成堕无间狱。③

佛陀告诉阿难,当你在坐禅时离念入定后,此时犹如耳清目明的人闭着眼睛进入黑暗之境,会出现十种禅境,其中第二种禅境,会感觉通体透明,体内的蛲虫、蛔虫都能拣出来,身体却不受损伤。佛陀指出,这种禅境只能算是"精行",依旧是心与色交互作用而呈现的结果,属于"色阴区宇",还未抵达成道圣境。这里的"精行",即可理解为"砥砺修行"的意思。

那么,陆羽是否受《楞严经》的影响而接受了"精行"一词?这就需要考察该经当时的流行程度。

关于《楞严经》的译成经过,《宋高僧传》载:

① (唐)般刺蜜帝译,房融笔授,弥伽释迦译语:《大佛顶如来密因修证了义诸菩萨万行首楞严经》卷第九,《大正新修大藏经》第19册,第146页中。

② (唐)般刺蜜帝译,房融笔授,弥伽释迦译语:《大佛顶如来密因修证了义诸菩萨万行首楞严经》卷第九,《大正新修大藏经》第19册,第147页下。

③ (唐)般刺蜜帝译,房融笔授,弥伽释迦译语:《大佛顶如来密因修证了义诸菩萨万行首楞严经》卷第九,《大正新修大藏经》第19册,第148页上。

释极量,中印度人也,梵名般刺蜜帝,此言极量……神龙元年乙巳
五月二十三日,于《灌顶部》中诵出一品,名《大佛顶如来密因修证了义
诸菩萨万行首楞严经》,译成一部十卷。乌苌国沙门弥伽释迦(释迦稍
讹,正云铄佉,此曰云峰)译语,菩萨戒弟子前正议大夫同中书门下平
章事清河房融笔受,循州罗浮山南楼寺沙门怀迪证译。量翻传事毕,会
本国王怒其擅出经本,遣人追摄,泛舶西归。后因南使入京,经遂流布,
有惟悫法师、资中沇公,各着《疏》解之。①

唐中宗李显神龙元年为公元 705 年,此为《楞严经》译出时间。来自罗
浮山的释怀迪参与过菩提流志《宝积经》的译经,"后于广府遇一梵僧,赍多
罗叶经一夹,请共翻传,勒成十卷,名《大佛顶万行首楞严经》是也。迪笔受
经旨,缉缀文理,后因南使附经入京,即开元中也"②。这一材料说明,唐玄
宗李隆基开元年间(713—741),译成的《楞严经》已经带到了京城。

在东都洛阳,释惟悫等十位僧人还在房融家中看到过《楞严经》:"因受
旧相房公融宅请。未饭之前,宅中出经函云:'相公在南海知南铨,预其翻
经,躬亲笔受《首楞严经》一部,留家供养。今筵中正有十僧,每人可开题一
卷。'"③惟悫等人为《楞严经》作疏,意味着随后《楞严经》将在洛阳流布。
惟悫本传附云:"一说《楞严经》初是荆州度门寺神秀禅师在内时得本,后因
馆陶沙门慧震于度门寺传出,悫遇之,著疏解之。后有弘沇法师者,蜀人也,
作《义章》,开释此经,号《资中疏》。其中亦引震法师义例,似有今古之说,
此岷蜀行之,近亦流江表焉。"④这则附记显示,神秀在洛阳宫中内道场得
《楞严经》,带回荆州,惟悫疏通文义依据的是荆州流出的版本。而弘沇法
师的《义章》,意味着《楞严经》随后在剑南禅派中流行开来。《楞严经》在
江南流传,也随之展开。陆羽在江北或江南接触到《楞严经》均有可能。

《历代法宝记》可能为保唐派创始人无住门人所编撰,其中多处援引
《楞严经》:

---

① (宋)赞宁:《宋高僧传》卷第二《唐广州制止寺极量传》,中华书局 1987 年版,第 31 页。
② (宋)赞宁:《宋高僧传》卷第三《南罗浮山石楼寺怀迪传》,中华书局 1987 年版,第 44 页。
③ (宋)赞宁:《宋高僧传》卷第六《唐京师崇福寺惟悫传》,中华书局 1987 年版,第 113 页。
④ (宋)赞宁:《宋高僧传》卷第六《唐京师崇福寺惟悫传》,中华书局 1987 年版,第 114 页。

《佛顶经云》："诃声闻人,得少为足此七。"①

《大佛顶经云》："即时如来普告大众及阿难言:'汝等有学缘觉声闻,今日回心趣大菩提无上妙觉。吾今已说真修行法,汝由未识,修奢摩他毗钵舍那,微细魔事,境现前,汝不能识。洗心非正,落于邪见。或汝蕴魔,或复天魔,或著鬼神,或遭魑魅,心中不明,认贼为子。又复于中,得少为足。如第四禅无闻比丘,妄言证圣,天报已毕,衰相现前。谤阿罗汉,身遭难后,有堕入阿鼻地狱。'"②

《佛顶经》云："狂心不歇,歇即菩提。胜净明心,本同法界。无念即是见佛,有念即是生死。"③

《佛顶经》云："阿难!汝举心,尘劳先起。"又云："见犹离见,见不能及。"④

和上引《佛顶经》云："阿难,一切众生,从无始已来,种种颠倒,业种自然,如恶叉聚。诸修行人,不能得成无上菩提,乃至别成声闻缘觉,及成外道,诸天魔王眷属,皆由不知二种根本错乱修习,犹如煮沙欲成嘉馔,纵经尘劫,终不能得。云何二种?阿难!一者无始生死根本,则汝今与诸众生用攀缘心为自性;二者无始菩提涅槃无清净体,则汝今者识精无明能生诸缘,缘所遣者,由失本明,虽终日行,而不自觉,在入诸趣。"⑤

《佛顶经》云："阿难!纵强记,不免落邪见。思觉出思惟,身心不能及,历劫多闻,不如一日修无漏法。"⑥

从保唐派的灯史如此密集援引《楞严经》,可知该经在保唐派中的影响力。

江北的禅宗北宗、剑南派重视《楞严经》,江左的南禅宗,又如何?

僧传中关于江南禅师通《楞严经》的记载也俯拾即是。

---

① 《历代法宝记》,[日]大正一切经刊行会:《大正新修大藏经》第51册,第183页中。
② 《历代法宝记》,[日]大正一切经刊行会:《大正新修大藏经》第51册,第183页中。
③ 《历代法宝记》,[日]大正一切经刊行会:《大正新修大藏经》第51册,第187页上。
④ 《历代法宝记》,[日]大正一切经刊行会:《大正新修大藏经》第51册,第189页中。
⑤ 《历代法宝记》,[日]大正一切经刊行会:《大正新修大藏经》第51册,第189页下。
⑥ 《历代法宝记》,[日]大正一切经刊行会:《大正新修大藏经》第51册,第192页下。

如释神凑,虽为京兆蓝田人,但却南下洪州学禅。"祈南岳希操师受具,复参钟陵大寂禅师。然则志在《楞严经》,行在《四分律》,其他诸教,余力则通。"①神凑是马祖道一的弟子,说明在南禅宗洪州宗中,《楞严经》是重要经典。

马祖道一弟子南泉普愿之法嗣景岑,有如下两段对答:

> 问:"蚯蚓斩两段,两头俱动,佛性在阿个头?"师答曰:"动与不动,是何境界?"大德云:"言不关典,非智者之所谈。只如和尚言'动与不动,是何境界',出自何经?"师答曰:"灼然'言不关典,非智者之所谈。'大德岂不见道《首楞严经》云:'当知十方无边不动虚空,并动摇地、水、火、风,均名六大,性真圆融,皆如来藏,本无生灭。"②

> 有大德问:"虚空为定有耶? 虚空为定无耶?"师答曰:"言有亦得,言无亦得。虚空有时,但有假有。虚空无时,但无假无。"大德再问:"只如和尚所说,有何教文?"师答曰:"大德岂不闻《首楞严经》云:'十方虚空生汝心内,犹如片云点大清里。'岂不是虚空生时但有假有?'汝等一人发真归源,此十方虚空悉皆消陨。'岂不是虚空灭时但灭假灭? 老僧所以道:'有时假有,无时假无。'"③

景岑和尚示寂于公元868年,晚于陆羽六十余年离世,可能其青少年时陆羽尚在世。景岑对《楞严经》信手拈来,可推知该经在洪州宗中的影响。

洪州宗开山祖师马祖道一的语录中,分明提出了以见闻觉知为本心的观点:

> 今见闻觉知,元是汝本性,亦名本心。更不离此心别有佛。此心本有今有,不假造作;本净今净,不待莹拭。自性涅槃,自性清净,自性解脱,自性离故。是汝心性,本自是佛,不用别求佛。④

见闻觉知,即六识,以见闻觉知为本心,即源自《楞严经》:"阿难,汝性沉沦,

---

① (宋)赞宁:《宋高僧传》卷第十六《唐江州兴果寺神凑传》,中华书局1987年版,第391页。
② (南唐)静、筠二法师编撰:《祖堂集》卷第十七《岑和尚》,中华书局2007年版,第773页。
③ (南唐)静、筠二法师编撰:《祖堂集》卷第十七《岑和尚》,中华书局2007年版,第774页。
④ (宋)释延寿:《宗镜录》卷第十四,中华书局2006年版,第266页。

不悟汝之见、闻、觉、知本如来藏。"①马祖道一要把佛性拉回到现实的人心，就必然要承认见闻觉知为如来藏本心。《楞严经》和《楞伽经》，都为洪州宗的"作用是性"提供了理论源头。

《楞严经》流传的一大推手是宗密(780—841)，他和陆羽在世时间有 24 年的交集。宗密《圆觉经略疏钞》引《楞严经》："故《首楞严云》：'若有一人发真归源，十方虚空一时消殒。'又云：'寂照含虚空，却来观世间，犹如梦中事。'是以观推万法虚幻如梦本空，显出心体，即名圆觉矣。"宗密所引与《楞严经》原文稍有出入，以上两段原文分别如下："汝等一人发真归元，此十方空皆悉销殒。""寂照含虚空，却来观世间，犹如梦中事，摩登伽在梦。"

与陆羽在世时间有交集的僧人，通《楞严经》者还有不少载入僧传。

宋高僧传卷第六《唐梓州慧义寺神清传》：

如，释神清，绵州昌明人，年十三受学于绵州开元寺辩智法师。"于时敕条严峻，出家者限念经千纸，方许落发。清即诵《法华》、《维摩》、《楞伽》、《佛顶》等经，有同再理。"②这是发生在大历年间(766—779)的事，此时陆羽三十余岁，比释神清大二十来岁。

又如，释崇惠，杭州人，礼径山国一禅师为弟子，"初于昌化千顷最峰顶结茅为庵，专诵《佛顶咒》数稔"③。这也是发生在唐代宗李豫大历元年(766)稍前的事。

从以上史实不难看出，在陆羽所处的时代，《楞严经》在禅宗北宗、净众保唐宗、南禅宗中均已广泛流传，在北宗影响范围内的禅院中长大、在南禅宗辐射所及地区的吴兴隐居且与禅僧皎然有忘年之交的陆羽，对于《楞严经》中的"精行"一词当不陌生。

陆羽"精行"之说源自佛教，还有一个原因是，在当时，茶已成为禅师坐禅时不可或缺的饮品。

陆羽《茶经》记载了三位僧人的饮茶故事。

---

① （唐）实叉难陀译：《大乘入楞严经·集一切法品》，中华书局 2010 年版，第 123 页。
② （宋）赞宁：《宋高僧传》卷第六《唐梓州慧义寺神清传》，中华书局 1987 年版，第 121 页。
③ （宋）赞宁：《宋高僧传》卷第十七《唐京师章信寺崇惠传》，中华书局 1987 年版，第 425 页。

一为单道开："《艺术传》：'敦煌人单道开,不畏寒暑,常服小石子,所服药有松、桂、蜜之气,所饮茶苏而已。'"①所谓茶苏,当为加入紫苏调制的茶饮。《艺术传》指《晋书·艺术传》。《高僧传》也为单道开立传,其中记载："后徙临漳昭德寺。于房内造重阁,高八九尺许。于上编营为禅室,如十斛箩大,常坐其中。"②单道开建禅室,饮茶苏,似已露禅茶之端倪。

二为释法瑶。《茶经》载："释道悦《续名僧传》：'宋释法瑶,姓杨氏,河东人。元嘉中过江,遇沈台真,请真君武康小山寺,年垂悬车,饭所饮茶。大明中,敕吴兴礼致上京,年七十九。'"③释法瑶南渡江左后栖止的武康小山寺,就在陆羽所在的吴兴。《高僧传》说："瑶年虽栖暮,而蔬苦弗改,戒节清白,道俗归焉。"④可见,释法瑶是深得佛门清规与禅茶之精洁的。汤用彤评价说："或者瑶虽受施甚厚,而其自奉则甚薄也。"⑤

三为昙济。《茶经》载："《宋录》：'新安王子鸾、豫章王子尚,诣昙济道人于八公山。道人设茶茗。子尚味之曰：'此甘露也,何言茶茗?'"昙济在八公山东寺与刘宋孝武帝刘骏的儿子刘子鸾、刘子尚一起喝茶,刘子尚惊呼其茶为"甘露",可见昙济识茶之高妙。昙济还是著名的成实师,当时,在鸠摩罗什门下形成了以僧导、僧嵩为核心的寿春、彭城两大成实学流派。昙济师从僧导,为成实师寿春系的一代宗师。

坐禅少不了茶,可防瞌睡、促消化、助入定。唐代饮茶风日盛,与禅师这一群体的推动不无关系。《封氏闻见记》载：

> 开元中,泰山灵岩寺有降魔师大兴禅教,学禅务于不寐,又不夕食,皆许其饮茶。人自怀挟,到处煮饮。从此转相仿效,逐成风俗。自邹、齐、沧、棣,渐至京邑。城市多开店铺煎茶卖之,不问道俗,投钱取饮。其茶自江、淮而来,舟车相继,所在山积,色额甚多。⑥

---

① （唐）陆羽：《茶经·七之事》,中华书局 2010 年版,第 138 页。
② （梁）释慧皎：《高僧传》卷第九《单道开传》,陕西人民出版社 2010 年版,第 570 页。
③ （唐）陆羽：《茶经·七之事》,中华书局 2010 年版,第 139 页。
④ （梁）释慧皎：《高僧传》卷七《宋吴兴小山释法瑶传》,陕西人民出版社 2010 年版,第 457 页。
⑤ 汤用彤：《汉魏两晋南北朝佛教史》,昆仑出版社 2006 年版,第 587 页。
⑥ （唐）封演撰,赵贞信校注：《封氏闻见记校注》卷六《饮茶》,中华书局 2005 年版,第 51 页。

这则记录显示了禅师对于南茶北入的推动作用。开元年间,正是陆羽的童年时期。

《景德传灯录》记载了马祖道一开示弟子惟建禅师的故事:

> 一日在马祖法堂后坐禅,祖见,乃吹师耳两吹,师起定,见是和尚,却复入定。祖归方丈,令侍者持一碗茶与师,师不顾,便自归堂。①

马祖道一吹耳、递茶,是要打断惟建禅师对坐禅的执念。茶既可提神醒脑,在这里又成了悟道的启发物:马祖道一借茶来让弟子明白"禅非坐卧"的禅理。发生在陆羽同时代的这一细节,可管窥禅宗与茶日益密切的缘分。陆羽的"精行"源自佛教,也就不难理解。

2."专精行道"考

何以"精行"一词的含义为"专精行道"呢? 我们依然从陆羽所处时代的流行经典中寻找依据。

禅宗流行经典《思益梵天所问经》中记载了思益梵天对不退转天子的一段问话,以及随后佛陀所作的点评:

> 又问:"何谓菩萨牢强精进?"

> 答言:"若菩萨于诸法不见一相、不见异相,是名菩萨牢强精进大庄严也。于诸法不坏法性故,于诸法无著、无断、无增、无减,不见垢净出于法性,是名菩萨第一精进,所谓身无所起、心无所起。"

> 于是世尊赞不退转天子:"善哉,善哉!"赞已,语思益梵天言:"如此天子所说:'身无所起、心无所起,是为第一牢强精进。'梵天! 我念宿世一切所行,牢强精进持戒头陀,于诸师长供养恭敬,在空闲处专精行道读诵多闻,愍念众生给其所须;一切难行苦行殷勤精进,而过去诸佛不见授阿耨多罗三藐三菩提记。所以者何? 我住身、口、心,起精进相故。梵天! 我后得如天子所说牢强精进故,然灯佛授我记言:'汝于来世当得作佛,号释迦牟尼。'是故,梵天! 若菩萨疾欲受记,应当修习

① (宋)道原辑:《景德传灯录》卷第六《洪州泐潭惟建禅师》,海南出版社 2011 年版,第147 页。

如是牢强精进,谓于诸法不起精进相。"①

在这段对话中,不退转天子告诉思益梵天,第一牢强精进,所持乃般若中道思想,对诸法持不一不异、无著无断、无增无减、不垢不净观,其核心是身心不起。此说得到了释迦牟尼佛的赞许。释迦牟尼佛还指出,修持戒头陀行的人,虽然做到了"在空闲处专精行道"等勤苦修炼工夫,却未得诸佛授记,原因就在于住身口心三业起精进相。故佛陀再次强调了不起心、不著相的重要性。

从这一材料,我们不妨推测"精行"一词,含义即"专精行道"。

但我们仍需要梳理《思益梵天所问经》的流行情况,才能判断陆羽是否可能熟悉该经。

《思益经》有姚秦鸠摩罗什译《思益梵天所问经》四卷、西晋竺法护译《持心梵天所问经》四卷、北魏菩提流支译《胜思惟梵天所问经》六卷等,均收于《大正藏》第十五册,主题是佛为网明菩萨、思益梵天等讲大乘诸法性空思想。

早在南北朝时期,《思益经》已广为流行。如陈代释慧勇(514—587):"自始至终,讲《华严》《涅槃》《方等》《大集》《大品》各二十遍,《智论》《中》《百》《十二门论》各三十五遍,余有《法华》、《思益》等数部不记。"②隋代释智脱(540—607):"凡讲《大品》、《涅槃》、《净名》、《思益》各三十许遍,《成论》、《文玄》各五十遍。"③

随着禅宗兴起,《思益经》的影响日益扩大,且成为禅宗所奉的重要经典之一。北禅宗开创者神秀所述《大乘五方便》,又称《大乘无生方便门》,分别通过对《大乘起信论》《法华经》《维摩诘经》《思益经》《华严经》五种佛经思想的解释,来融会北宗禅法的主张。《大乘无生方便门》是这样介绍五

---

① (后秦)鸠摩罗什译:《思益梵天所问经》卷第四《授不退转天子记品》,《大正新修大藏经》第15册,第57页中。

② (唐)释道宣:《续高僧传》卷第七《陈扬都大禅众寺释慧勇传》,中华书局2014年版,第229页。

③ (唐)释道宣:《续高僧传》卷第九《隋东都内慧日道场释智脱传》,中华书局2014年版,第325页。

方便的：

> 第一总彰佛体，第二开智慧门，第三显示不思议法，第四明诸法正性，第五自然无碍解脱道。①

宗密疏解云："第四明诸法正性。依《思益经》，谓心不起离自性，识不生难故际。见是眼寂性（闻等五云云）不起即无心，无心即无境性，是名诸法正性。"②神秀吸收的，恰恰是前文所叙的《思益经》"身心不起"的思想。《大乘无生方便门》中还引《思益经》："梵天菩萨问望明言：'云何是诸法正性'望明言：'□□□□□□法正性。"③所引文字，可能为《思益经》中如下一段："网明言：'何谓为诸法正性？'梵天言：'诸法离自性离欲际，是名正性。'"④

禅宗初祖菩提达摩以四卷本《楞伽经》传道，神秀加入了般若经典。唐李邕《大照禅师塔铭》记载神秀对弟子普寂（651—739）的嘱咐："约令看《思益》，次《楞伽》，因而告曰：'此两部经，禅学所宗要者，且道尚秘密，不应眩曜。'"⑤在玉泉寺，普寂依照神秀的吩咐，研习以般若性空思想为主的《思益梵天所问经》、以如来藏自性清净心为主的《楞伽经》。显然，神秀、普寂一系的北禅宗，是般若学与如来藏佛性学说的结合。

达摩祖师对慧可说："吾有《楞伽经》四卷，亦用付汝。即是如来心地要门，令诸众生开示悟入。"⑥《楞伽经》四卷本即南朝宋求那跋陀罗所译，释净觉《楞伽师资记》便把求那跋陀罗视为第一祖，该僧传还记载了求那跋陀罗在讲法中援引了《思益经》："《思益经》云：'非眼所见，非耳鼻舌身意识所知，但应随相见如眼如乃至意如，法位亦如是。若能如是见者，是名正见。'"⑦所引内容见该经《等行品》。释净觉师从玄赜，是神秀再传弟子，其

---

① 《大乘无生方便门》，《大正新修大藏经》第 85 册，第 1273 页中。
② （唐）：宗密《圆觉经大疏钞》卷三，《续藏经》第 14 册，第 555 页。
③ 《大乘无生方便门》，《大正新修大藏经》第 85 册，第 1277 页下。
④ （后秦）鸠摩罗什译：《思益梵天所问经》卷第一《分别品》，《大正新修大藏经》第 15 册，第 36 页下。
⑤ （唐）李邕：《大照禅师塔铭》，（清）董诰编：《全唐文》卷二六二，中华书局 1983 年版，第 1174 页。
⑥ （宋）道原辑：《景德传灯录》卷第三《菩提达摩》，海南出版社 2011 年版，第 50 页。
⑦ （唐）释净觉：《楞伽师资记》，《大正新修大藏经》第 85 册，第 1284 页下。

所著《楞伽师资记》引《思益经》,亦说明该经在北禅宗中的影响在代际中延续。

《思益经》在剑南地区禅宗的保唐派中也甚为流行,保唐派史录《历代法宝记》中,五次征引《思益经》。如:

> 《思益经》云:"比丘云何随佛教?云何随佛语?若称赞毁辱,其心不动,是随佛教。又答云:若不依文字语言,是名随佛语。"①

> 《思益经》云:"不依止欲界,不住色无色,行如是禅定,是菩萨遍行。"②

> 《思益经》云:"云何一切法正?云何一切法邪?若以心分别,一切法邪;若不以心分别,一切法正。无心法中,起心分别,并皆是邪。"③

弘忍于唐高宗上元二年(675)圆寂,神秀前往荆州,在此完成了从弘传"东山法门"到创立禅宗北宗的历程,神秀所推崇的《思益经》自然在荆州一带流传。陆羽少年时期在禅院长大,在离荆州不远的复州即有可能接触到《思益经》。

陆羽到湖州后,也同样可能接触到《思益经》。在陆羽生活的时代,精通《思益经》的高僧大有人在。

如《宋高僧传》所载《唐睦州龙兴寺慧朗传》:

> 一日,秦望山林岭振动,俄有大龟呈质,咸相谓言:"此何祥也?"寻有禅僧曰翟,自会稽云门而来,身长八尺四寸,高鼻大目,睛光射人,明《大品》《思益》《维摩》等经,兼博通诸论。众曰:"神僧也,大龟应乎此也。"朗秘菩萨行,请之为师。④

慧朗生卒年为662—725年,在陆羽出生前,此时,离吴兴不远的会稽云门寺(今绍兴)的禅僧已精通《思益经》。

又如,《宋高僧传》所载《唐汾州开元寺无业传》,马祖道一弟子释无业(761—823),俗姓杜,商州上洛人,9岁时依止本郡开元寺志本禅师,"乃授

---

① 《历代法宝记》,《大正新修大藏经》第51册,第183页上。
② 《历代法宝记》,《大正新修大藏经》第51册,第183页上。
③ 《历代法宝记》,《大正新修大藏经》第51册,第189页中。
④ (宋)赞宁:《宋高僧传》卷第八《唐睦州龙兴寺慧朗传》,中华书局1987年版,第187页。

与《金刚》、《法华》、《维摩》、《思益》、《华严》等经，五行俱下，一诵无遗"①。可见，与陆羽同时代的禅师已经在关中传播《思益经》。

吴兴人释道宣（596—667）在陆羽出生前六十余年离世，其《续高僧传》也记载了通《思益经》的僧人，如释慧眺："又劝化士俗造《华严》、《大品》、《法华》、《维摩》、《思益》、《佛藏》、三论等各一百部。"②如释静琳："回趾邺都炬法师所采听《华严》、《楞伽》、《思益》，皆通贯精理，妙思英拔，旧传新解，往往程器。时即推令敷化，讲散幽旨，并惊所未闻。"③如释惠明："诵《思益经》，依经作业。"④

从《思益经》在禅宗各派中的流行，亦可推测，陆羽有可能熟悉《思益经》，其中的"专精行道"与陆羽"精行"一词义合。

《贤愚经》中也出现过"专精行道"一词。

唐释道世编撰的《法苑珠林》卷第五十六《引证部》，援引了《贤愚经》中的一个故事，说的是释迦牟尼佛住世时，舍卫国有个富家子弟叫檀弥离，父亲去世后，波斯匿王让他继承了父爵，家中七宝云聚。此时，王太子毗琉璃得了热病，需要牛头旃檀涂抹身体才能痊愈。波斯匿王悬赏寻药，一直没人前来应征。有人禀报波斯匿王说，檀弥离家里有很多牛头旃檀。波斯匿王便亲自前往，檀弥离在门口迎入了国王。波斯匿王跟着檀弥离走进了一道道重门，守门的婢女一个比一个漂亮，最后进入琉璃铺地的七宝殿，波斯匿王身上的烟气把坐在琉璃床上美艳绝伦的檀弥离夫人熏出了眼泪。波斯匿王很奇怪，便问：你家里不开火吗？夫人告诉过往，他们家在开饭的时候，百味自至；到了夜里，摩尼珠一照，遍室通明。得知波斯匿王的来意后，檀弥离带着国王参观了自己的宝藏，其中的牛头香不可计数，请国王任意取之。

波斯匿王告诉檀弥离有佛出世的消息后，檀弥离便欢欢喜喜来到佛陀

---

① （宋）赞宁：《宋高僧传》卷第十一《唐汾州开元寺无业传》，中华书局1987年版，第247页。
② （唐）释道宣：《续高僧传》卷第十五《唐襄州神足寺释慧眺传》，中华书局2014年版，第514页。
③ （唐）释道宣：《续高僧传》卷第二十《唐京师弘法寺释静琳传》，中华书局2014年版，第745页。
④ （唐）释道宣：《续高僧传》卷第二十一《唐江汉沙门释惠明传》，中华书局2014年版，第808页。

那里,佛陀为他说法,即得须陀洹果。随后,檀弥离出了家,证得阿罗汉果。当阿难问及檀弥离有何宿缘不仅能在人世得福报,还能逢佛出世得以出家正果时,佛陀便把檀弥离前世所积之德告诉了阿难。以下是《贤愚经》中的原文,《法苑珠林》所引文字与之稍有出入:

> 佛语阿难:"善听当说!乃往过去,九十一劫时,世有佛名毗婆尸,灭度之后,于像法中有五比丘,共计盟要,求觅静处,当共行道。见一林泽,泉水清美,净洁可乐。时诸比丘,俱共同声,劝语一人:'此去城远,乞食劳苦。汝当为福,供养我等。'尔时一人,即便许可。往至人间,劝诸檀越,日为送食,四人身安。专精行道。九十日中,便获道果。即共同心,语此比丘:'缘汝之故,我等安隐。本心所规,今已得之。欲求何愿? 恣汝求之!'时彼比丘心情欢喜,而作是言:'使我将来天上人中富贵自然,所愿之物,不加功力,皆悉而生。遭值圣师过逾仁等百千万倍,闻法心净疾获道果。'"佛告阿难:"尔时比丘今檀弥离是。缘其供给四比丘故,九十一劫,生天人中,豪贵尊严,不处贫穷卑贱之家。今得见我获道度世。"

这个故事中,檀弥离的前身是个比丘,他到处化缘帮助四个比丘,使他们能够"专精行道",最后获得道果。《法苑珠林》的作者释道世参与过玄奘的译经事业,在陆羽出生前即已离世。其援引的《贤愚经》,为沙门慧觉(昙觉)于北魏太平真君六年(445)译出。

梁释僧祐《出三藏记集序》卷第九《贤愚经记》中记载,河西沙门释昙觉、威德等八僧为了寻找经典,游方到于阗大寺时,在五年一遇的无遮大会上,把学者所讲之经记录下来,返回到高昌时集为一部,路经流沙带回凉州。释慧朗当时号称河西宗匠,取名为《贤愚经》。僧祐京师访问过当时尚为沙弥、亲眼目睹过集经经过的释弘宗,释弘宗被僧祐称为"京师之第一上座",说明在僧祐所处的梁代,《贤愚经》在江南已经大为流行。

《修行道地经》中涉及修行中的具体禅定之法,对于习禅者来说也是基本的经典之一。值得注意的是,该经中也有"专精行道"的说法:"修行道者云何不邪? 谓不谀谄,其心质直,专精行道,敦信守诚。"随后的一句偈颂可以为理解"专精行道"的一把钥匙:"安隐善清净,专精勤修道。"①专精的内容和对象是什么? 该经有云:"修行道者何谓精进? 假使行者专精空无,心不舍离,是谓精进。"②这里,专精的指向乃在缘起性空的佛理,此处可见"专精行道"和六度中的"精进"有内涵上的相通性。

《思益经》《贤愚经》《修行道地经》中均出现"专精行道",形成了一定的语境,当为对"精行"一词内涵的注解。

总而言之,笔者认为,陆羽所说的"精行"一词,非源自儒家,与道教的"精行"在广义修道的范围内有相通之处,但亦非出自道教,而是源于佛教,特别是在禅宗流行的语境中受其影响而使用了"精行"一词。"精行"的含义为"专精行道",属于佛教六度中"精进"的范畴,但非"精进修行"的缩略语。

二、"俭德"即"以俭为德"

关于"俭德"的出处,前期学者已经考证出自《周易·否·象》传:"天地不交,否,君子以俭德辟难,不可荣以禄。"孔颖达疏:"'君子以俭德辟难'者,言君子于此否塞之时,以节俭为德,辟其危难。"③程颐曰:"天地不相交通,故为否。否塞之时,君子道消,当观否塞之象,而以俭损其德,避免祸难,不可荣居禄位。否者,小人得志之时,君子居显荣之地,祸患必及其身,故宜晦处穷约也。"④朱熹云:"收敛其德,不形于外,以避小人之难,不得以禄位荣之。"⑤尚秉和注云:"乾为德。俭:约也。坤闭,故曰俭德。"⑥

今人高亨注云:"君子观此卦象及卦名,当国家方否不可进仕之时,从而崇尚俭德,以安贫贱,以避祸难,不为利禄所诱惑,而苟图富贵。"⑦杨天

---

① (晋)竺法护译:《修行道地经》卷第二《分别相品》,《大正新修大藏经》第15册第191页上。
② (晋)竺法护译:《修行道地经》卷第二《分别相品》,《大正新修大藏经》第15册第191页上。
③ (魏)王弼注,(唐)孔颖达疏:《周易正义》卷第二,北京大学出版社1999年版,第70页。
④ (宋)程颢、程颐:《二程集·周易程氏传卷第一》,中华书局1981年版,第760页。
⑤ (宋)朱熹:《周易本义》,中华书局2009年版,第77页。
⑥ 尚秉和:《周易尚氏学》,中华书局2016年版,第70页。
⑦ 《周易大传今注》卷一《否第十二》,齐鲁书社2009年版,第125页。

才、张善文译文为:"君子以勤俭之德避难,不可追求荣华、俸禄。"①

《尚书》中也出现"俭德"一词,这是伊尹对商王太甲的劝诫:"慎乃俭德,惟怀永图。"②《尚书正义》孔安国传云:"言当以俭为德,思长世之谋。"

学者还找到了与"俭德"近似的出处。如《左传》:

> 二十四年春,刻其桷,皆非礼也。御孙谏曰:"臣闻之:'俭,德之共也;侈,恶之大也。'先君有共德,而君纳诸大恶,无乃不可乎?"③

鲁庄公雕镂桓公庙的椽子,是不合礼制的,故掌管工匠的大夫御孙谏说:"微臣听说:节俭,是善行中的大德;奢侈,是邪恶中的大恶。先君有节俭之大德,而国君却选择奢侈之大恶,恐怕不合适吧?"

诸葛亮《诫子书》:"夫君子之行,静以修身,俭以养德,非澹泊无以明志,非宁静无以致远。"《左传》和诸葛亮的《诫子书》,显然不可作为陆羽"俭德"一词的出处。

笔者认为,陆羽的"俭德",出自《周易》。陆羽通《周易》,从其本传可知:"既长,以《易》自筮,得《蹇》之《渐》,曰:'鸿渐于陆,其羽可用为仪。'乃以陆为氏,名而字之。"④渐卦的九五爻辞曰:"鸿渐于陆,其羽可用为仪,吉。"⑤

许慎《说文解字》:"俭,约也。"清段玉裁《说文解字注》:"约者,缠束也。俭者,不敢放侈之意。"从《周易·否》的情境来看,因下坤上乾,天在上,地在下,天地不交,故否塞不通。在这种情形下,居于外卦之乾为君子,为避免小人的祸害,当自我约束,自我收敛,韬光养晦,不可以爵禄自荣。这就意味着,俭不仅仅指节俭,还有收敛晦处之意。

如此,茶之德,陆羽融入了儒家所提倡的居安思危、免难祸避、戒盈戒满的思想,以及如何在失意之时,以居穷处约来彰显淡泊豁达的生命态度。

---

① 杨天才、张善文译注:《周易》,中华书局2011年版,第127页。
② (汉)孔安国传,(唐)孔颖达疏:《尚书正义》卷第八《太甲上》,北京大学出版社1999年版,第209页。
③ 郭丹、程小青、李彬源译注:《左传·庄公二十四年》,中华书局2012年版,第262页。
④ (宋)欧阳修、宋祁撰:《新唐书》卷一百九十六《隐逸·陆羽传》,中华书局1975年版,第5611页。
⑤ 杨天才、张善文译注:《周易》,中华书局2011年版,第468页。

陆羽正是将茶性与社会所需推崇的君子人格相提并论,相互呼应,将茶品与人品相激荡,赋予了茶高洁、俭朴、率真与自律的精神内涵,使得茶的魅力从自然之妙品升格为人文之雅品,显然提升了茶之境界。

值得一提的是,陆羽的"俭德"非儒家独有,亦为道家、佛家所提倡。

道家经典《老子》第六十七章:"我有三宝,持而保之。一曰慈,二曰俭,三曰不敢为天下先。"

禅宗在陆羽所处的唐代得到了发展,僧团不断扩大。四祖道信在双峰山的僧团发展到了500余人,为管理好如此大规模的僧团,道信提出了"坐作并重"的禅学思想。据唐杜朏《传法宝记》记载,道信每劝人曰:"努力勤坐,坐为根本。能作三五年,得一口食塞饥疮,即闭门坐,莫读经,莫共人语。"

五祖弘忍延续了道信倡导的山林佛教的禅风,在东山发展了农禅并作的僧团模式,把修禅与自给自足的日常生活打成一片,确立了中国禅宗的基本组织形式与生活态度。这一生活态度中,包括节俭。这是修行的需要,也是现实的需要。

在江南,和陆羽同时代的洪州宗马祖道一弟子百丈怀海,在《禅门规式》中规定:"斋粥随宜,二时均遍者,务于节俭,表食法双运也。行普请法,上下均力也。"①

百丈怀海"一日不作,一日不食"的禅风,与节俭的门风,在禅宗中流播开来。不仅禅门如此,在陆羽生活的时代,唐玄宗在缔造了"开元盛世"后,便转向了侈靡的生活,"安史之乱"的爆发,社会经济遭遇的巨大破坏,在动乱中辗转来到吴兴避难的陆羽,自然和很多有识之士一样,会深刻反思由俭入奢的生活方式带来的灾难性后果,在《茶经》中提倡"俭德",不仅仅是儒、释、道三教的共同价值观,也是对社会现实进行痛定思痛的反思后的一种价值选择。

在《茶经》中,字里行间总是透出陆羽的"俭德"思想。

陆羽《茶经·五之煮》说:"茶性俭,不宜广,广则其味黯澹。且如一满

---

① (宋)道原辑:《景德传灯录》卷第六《禅门规式》,海南出版社2011年版,第158页。

碗,啜半而味寡,况其广乎!"①茶性俭约,水不宜多,多则淡乎寡味。正如一满碗的好茶,喝到一半便觉得滋味淡了,更何况水太多呢!

最能反映陆羽"俭德"思想的,是陆羽选择的历代对茶文化有贡献的人物,很多人符合"以俭为德"这一标准。我们试从《茶经》中所举人物来考察:

晏婴:字平仲,春秋时期齐国名相。《茶经·七之事》引《晏子春秋》:"婴相齐景公时,食脱粟之饭,炙三弋、五卵,茗菜而已。"②司马迁说他"以节俭力行重于齐。既相齐,食不重肉,妾不衣帛"③。

晏婴的这个优点,也是获得陆羽尊重的原因之一吧。在担任齐景公相国时,晏婴吃的是糙米饭,三五样肉蛋,茶和蔬菜而已。

扬雄:汉代文学家,"清静亡为,少耆欲,不汲汲于富贵,不戚戚于贫贱,不修廉隅以徼名当世。"④

江统:西晋国子博士,《茶经·七之事》载:"宋《江氏家传》:江统,字应,迁愍怀太子洗马,尝上疏。谏云:'今西园卖醯、面、蓝子、菜、茶之属,亏败国体'。"⑤愍怀太子司马遹,晋惠帝司马衷长子,《晋书》多有记载载:"而于宫中为市,使人屠酤,手揣斤两,轻重不差。其母本屠家女也,故太子好之。又令西园卖葵菜、蓝子、鸡、面之属,而收其利。"⑥身为太子洗马的江统上书劝谏,对太子提出五点建议:以孝为首,朝侍皇上;访咨贤臣,觐见宾客;以俭为德,遣散杂艺;食禄者不与贫贱之人争利;废除"不得缮修墙壁,动正屋瓦"等奇怪禁忌。第四条建议,就是针对太子在宫廷中做买卖的市井行为,而第三条,恰恰是陆羽看重的"以俭为德"⑦。《晋书》本传的史臣论,房玄龄称赞"江统风检操行,良有可称,陈留多士,斯为其冠。《徙戎》之论,实乃

① (唐)陆羽:《茶经·五之煮》,中华书局2010年版,第86页。
② (唐)陆羽:《茶经·七之事》,中华书局2010年版,第117页。
③ (汉)司马迁撰,(宋)裴骃集解,(唐)司马贞索隐,张守节正义:《史记》卷第六十二《管晏列传》,中华书局1959年版,第2134页。
④ (汉)班固撰,(唐)颜师古注:《汉书》卷八十七《扬雄传》,中华书局1962年版,第3514页。
⑤ (唐)陆羽:《茶经·七之事》,中华书局2010年版,第140页。
⑥ (唐)房玄龄等撰:《晋书》卷五十三《愍怀太子传》,中华书局1974年版,第1458页。
⑦ (唐)房玄龄等撰:《晋书》卷五十六《江统传》,中华书局1974年版,第1536页。

经国远图"①。

陆纳:陆羽远祖,《晋书》称陆纳"少有清操,贞厉绝俗。"担任吴兴太守时,"纳至郡,不受俸禄"②。陆纳请权臣桓温饮酒,"及受礼,唯酒一斗,鹿肉一样,坐客愕然"。桓温不禁"叹其率素"③。《茶经》引《晋中兴书》:"陆纳为吴兴太守时,卫将军谢安尝欲诣纳(《晋书》云:纳为吏部尚书),纳兄子俶怪纳无所备,不敢问之,乃私蓄十数人馔。安既至,所设唯茶果而已。俶遂陈盛馔,珍羞必具。及安去,纳杖俶四十,云:'汝既不能光益叔,奈何秽吾素业?'"陆羽引此典故,恰恰是为了突出陆纳的俭素。《晋书》和《晋中兴书》中着笔于陆纳的"清操""忠亮""贞固""素业",正符合陆羽所尊重的"精行俭德"的标准。

桓温:东晋权臣。《茶经》引《晋书》:"桓温为扬州牧,性俭,每燕饮,唯下七奠柈茶果而已。"④在政坛上长袖善舞的桓温,因有俭德而被陆羽选上。

萧赜:南朝齐武帝,萧道成长子。《茶经》载:"南齐世祖武皇帝《遗诏》:'我灵座上慎勿以牲为祭,但设饼果、茶饮、干饭、酒脯而已。'"⑤萧赜的《遗诏》还要求:陪葬品不用宝物和丝织品,以"奢俭之中"的原则来建设陵园殿宇,葬礼也要保持节俭,"丧礼每存省约,不须烦民"⑥。

从陆羽所选之人,可知其对"以俭为德"的重视。

至此,我们似可推定:"精行",引自佛教经典,其内涵为"专精行道";"俭德"引自《周易》,其内涵为"以俭为德",是儒、释、道三教共同认可的价值观。陆羽以"精行俭德"来范围饮茶者的人生境界,将茶德与人格贯通为一,将自然生命与精神生命道通为一,是天人合一思想在《茶经》中的体现,也是陆羽对中华茶文化的最大贡献。

---

① (唐)房玄龄等撰:《晋书》卷五十六《江统传》,中华书局1974年版,第1547页。

② (唐)房玄龄等撰:《晋书》卷七十七《陆纳传》,中华书局1974年版,第2026页。

③ (唐)房玄龄等撰:《晋书》卷七十七《陆纳传》,中华书局1974年版,第2027页。

④ (唐)陆羽:《茶经·七之事》,中华书局2010年版,第122页。

⑤ (唐)陆羽:《茶经·七之事》,中华书局2010年版,第142页。

⑥ (梁)萧子显撰:《南齐书》卷三《武帝纪》,中华书局1972年版,第62页。

主要参考书目

1. 吴觉农主编:《茶经述评》,中国农业出版社 2005 年版。

2. 沈冬梅编著:《茶经》,中华书局 2010 年版。

3. 徐一明:《茶经译注》,上海古籍出版社 2009 年版。

4. 方健汇编校证:《中国茶书全集校证》,中州古籍出版社 2015 年版。

5. 陈宗懋、杨亚军主编:《中国茶经》,上海文化出版社 2011 年版。

6. 陈椽:《茶业通史》,中国农业出版社 2008 年版。

7. 朱自振:《茶史初探》,中国农业出版社 1996 年版。

8. 郭孟良:《中国茶史》,山西古籍出版社 2002 年版。

9. 滕军:《中日茶文化交流史》,人民出版社 2004 年版。

10. 滕军:《日本茶道文化概论》,东方出版社 1992 年版。

11. 李斌城、韩金科:《中华茶史·唐代卷》,陕西师范大学出版总社有限公司 2013 年版。

12. 宋时磊:《唐代茶史研究》,中国社会科学出版社 2017 年版。

13. [美]威廉·乌克斯:《茶叶全书》,东方出版社 2011 年版。

14. (清)董诰编:《全唐文》,中华书局 1983 年版。

15. (清)彭定求等编:《全唐诗》,中华书局 1960 年版。

16. 钱时霖、姚国坤、高菊儿编:《历代茶诗集成》(唐代卷),上海文化出版社 2000 年版。

17. (唐)皮日休、陆龟蒙等撰,王锡九校注:《松陵集校注》,中华书局 2018 年版。

18. (唐)苏敬编撰:《新修本草》,山西科学技术出版社 2013 年版。

19. (唐)孙思邈著,李景荣等校释:《千金翼方校释》,人民卫生出版社 2014 年版。

20. (唐)孙思邈著,李景荣等校释:《备急千金要方校释》,人民卫生出版社 2014 年版。

21. (唐)孟诜、张鼎撰:《食疗本草》,中华书局 2011 年版。

22.（汉）司马迁：《史记》，中华书局 1959 年版。

23.（汉）班固撰，（唐）颜师古注：《汉书》，中华书局 1962 年版。

24.（晋）陈寿撰，（宋）裴松之注：《三国志》，中华书局 1959 年版。

25.（南朝宋）刘义庆编，张万起、刘尚慈译注：《世说新语译注》，中华书局 1998 年版。

26.（唐）李延寿撰：《南史》，中华书局 1975 年版。

27.（梁）沈约撰：《宋书》，中华书局 1974 年版。

28.（梁）萧子显撰：《南齐书》，中华书局 1972 年版。

29.（唐）姚思廉撰：《梁书》，中华书局 1973 年版。

30.（北齐）魏收撰：《魏书》，中华书局 1974 年版。

31.（后晋）刘昫等撰：《旧唐书》，中华书局 1975 年版。

32.（宋）欧阳修、宋祁撰：《新唐书》，中华书局 1975 年版。

33.（唐）李肇撰，聂清风校注：《唐国史补校注》，中华书局 2021 年版。

34.（唐）冯贽编：《云仙杂记》，《四部丛刊续编》版。

35.（唐）苏鹗撰：《杜阳杂编》，《四库全书》版。

36.（唐）樊绰撰，向达校注：《蛮书校注》，中华书局 2018 年版。

37.（唐）赵璘撰，黎泽湖校笺：《因话录校笺》，合肥工业大学出版社 2013 年版。

38.（唐）封演撰，赵贞信校注：《封氏闻见记校注》，中华书局 2005 年版。

39.（宋）钱易撰：《南部新书》，中华书局 2002 年版。

40.（宋）李昉等编：《太平广记》，中华书局 1961 年版。

41.（元）辛云芳撰，孙映逵校注：《唐才子传校注》，中国社会科学出版社 2013 年版。

42.（北魏）杨衒之撰，范祥雍校注：《洛阳伽蓝记校注》，上海古籍出版社 2011 年版。

43.（梁）慧皎：《高僧传》，陕西人民出版社 2010 年版。

44.（唐）释道宣：《续高僧传》，中华书局 2014 年版。

45.［日］圆仁：《入唐求法巡礼行记校注》，中华书局 2019 年版。

46.（宋）赞宁撰：《宋高僧传》，中华书局 1987 年版。

47.（宋）道原辑：《景德传灯录》，海南出版社 2011 年版。

48.（明）达仓宗巴·班觉桑布著，陈庆英译：《汉藏史集》，青海人民出版社 2017 年版。

附录:《茶经》原文

卷　上

一之源

茶者,南方之嘉木也。一尺、二尺乃至数十尺。其巴山峡川,有两人合抱者,伐而掇之。其树如瓜芦,叶如栀子,花如白蔷薇,实如栟榈,蒂如丁香,根如胡桃。(瓜芦木,出广州,似茶,至苦涩。栟榈,蒲葵之属,其子似茶。胡桃与茶,根皆下孕,兆至瓦砾,苗木上抽。)

其字,或从草,或从木,或草木并。(从草,当作"茶",其字出《开元文字音义》。从木,当作"搽",其字出《本草》;草木并,作"荼",其字出《尔雅》。)

其名,一曰茶,二曰槚,三曰蔎,四曰茗,五曰荈。(周公云;"槚,苦荼。"杨执戟云:"蜀西南人谓茶曰蔎。"郭弘农云:"早取为茶,晚取为茗,或曰荈耳。")

其地,上者生烂石,中者生砾壤,下者生黄土。凡艺而不实,植而罕茂,法如种瓜,三岁可采。野者上,园者次。阳崖阴林,紫者上,绿者次;笋者上,牙者次;叶卷上,叶舒次。阴山坡谷者,不堪采掇,性凝滞,结瘕疾。

茶之为用,味至寒,为饮,最宜精行俭德之人。若热渴、凝闷,脑疼、目涩,四肢烦、百节不舒,聊四五啜,与醍醐、甘露抗衡也。

采不时,造不精,杂以卉莽,饮之成疾。茶为累也,亦犹人参。上者生上党,中者生百济、新罗,下者生高丽。有生泽州、易州、幽州、檀州者,为药无效,况非此者? 设服荠苨,使六疾不瘳,知人参为累,则茶累尽矣。

二之具

籝（加追反），一曰篮，一曰笼，一曰筥，以竹织之，受五升，或一斗、二斗、三斗者，茶人负以采茶也。（籝，《汉书》音盈，所谓"黄金满籝，不如一经。"颜师古云："籝，竹器也，容四升耳。"）

灶，无用突者。釜：用唇口者。

甑，或木或瓦，匪腰而泥，篮以算之，箅以系之。始其蒸也，入乎算；既其熟也，出乎算。釜涸，注于甑中（甑，不带而泥之）。又以穀木枝三桠者制之，散所蒸牙笋并叶，畏流其膏。

杵臼，一名碓，惟恒用者为佳。

规，一曰模，一曰棬，以铁制之，或圆，或方，或花。

承，一曰台，一曰砧，以石为之。不然，以槐桑木半埋地中，遣无所摇动。

襜，一曰衣，以油绢或雨衫、单服败者为之。以襜置承上，又以规置襜上，以造茶也。茶成，举而易之。

芘莉（音杷离），一曰籝子，一曰篣筤。以二小竹，长三尺，躯二尺五寸，柄五寸。以篾织方眼，如圃人土箩，阔二尺以列茶也。

棨，一曰锥刀。柄以坚木为之，用穿茶也。

扑，一曰鞭。以竹为之，穿茶以解茶也。

焙，凿地深二尺，阔二尺五寸，长一丈。上作短墙，高二尺，泥之。

贯，削竹为之，长二尺五寸，以贯茶焙之。

棚，一曰栈。以木构于焙上，编木两层，高一尺，以焙茶也。茶之半干，升下棚；全干，升上棚。

穿（音钏），江东、淮南剖竹为之。巴川峡山纫穀皮为之。江东以一斤为上穿，半斤为中穿，四两五两为小穿。峡中以一百二十斤为上穿，八十斤为中穿，五十斤为小穿。穿字旧作钗钏之"钏"字，或作贯串。今则不然，如磨、扇、弹、钻、缝五字，文以平声书之，义以去声呼之，其字以穿名之。

育，以木制之，以竹编之，以纸糊之。中有隔，上有覆，下有床，傍有门，掩一扇。中置一器，贮塘煨火，令煴煴然。江南梅雨时，焚之以火。（育者，以其藏养为名。）

三之造

凡采茶在二月、三月、四月之间。

茶之笋者,生烂石沃土,长四五寸,若薇蕨始抽,凌露采焉。茶之牙者,发于丛薄之上,有三枝、四枝、五枝者,选其中枝颖拔者采焉。其日有雨不采,晴有云不采。晴,采之,蒸之,捣之,拍之,焙之,穿之,封之,茶之干矣。

茶有千万状,卤莽而言,如胡人靴者,蹙缩然(京锥文也);犎牛臆者,廉襜然;浮云出山者,轮囷然;轻飙拂水者,涵澹然。有如陶家之子,罗膏土以水澄泚之(谓澄泥也)。又如新治地者,遇暴雨流潦之所经。此皆茶之精腴。有如竹箨者,枝干坚实,艰于蒸捣,故其形籭簁然(上离下师)。有如霜荷者,茎叶凋沮,易其状貌,故厥状委悴然。此皆茶之瘠老者也。

自采至于封七经目,自胡靴至于霜荷八等。或以光黑平正言嘉者,斯鉴之下也;以皱黄坳垤言佳者,鉴之次也;若皆言嘉及皆言不嘉者,鉴之上也。何者?出膏者光,含膏者皱;宿制者则黑,日成者则黄;蒸压则平正,纵之则坳垤。此茶与草木叶一也。茶之否臧,存于口诀。

卷 中

四之器

风炉(灰承) 筥 炭挝 火䇲 鍑 交床 夹 纸囊 碾(拂末) 罗合 则 水方 漉水囊 瓢 竹䇲 鹾簋(揭) 熟盂 碗 畚(纸帊) 札 涤方 滓方 巾 具列 都篮

风炉(灰承)

风炉以铜铁铸之,如古鼎形。厚三分,缘阔九分,令六分虚中,致其杇墁。凡三足,古文书二十一字。一足云:"坎上巽下离于中";一足云:"体均五行去百疾";一足云:"圣唐灭胡明年铸。"其三足之间,设三窗。底一窗以为通飚漏烬之所。上并古文书六字,一窗之上书"伊公"二字,一窗之上书"羹陆"二字,一窗之上书"氏茶"二字。所谓"伊公羹,陆氏茶"也。置墆𡑏于其内,设三格:其一格有翟焉,翟者,火禽也,画一卦曰离;其一格有彪焉,彪者,风兽也,画一卦曰巽;其一格有鱼焉,鱼者,水虫也,画一卦曰坎。巽主风,离主火,坎主水,风能兴火,火能熟水,故备其三卦焉。其饰,以连葩、垂蔓、曲水、方文之类。其炉,或锻铁为之,或运泥为之。其灰承,作三足铁柈台之。

筥

筥,以竹织之,高一尺二寸,径阔七寸。或用藤,作木楦如筥形织之,六出圆眼。其底盖若莉箧口,铄之。

炭挝

炭挝,以铁六棱制之,长一尺,锐上丰中,执细头系一小,以饰挝也,若今之河陇军人木吾也。或作锤,或作斧,随其便也。

火筴

火筴,一名箸,若常用者,圆直一尺三寸,顶平截,无葱台勾锁之属,以铁或熟铜制之。

鍑(音辅,或作釜,或作鬴)。

鍑,以生铁为之。今人有业冶者,所谓急铁。其铁以耕刀之趄,炼而铸之。内模土而外模沙。土滑于内,易其摩涤;沙涩于外,吸其炎焰。方其耳,以令正也。广其缘,以务远也。长其脐,以守中也。脐长,则沸中;沸中,末易扬;末易扬,则其味淳也。洪州以瓷为之,莱州以石为之。瓷与石皆雅器也,性非坚实,难可持久。用银为之,至洁,但涉于侈丽。稚则雅矣,洁亦洁矣,若用之恒,而卒归于铁也。

交床

交床,以十字交之,剜中令虚,以支鍑也。

夹

夹,以小青竹为之,长一尺二寸。令一寸有节,节已上剖之,以炙茶也。彼竹之筱,津润于火,假其香洁以益茶味,恐非林谷间莫之致。或用精铁熟铜之类,取其久也。

纸囊

纸囊,以剡藤纸白厚者夹缝之。以贮所炙茶,使不泄其香也。

碾(拂末)

碾,以橘木为之,次以梨、桑、桐、柘为之。内圆而外方。内圆备于运行也,外方制其倾危也。内容堕而外无余木。堕,形如车轮,不辐而轴焉。长九寸,阔一寸七分。堕径三寸八分,中厚一寸,边厚半寸,轴中方而执圆。其拂末以鸟羽制之。

罗合

罗末,以合盖贮之,以则置合中。用巨竹剖而屈之,以纱绢衣之。其合以竹节为之,或屈杉以漆之,高三寸,盖一寸,底二才,口径四寸。

则

则,以海贝、蛎蛤之属,或以铜、铁、竹匕策之类。则者,量也,准也,度也。凡煮水一升,用末方寸匕。若好薄者,减之,嗜浓者,增之,故云则也。

水方

水方,以椆木、槐、楸、梓等合之,其里并外缝漆之,受一斗。

漉水囊

漉水囊,若常用者,其格以生铜铸之,以备水湿,无有苔秽腥涩意,以熟铜苔秽,铁腥涩也。林栖谷隐者,或用之竹木。木与竹非持久涉远之具,故用之生铜。其囊,织青竹以卷之,裁碧缣以缝之,纽翠钿以缀之。又作油绿囊以贮之。圆径五寸,柄一寸五分。

瓢

瓢,一曰牺杓,剖瓠为之,或刊木为。晋舍人杜毓《荈赋》云:"酌之以匏"。匏,瓢也,口阔,胫薄,柄短。永嘉中,余姚人虞洪入瀑布山采茗,遇一道士,云:"吾,丹丘子,祈子他日瓯牺之余,乞相遗也。"牺,木杓也。今常用以梨木为之。

竹筴

竹筴,或以桃、柳、蒲葵木为之,或以柿心木为之。长一尺,银裹两头。

鹾簋(揭)

鹾簋,以瓷为之。圆径四寸,若合形,或瓶、或罍,贮盐花也。其揭,竹制,长四寸一分,阔九分。揭,策也。

343

熟盂

熟盂,以贮熟水,或瓷,或沙,受二升。

碗

碗,越州上,鼎州、婺州次,岳州上次,寿州、洪州次。或者以邢州处越州上,殊为不然。若邢瓷类银,越瓷类玉,邢不如越一也;若邢瓷类雪,则越瓷类冰,邢不如越二也;邢瓷白而茶色丹,越瓷青而茶色绿,邢不如越三也。晋杜琉《荈赋》所谓:"器择陶拣,出自东瓯。"瓯,越也。瓯,越州上,口唇不卷,底卷而浅,受半升以下。越州瓷、丘瓷皆青,青则益茶。茶作红白之色。邢州瓷白,茶色红;寿州瓷黄,茶色紫;洪州瓷褐,茶色黑;悉不宜茶。

畚(纸帊)

畚,以白蒲卷而编之,可贮碗十枚。或用筥。其纸帊以剡纸夹缝,令方,亦十之也。

札

札,缉栟榈皮以茱萸木夹而缚之,或截竹束而管之,若巨笔形。

涤方

涤方,以贮洗涤之余,用楸木合之,制如水方,受八升。

滓方

滓方,以集诸滓,制如涤方,处五升。

巾

巾,以絁布为之,长二尺,作二枚,互用之,以洁诸器。

具列

具列,或作床,或作架。或纯木、纯竹而制之,或木,或竹,黄黑可扃而漆者。长三尺,阔二尺,高六寸。具列者,悉敛诸器物,悉以陈列也。

都篮

都篮,以悉设诸器而名之。以竹篾内作三角方眼,外以双篾阔者经之,以单篾纤者缚之,递压双经,作方眼,使玲珑。高一尺五寸,底阔一尺,高二寸,长二尺四寸,阔二尺。

卷　下

五之煮

凡炙茶,慎勿于风烬间炙,熛焰如钻,使凉炎不均。持以逼火,屡其翻正,候炮(普教反)出培塿,状虾蟆背,然后去火五寸。卷而舒,则本其始又炙之。若火干者,以气熟止;日干者,以柔止。

其始,若茶之至嫩者,蒸罢热捣,叶烂而牙笋存焉。假以力者,持千钧杵亦不之烂。如漆科珠,壮士接之,不能驻其指。及就,则似无穰骨也。炙之,则其节若倪倪,如婴儿之臂耳。既而承热用纸囊贮之,精华之气无所散越,候寒末之。(末之上者,其屑如细米。末之下者,其屑如菱角。)

其火用炭,次用劲薪(谓桑、槐、桐、枥之类也)其炭,曾经燔炙,为膻腻所及,及膏木、败器不用之。(膏木为柏、桂、桧也,败器谓朽废器也。)古人有劳薪之味,信哉。

其水,用山水上,江水中,井水下。(《荈赋》所谓:"水则岷方之注,挹彼清流。")其山水,拣乳泉、石池慢流者上;其瀑涌湍漱,勿食之。久食令人有颈疾。又多别流于山谷者,澄浸不泄,自火天至霜郊以前,或潜龙蓄毒于其间,饮者可决之,以流其恶,使新泉涓涓然,酌之。其江水,取去人远者。井取汲多者。

其沸如鱼目,微有声,为一沸。缘边如涌泉连珠,为二沸。腾波鼓浪,为三沸。已上水老,不可食也。初沸,则水合量调之以盐味,谓弃其啜余(啜,尝也,市税反,又市悦反)。无乃[卤臽][卤监]而钟其一味乎(上古暂反,下吐滥反,无味也)。第二沸出水一瓢,以竹筴环激汤心,则量末当中心而下。有顷,势若奔涛溅沫,以所出水止之,而育其华也。

凡酌,置诸碗,令沫饽均。(《字书》并《本草》:饽,茗沫也。蒲笏反。)沫饽,汤之华也。华之薄者曰沫,厚者曰饽,轻细者曰花,如枣花漂漂然于环池之上;又如回潭曲渚青萍之始生;又如晴天爽朗有浮云鳞然。其沫者,若绿钱浮于水渭水,又如菊英堕于镈俎之中。饽者,以滓煮之,及沸,则重华累沫,皤皤然若积雪耳。《荈赋》所谓"焕如积雪,烨若春敷",有之。

第一煮沸水,而弃其沫,之上有水膜,如黑云母,饮之则其味不正。其第一者为隽永。(徐县、全县二反。至美者曰隽永。隽,味也。永,长也。味长曰隽永。《汉书》:蒯通著《隽永》二十篇也。)或留熟盂以贮之,以备育华救沸之用。诸第一与第二、第三碗次之,第四、第五碗外,非渴甚莫之饮。凡煮水一升,酌分五碗。(碗数少至三,多至五;若人多至十,加两炉。)乘热连饮之,以重浊凝其下,精英浮其上。如冷,则精英随气而竭,饮啜不消亦然矣。

茶性俭,不宜广,广则其味黯澹。且如一满碗,啜半而味寡,况其广乎!其色缃也,其馨致也。(香至美曰致,致音使。)其味甘,槚也;不甘而苦,荈也;啜苦咽甘,茶也。(《本草》云:其味苦而不甘,槚也;甘而不苦,荈也。)

六之饮

翼而飞,毛而走,呿而言,此三者俱生于天地间,饮啄以活,饮之时义远矣哉!至若救渴,饮之以浆;蠲忧忿,饮之以酒;荡昏寐,饮之以茶。

茶之为饮,发乎神农氏,闻于鲁周公。齐有晏婴,汉有杨雄、司马相如,吴有韦曜,晋有刘琨、张载、远祖纳、谢安、左思之徒,皆饮焉。滂时浸俗,盛于国朝,两都并荆渝间,以为比屋之饮。

饮有觕茶、散茶、末茶、饼茶者,乃斫、乃熬、乃炀、乃舂,贮于瓶缶之中,以汤沃焉,谓之痷茶。或用葱、姜、枣、橘皮、茱萸、薄荷之等,煮之百沸,或扬令滑,或煮去沫。斯沟渠间弃水耳,而习俗不已。

於戏!天育有万物,皆有至妙,人之所工,但猎浅易。所庇者屋,屋精极;所著者衣,衣精极;所饱者饮食,食与酒皆精极之。茶有九难:一曰造,二曰别,三曰器,四曰火,五曰水,六曰炙,七曰末,八曰煮,九曰饮。阴采夜焙,非造也;嚼味嗅香,非别也;膻鼎腥瓯,非器也;膏薪庖炭,非火也;飞湍壅潦,非水也;外熟内生,非炙也;碧粉缥尘,非末也;操艰搅遽,非煮也;夏兴冬废,非饮也。

夫珍鲜馥烈者,其碗数三。次之者,碗数五。若座客数至五,行三碗;至七,行五碗;若六人以下,不约碗数,但阙一人而已,其隽永补所阙人。

七之事

三皇　炎帝神农氏。

周　鲁周公旦,齐相晏婴。

汉　仙人丹丘子,黄山君,司马文园令相如,杨执戟雄。

吴　归命侯,韦太傅弘嗣。

晋　惠帝,刘司空琨,琨兄子兖州刺史演,张黄门孟阳,傅司隶咸,江洗马统,孙参军楚,左记室太冲,陆吴兴纳,纳兄子会稽内史俶,谢冠军安石,郭弘农璞,桓扬州温,杜舍人毓,武康小山寺释法瑶,沛国夏侯恺,余姚虞洪,北地傅巽,丹阳弘君举,乐安任育长,宣城秦精,敦煌单道开,剡县陈务妻,广陵老姥,河内山谦之。

后魏　琅邪王肃。

宋　宋安王子鸾,鸾兄豫章王子尚,鲍昭妹令晖,八公山沙门昙济。

齐　世祖武帝。

梁　刘廷尉,陶先生弘景。

皇朝　徐英公勣。

《神农食经》:"茶茗久服,令人有力、悦志。"

周公《尔雅》:"槚,苦荼。"

《广雅》云:"荆、巴间采叶作饼,叶老者,饼成,以米膏出之。欲煮茗饮,先炙令赤色,捣末置瓷器中,以汤浇覆之,用葱、姜、橘子芼之。其饮醒酒,令人不眠。"

《晏子春秋》:"婴相齐景公时,食脱粟之饭,炙三戈、五卵,茗菜而已。"

司马相如《凡将篇》:"乌喙、桔梗、芫华、款冬、贝母、木蘖、蒌、芩草、芍药、桂,漏芦、蜚廉、雚菌、荈诧、白敛、白芷、菖蒲、芒消、莞椒、茱萸。"

《方言》:"蜀西南人谓茶曰蔎。"

《吴志·韦曜传》:"孙皓每飨宴,坐席无不率以七升为限,虽不尽入口,皆浇灌取尽。曜饮酒不过二升,皓初礼异,密赐茶荈以代酒。"

《晋中兴书》:"陆纳为吴兴太守时,卫将军谢安尝欲诣纳。(《晋书》云:纳为吏部尚书。)纳兄子俶怪纳无所备,不敢问之,乃私蓄十数人馔。安既至，所设唯茶果而已。俶遂陈盛馔，珍羞必具。及安去，纳杖俶四十，云："汝既不能光益叔父，奈何秽吾素业？'"

《晋书》："桓温为扬州牧，性俭，每宴饮，唯下七奠拌茶果而已。"

《搜神记》："夏侯恺因疾死，宗人字苟奴察见鬼神。见恺来收马，并病其妻。著平上帻，单衣，入坐生时西壁大床，就人觅茶饮。"

刘琨《与兄子南兖州刺史演书》云："前得安州干姜一斤，桂一斤，黄芩一斤，皆所须也。吾体中愦闷，常仰真茶，汝可置之。"

傅咸《司隶教》曰："闻南方有蜀妪作茶粥卖，为廉事打破其器具，后又卖饼于市。而禁茶粥以困蜀姥，何哉？"

《神异记》："余姚人虞洪入山采茗，遇一道士，牵三青牛，引洪至瀑布山曰：'吾，丹丘子也。闻子善具饮，常思见惠。山中有大茗，可以相给。祈子他日有瓯牺之余，乞相遗也。'因立奠祀，后常令家人入山，获大茗焉。"

左思《娇女诗》："吾家有娇女，皎皎颇白皙。小字为纨素，口齿自清历。有姊字蕙芳，眉目粲如画。驰骛翔园林，果下皆生摘。贪华风雨中，倏忽数百适。心为荼荈剧，吹嘘对鼎䥶。"

张孟阳《登成都楼诗》云："借问扬子舍，想见长卿庐。程卓累千金，骄侈拟五侯。门有连骑客，翠带腰吴钩。鼎食随时进，百和妙且殊。披林采秋橘，临江钓春鱼。黑子过龙醢，吴馔逾蟹蝑。芳茶冠六清，溢味播九区。人生苟安乐，兹土聊可娱。"

傅巽《七诲》："蒲桃宛柰，齐柿燕栗，峘阳黄梨，巫山朱橘，南中茶子，西极石蜜。"

弘君举《食檄》："寒温既毕，应下霜华之茗；三爵而终，应下诸蔗、木瓜、元李、杨梅、五味、橄榄、悬钩、葵羹各一杯。"

孙楚《歌》："茱萸出芳树颠，鲤鱼出洛水泉。白盐出河东，美豉出鲁渊。姜、桂、茶荈出巴蜀，椒、橘、木兰出高山。蓼苏出沟渠，精稗出中田。"

华佗《食论》："苦荼久食，益意思。"

壶居士《食忌》："苦荼久食，羽化；与韭同食，令人体重。"

郭璞《尔雅注》云："树小似栀子，冬生叶可煮羹饮。今呼早取为茶，晚取为茗，或一曰荈，蜀人名之苦荼。"

《世说》："任瞻，字育长，少时有令名，自过江失志。既下饮，问人云："此为茶？ 为茗？"觉人有怪色，乃自申明云："向问饮为热为冷。""

《续搜神记》："晋武帝世，宣城人秦精，常入武昌山采茗。遇一毛人，长丈余，引精至山下，示以丛茗而去。俄而复还，乃探怀中橘以遗精。精怖，负茗而归。"

《晋四王起事》："惠帝蒙尘还洛阳，黄门以瓦盂盛茶上至尊。"

《异苑》："剡县陈务妻，少与二子寡居，好饮茶茗。以宅中有古冢，每饮辄先祀之。二子患之曰："古冢何知？ 徒以劳意。"欲掘去之。母苦禁而止。其夜梦一人云："吾止此冢三百余年，卿二子恒欲见毁，赖相保护，又享吾佳茗，虽泉壤朽骨，岂忘翳桑之报。"及晓，于庭中获钱十万，似久埋者，但贯新耳。母告二子，惭之，从是祷馈愈甚。"

《广陵耆老传》："晋元帝时有老姥，每旦独提一器茗，往市鬻之，市人竞买，自旦至夕，其器不减，所得钱散路旁孤贫乞人，人或异之。州法曹絷之狱中。至夜，老妪执所鬻茗器，从狱牖中飞出。"

《艺术传》："敦煌人单道开，不畏寒暑，常服小石子。所服药有松、桂、蜜之气，所饮茶苏而已。"

释道说《续名僧传》："宋释法瑶，姓杨氏，河东人。元嘉中过江，遇沈台真，请真君武康小山寺，年垂悬车，饭所饮茶。大明中，敕吴兴礼致上京，年七十九。"

宋《江氏家传》："江统，字应，迁愍怀太子洗马，常上疏。谏云："今西园卖醯、面、蓝子、菜、茶之属，亏败国体。""

《宋录》："新安王子鸾、豫章王子尚诣昙济道人于八公山，道人设茶茗。子尚味之曰："此甘露也，何言茶茗？""

王微《杂诗》："寂寂掩高阁，寥寥空广厦。待君竟不归，收领今就槚。"

鲍昭妹令晖著《香茗赋》。

南齐世祖武皇帝《遗诏》："我灵座上慎勿以牲为祭，但设饼果、茶饮、干饭、酒脯而已"。

梁刘孝绰《谢晋安王饷米等启》："传诏李孟孙宣教旨，垂赐米、酒、瓜、笋、菹、脯、酢、茗八种。气苾新城，味芳云松。江潭抽节，迈昌荇之珍；疆场擢翘,越茸精之美。羞非纯束野麝,裹似雪之驴。鲊异陶瓶河鲤,操如琼之粲。茗同食粲,酢类望柑。免千里宿舂,省三月粮聚。小人怀惠,大懿难忘。"

陶弘景《杂录》:"苦茶轻身换骨,昔丹丘子、黄山君服之。"

《后魏录》:"琅邪王肃仕南朝,好茗饮、莼羹。及还北地,又好羊肉、酪浆。人或问之:'茗何如酪?'肃曰:'茗不堪与酪为奴。'"

《桐君录》:"西阳、武昌、庐江、晋陵好茗,皆东人作清茗。茗有饽,饮之宜人。凡可饮之物,皆多取其叶。天门冬、拔葜取根,皆益人。又巴东别有真茗茶,煎饮令人不眠。俗中多煮檀叶并大皂李作茶,并冷。又南方有真瓜芦木,亦似茗,至苦涩,取为屑茶饮,亦可通夜不眠。煮盐人但资此饮,而交、广最重,客来先设,乃加以香芼辈。"

《坤元录》:"辰州溆浦县西北三百五十里无射山,云蛮俗当吉庆之时,亲族集会歌舞于山上。山多茶树。"

《括地图》:"临蒸县东一百四十里有茶溪。"

山谦之《吴兴记》:"乌程县西二十里,有温山,出御荈。"

《夷陵图经》:"黄牛、荆门、女观、望州等山,茶茗出焉。"

《永嘉图经》:"永嘉县东三百里有白茶山。"

《淮阴图经》:"山阳县南二十里有茶坡。"

《茶陵图经》云:"茶陵者,所谓陵谷生茶茗焉。"

《本草·木部》:"茗,苦茶。味甘苦,微寒,无毒。主瘘疮,利小便,去痰渴热,令人少睡。秋采之苦,主下气消食。"注云:"春采之。"

《本草·菜部》:"苦菜,一名茶,一名选,一名游冬,生益州川谷,山陵道旁,凌冬不死。三月三日采,干。"《注》云:"疑此即是今茶,一名荼,令人不眠。"《本草》注:"按《诗》云'谁谓荼苦',又云'堇荼如饴',皆苦菜也。陶谓之苦茶,木类,非菜流。茗春采,谓之苦搽(途遐反)。"

《枕中方》:"疗积年瘘,苦茶、蜈蚣并炙,令香熟,等分,捣筛,煮甘草汤洗,以傅之。"

《孺子方》:"疗小儿无故惊蹶,以苦茶、葱须煮服之。"

八之出

山南,以峡州上(峡州生远安、宜都、夷陵三县山谷),襄州、荆州次(襄州生南漳县山谷,荆州生江陵县山谷),衡州下(生衡山、茶陵二县山谷),金州、梁州又下(金州生西城、安康二县山谷,梁州生褒城、金牛二县山谷)。

淮南,以光州上(生光山县黄头港者,与峡州同),义阳郡、舒州次(生义阳县钟山者与襄州同,舒州生太湖县潜山者与荆州同),寿州下(盛唐县生霍山者与衡州同也),蕲州、黄州又下(蕲州生黄梅县山谷,黄州生麻城县山谷,并与金州、梁州同也)。

浙西,以湖州上(湖州,生长城县顾渚山谷,与峡州、光州同;生山桑、儒师二坞,白茅山、悬脚岭,与襄州、荆州、义阳郡同;生凤亭山伏翼阁飞云、曲水二寺、啄木岭,与寿州、衡州同;生安吉、武康二县山谷,与金州、梁州同),常州次(常州义兴县生君山悬脚岭北峰下,与荆州、义阳君同;生圈岭善权寺、石亭山,与舒州同),宣州、杭州、睦州、歙州下(宣州生宣城县雅山,与蕲州同;太平县生上睦、临睦,与黄州同;杭州,临安、于潜二县生天目山,与舒州同;钱塘生天竺、灵隐二寺,睦州生桐庐县山谷,歙州生婺源山谷,与衡州同),润州、苏州又下(润州江宁县生傲山,苏州长洲生洞庭山,与金州、蕲州、梁州同)。

剑南,以彭州上(生九陇县马鞍山至德寺、棚口,与襄州同),绵州、蜀州次(绵州龙安县生松岭关,与荆州同;其西昌、昌明、神泉县西山者并佳,有过松岭者不堪采。蜀州青城县生八丈人山,与绵州同。青城县有散茶、木茶),邛州次,雅州、泸州下(雅州百丈山、名山,泸州泸川者,与金州同也),眉州、汉州又下(眉州丹棱县生铁山者,汉州绵竹县生竹山者,与润州同)。

浙东,以越州上(余姚县生瀑布泉岭曰仙茗,大者殊异,小者与襄州同),明州、婺州次(明州鄮县生榆荚村,婺州东阳县东白山,与荆州同),台州下(台州始丰县生赤城者,与歙州同)。

黔中,生思州、播州、费州、夷州。

江南,生鄂州、袁州、吉州。

岭南,生福州、建州、韶州、象州(福州生闽方山山阴也)。

其思、播、费、夷、鄂、袁、吉、福、建、韶、象十一州未详,往往得之,其味极佳。

九之略

其造具,若方春禁火之时,于野寺山园,丛手而掇,乃蒸、乃舂、乃拍,以火干之,则又棨、扑、焙、贯、棚、穿、育等七事皆废。

其煮器,若松间石上可坐,则具列废。用槁薪、鼎钖之属,则风炉、灰承、炭挝、火筴、交床等废。若瞰泉临涧,则水方、涤方、漉水囊废。若五人以下,茶可末而精者,则罗合废。若援藟跻岩,引絙入洞,于山口灸而末之,或纸包合贮,则碾、拂末等废。既瓢、碗、竹筴、札、熟盂、鹾簋悉以一筥盛之,则都篮废。

但城邑之中,王公之门,二十四器阙一,则茶废矣。

十之图

以绢素或四幅或六幅,分布写之,陈诸座隅,则茶之源、之具、之造、之器、之煮、之饮、之事、之出、之略目击而存,于是《茶经》之始终备焉。

责任编辑:方国根

封面设计:王欢欢

图书在版编目(CIP)数据

《茶经》精读/李勇强 著. —北京:人民出版社,2022.5

ISBN 978－7－01－024024－4

Ⅰ.①茶… Ⅱ.①李… Ⅲ.①《茶经》-研究 Ⅳ.①TS971.21

中国版本图书馆 CIP 数据核字(2021)第 256401 号

《茶经》精读

CHAJING JINGDU

李勇强 著

人 民 出 版 社 出版发行

(100706 北京市东城区隆福寺街 99 号)

北京中科印刷有限公司印刷 新华书店经销

2022 年 5 月第 1 版 2022 年 5 月北京第 1 次印刷

开本:710 毫米×1000 毫米 1/16 印张:22.75

字数:338 千字

ISBN 978－7－01－024024－4 定价:89.00 元

邮购地址 100706 北京市东城区隆福寺街 99 号

人民东方图书销售中心 电话 (010)65250042 65289539